Vermischte Schriften

von

D. Friedrich Gedike,

Königl. Preuß. Ober-Konsistorial- und Oberschulrath und Direktor des Berlinisch-Kölnischen Gymnasiums.

Berlin.

Bei Johann Friedrich Unger.

1801.

Vorrede.

Einige von den in dieser Sammlung zusammengedrukten Abhandlungen erscheinen hier zum erstenmal. Der größere Theil dagegen war schon theils einzeln, theils in verschiedenen Journalen gedrukt. Man hatte mich indessen so oft zu einer Sammlung derselben aufgefordert, bis ich würklich zu glauben anfing, daß diese Sammlung nicht zweklos und unnütz sein mögte. Mehrere Abhandlungen haben bereits bei ihrer ersten Erscheinung Beifall gefunden. Um so mehr darf ich hoffen, daß sie auch itzt desselben nicht unwürdig erscheinen werden, wenigstens dem Leser zu manchen nicht uninteressanten Ideen und lehrreichen Untersuchungen Gelegenheit geben können. Hie und da ist bei diesem zweiten Abdruk einiges abgeändert und hinzugesetzt worden. Manche hier aufgeworfenen Ideen und Fragen, wie ich gewünscht hätte, ganz von vorn aufs neue durchzuarbeiten, erlaubte mir meine Lage nicht, nach der ich den allergrößten Theil meiner Zeit den Geschäften und meinen nur zu mannigfaltigen Amtspflichten schuldig bin, und mich begnügen muß, einzelne abgerissene Stunden für gelehrte Muße oder gelehrte Arbeiten zu erhaschen.

Ich hoffe nach einiger Zeit einen zweiten Theil dieser Sammlung liefern zu können, der unter andern meine ausführliche Abhandlung über Purismus und Sprachbereicherung enthalten wird, die nach den neuesten Campischen Arbeiten zur Bereicherung und Reinigung der deutschen Sprache eine sorgfältigere Umarbeitung erfordert, als ich itzt zu übernehmen Muße hatte.

Inhalt.

I.

Ueber die Hülfswörter, dabei zugleich über die Tempora des Verbums und deren genaueren Begrif und Klassifikation.

Wenn schon die Beobachtung und Vergleichung der physischen Verschiedenheiten der auf der Erde verbreiteten Nationen eine anziehende Beschäftigung ist; wenn es lehrreich ist, die mannigfaltigen Nationalphysionomien mit einander zu vergleichen und in ihnen das Gepräge der Rohheit und Kultur aufzusuchen: so ist doch unläugbar das Studium der geistigen Verschiedenheiten der Völker noch lehrreicher und anziehender. Aber nirgends zeigt sich diese Verschiedenheit so auffallend, als in dem unentbehrlichsten Werkzeuge des menschlichen Denkens und der Gedankenmittheilung — ich meine die Sprache. Die Physionomie des Europäers und des Afrikaners, des Deutschen und des Sinesen, des Franken und des Mogolen — sie können unmöglich so verschieden sein, als es ihre Sprachen unter einander sind.

Aber bei aller der großen Verschiedenheit, die sich

leicht begreifen, und eben so leicht erklären läßt, findet dennoch unter ihnen zugleich so manche auffallende Aehnlichkeit Statt, die weniger leicht zu erklären ist. Diese Aehnlichkeit der Sprachen, der feinsten und der rohsten, der ärmsten und der reichsten, zeigt sich nicht bloß in dem materiellen Theil der Sprachen, in ihren Wörtern, wo sie freilich am leichtesten zu finden ist: sie zeigt sich öfters auf eine unerwartete Art auch in den Formen, in der Verbindung ihrer Wörter nicht bloß zum Ausdruk einzelner Begriffe, sondern einer ganzen Gedankenreihe, kurz eben sowol in ihren Worten als in ihren Wörtern.

Aber bei keinem Theil der Sprachen zeigt sich sowol Aehnlichkeit als Verschiedenheit der Sprachen auffallender, als bei demjenigen Theil, welcher als der wichtigste und unentbehrlichste, und eben darum zugleich als der älteste vorzugsweise vor allen andern das Wort, verbum, ῥημα, genannt ward. Denn da dieser Sprachtheil recht eigentlich dazu bestimmt ist, einem gegebenen Subjekt irgend ein Prädikat beizulegen, so ist begreiflich, daß ohne Verba wir zwar unzusammenhängende Begriffe, aber keine Urtheile, nicht nur keine synthetischen, sondern selbst keine analytischen, ausdrükken können. Substantiven oder die wörtlichen Bezeichnungen des Subjekts konnten in der frühsten Sprache fehlen, indem sie durch Vorzeigung des Gegenstandes oder durch Hinweisung auf denselben mimisch bezeichnet werden konnten. Nicht so das Prädikat, wenigstens nicht als Prädikat.

Das Verbum bietet der Vergleichung sehr viele Seiten dar. Aber nirgends ist die Aehnlichkeit und Verschiedenheit zwischen Sprachen und Sprachen auffallender, als in Ansehung der sogenannten Hülfswörter. In ihrem Gebrauch gehen oft die verwandtesten Sprachen benachbarter Nationen weit von einander ab, und zwischen Sprachen entfernter Völker, deren materieller Theil durchaus verschieden ist, zeigt sich hier eine unerwartete Aehnlichkeit; zum deutlichen Beweise, daß diese Formen des Ausdruks nicht ein bloß ererbtes oder geborgtes Fabrikat, sondern ein reines Produkt der überall nach gleichen allgemeinen Gesetzen, wenn schon unter verschiedenen Umständen, würkenden und schaffenden Denkkraft sind. Es ist in der That der Mühe werth, diese Aehnlichkeit und Verschiedenheit der Sprachen in Ansehung der Hülfswörter etwas näher zu betrachten, und einen Versuch zu machen, den Ursprung und die wahre Bedeutung derselben zu erklären. Diese Untersuchung hat außer ihrer grammatischen Wichtigkeit eben sowol ein philosophisches als historisches Interesse. Selbst die Frage von dem Ursprung derjenigen neuern Europäischen Sprachen, die, obwol unverkennbare Töchter der lateinischen, dennoch sich von dieser eben durch ihre Hülfswörter beim ersten Anblik so auffallend unterscheiden, wird, wie ich hoffe, durch diese Untersuchung einiges Licht erhalten. Wenn indessen eine Untersuchung der Art schon ihrer Natur nach nicht von allen Seiten ganz neu sein kann, so hoffe ich dennoch im einzelnen eine und die andere neue Ansicht zu eröfnen, die man bisher entweder ganz übersah, oder doch nicht genug betrachtete. Ich darf wol sagen, daß die ganze Lehre vom Verbum und von der Konjugation einer großen Berichtigung bedarf, und daß die herrschenden, aber verkehrten Begriffe von dem Wesen und der Bedeutung der Hülfswörter theils Würkung, theils aber auch Mitursach von der Verworrenheit der Begriffe über die innere Natur des Verbums sind, von der man selbst die gepriesensten Grammatiker nicht ganz freisprechen kann.

Was sind Hülfswörter? — Die Grammatiker sind weder über den Begriff, noch über die Zahl einig. Daß z. B. im Deutschen die Verba: haben, seyn und werden, im Französischen avoir und être Hülfswörter sind, darüber ist man einig. Aber viele sind mit dieser kleinen Zahl nicht zufrieden, und glauben, daß auch die Verba: wollen und sollen (welche beide allerdings im Englischen neben to have und to be Hülfswörter sind) ferner müssen, können, mögen ebenfalls in diese Klasse gehören. Viele französische Grammatiker rechnen nicht nur ebenfalls vouloir, devoir, pouvoir zu den Hülfswörtern; sondern der scharfsinnigste aller französischen Grammatiker, Beauzée, rechnet sogar venir und aller dahin, und nimmt daher beide selbst in die Form der Konjugation, jenes bei der vergangenen, dieses bei der zukünftigeu Zeit, auf, worin ihm nachmals mehrere Grammatiker treulich gefolgt sind. Will man alle diejenigen Verba als Hülfswörter ansehn, die für sich selbst eine unvollständige Behauptung enthalten, und nur zur Modifikation irgend eines andern Verbums dienen, so hat man Recht, alle genannte Verba mit dahin zu rechnen. Aber mit gleichem Rechte würde man dann auch mehrere Konjunktionen, vornehmlich aber eine Menge Adverbien, als Hülfswörter ansehen müssen, weil auch sie dazu dienen, den Begrif irgend eines Verbums näher zu bestimmen und zu modificiren, und die Modalität der Möglichkeit, der Nothwendigkeit, der Freiwilligkeit eben sowol als die Verba können, müssen, wollen einem Subjekte beizulegeu. Die meisten Grammatiker stimmen daher wirklich darin überein, nur solche Verba als Hülfswörter anzuerkennen, die unmittelbar die Konjugation oder die Darstellung eines Verbums nach den verschiedenen Formen der Zeit vervollständigen helfen.

Wäre die Grammatik der neuern Sprachen nicht zuerst von solchen Gelehrten bearbeitet worden, die durch das Studium der lateinischen Grammatik sich einmal zu einer gewissen Ansicht und Form verwöhnt, und die lateinische Grammatik zu dem Range einer allgemeinen Grammatik erhoben hatten, so würden wir von gar keinen Hülfswörtern wissen, sondern wir würdeu die Formen: ich habe gesehn und ich bin gegangen für nichts anders ansehn, als was sie in der That sind, für das Präsens des Verbums haben und seyn, verbunden mit dem Verbaladjektiv oder Participium. Aber die lateinische Sprache sollte nun einmal der allgemeine Maaßstab sein; sie ward das Bette des Prokrustes, in welchem man die neueru Sprachen gelegentlich verstümmelte, am liebsten jedoch durch gewaltsames Zerren ausdehnte. So entstanden nicht die Formen der Hülfswörter selbst, aber wol die grammatische Stellung und Ansicht derselben. Man fand, daß die neuern Sprachen nur 2 oder 3 Abänderungen der Form des Verbums zum Ausdruk der verschiedenen Zeiten hatten. Aber die deutsche Konjugation sollte nun einmal eben so vollständig sein, als die lateinische; sie sollte eben so gut wie diese eine eigne Form des Perfecti, Plusquamperfecti, Futuri haben. Man nahm also die dafür üblichen Umschreibungen (denn etwas anders sind doch jene Formen mit haben und seyn nicht) in die Konjugation mit auf. Eben so ging es bei allen neuern Sprachen. Dies ist um so weniger zu verwundern, da sogar Sprachen, die eigentlich gar keine Verba haben, wie z. B. die Sinesische und Malayische, sich nach dem lateinischen Modell haben bequemen, und sich Perfecta, Plusquamperfecta, Futura u. s. w. müssen aufdringen lassen, obgleich sie von allem dem nichts weiter als mangelhafte Umschreibungen durch Partikeln haben, die ohngefähr den nämlichen Sinn bezeichnen.

Die Kenntnis der Natur und Kraft der sogenannten Hülfswörter hängt von der Kenntnis der Natur und Kraft der sogenannten Temporum ab, weil eben die Hülfswörter zur Vervollständigung derselben dienen sollen. Die Lehre von den verschiedenen Zeiten des Verbums hat von Aristoteles an viele denkende

Köpfe beschäftigt. Es würde mich viel zu weit führen, wenn ich mich itzt darauf einlassen wollte, die verschiedenen Systeme über die Tempora zu prüfen. Das scharfsinnigste, was in neuern Zeiten über diese Materie geschrieben worden, ist unläugbar vom Ritter Harris in seinem Hermes. Und dennoch gestehe ich aufrichtig, daß seine Theorie mich nicht befriedigt. Sie gründet sich darauf, daß er bei jeder Handlung einen Anfang, Fortschritt und Ende voraussetzt. Dem gemäß nimmt er 12 Tempora an, 3 Aoristen oder unbestimmte Tempora, einen für die gegenwärtige, einen für die vergangene, einen für die künftige Zeit; hierauf 3 Präsentia, ein anfangendes Präsens, z. B. scripturus sum, ein Präsens in seiner Mitte: scribens sum, ein vollendetes Präsens: scripsi. Auf gleiche Art nimmt er für die vergangene Zeit ein Tempus der anfangenden Handlung: scripturus eram, der dauernden: scribebam, und der vollendeten Handlung: scripseram, an. Eben so hat er ein dreifaches Futurum, für den Anfang der Handlung: scripturus ero, für die Mitte: scribens ero, für die Vollendung: scripsero. Diese Klassifikation ist unstreitig sinnreich, und beim ersten Anblik täuschend. Aber bei näherer Prüfung verschwindet der Schimmer. Ich erlaube mir jetzt nur einige Bemerkungen dagegen. Zuförderst kann nicht bei allen Handlungen ein Anfang, eine Mitte und ein Ende unterschieden werden. Bei vielen Handlungen fällt Anfang und Ende in einen Moment zusammen; für sie giebt es keine Mitte, oder, wie ich lieber sagen würde, keine laufende Handlung. Mit dem Auslauf ist die Handlung sogleich am Ziel. Dies ist der Fall nicht nur bei den meisten geistigen Handlungen, z. B. der Handlung des Wollens, sondern auch bei allen einfachen sinnlichen Handlungen, d. i. bei solchen, die nicht aus mehrern wiederholten homogenen Actus bestehen. So ist alles Schreiben eine zusammengesetzte Handlung, die erst durch mehrere Actus des Schreibens vollständig wird, indem das Schreiben jedes einzelnen Buchstabens eine eigene Handlung ist. Aber es giebt Handlungen, die gleich dem Blitz in demselben Moment ihre Existenz anfangen und vollenden. Und gesetzt, daß Harris Eintheilung sich auf alle Handlungen anwenden ließe — was wird damit gewonnen? Sind wirklich 3 verschiedene Tempora bestimmt, den Anfang anzuzeigen? Heißt scripturus sum wirklich: ich fange an zu schreiben? Harris selbst übersetzt es: I am going to write ich bin im Begrif zu schreiben. Also drückt es ja vielmehr einen Zustand **vor** dem Anfang aus. Sollte dormiturus sum und dormisco wirklich einerlei sein? Oder bedarf es erst einer Auseinandersetzung, daß jenes auch von dem wachenden, dieses nur von dem, dem die Augen zufallen, der also wirklich anfängt zu schlafen, gesagt werden kann? Mein verehrter Freund, Herr Professor **Wolf**, der sich durch seinen Scharfsinn nicht minder als durch seine Gelehrsamkeit auszeichnet, hat Harris Theorie verbessert. Es ist sehr zu bedauern, daß er seine Klassifikation noch nicht selbst vorgetragen; ich kann sie also nur darnach beurtheilen, was einige seiner Schüler, namentlich der hiesige Herr Prediger Koch und der hiesige Herr Subrektor Bernhardi, jener in seiner Hodegetik, dieser in seiner lateinischen und griechischen Grammatik, davon haben drukken lassen. Er unterscheidet hiernach mit Harris eine unvollendete und vollendete Handlung, aber statt Harris anfangender Handlung macht er zum dritten Gliede: die noch nicht angefangene Handlung: actio infecta, perfecta, et actio adhuc peragenda. In die letzte Klasse ordnet er gerade dieselben Formen, die Harris zur Bezeichnung des Anfangs bestimmt glaubte: scripturus sum, scripturus eram, scripturus ero. Dies ist allerdings eine glückliche Verbesserung. — Aber wie soll ich eine noch nicht angefangene Handlung von einer zukünftigen unterscheiden? Und doch wird nach diesem System ein Unterschied zwischen beiden gemacht. Scribam und scripsero drükt ja eben sowol eine noch nicht angefangene Handlung aus, als scripturus sum, und doch soll das erste eine unvollendete, das zweite eine vollendete, und nur das dritte eine noch nicht angefangene Handlung bezeichnen. Kann derjenige, der von sich selbst sagt: scribam, damit nicht eben sowol eine vollendete, als, wie es nach der vielleicht von mir misverstandenen Wolfischen Theorie immer der Fall sein müßte, eine unvollendete Handlung ausdrükken? Und sollte scripsero, ich werde geschrieben haben, immer nur auf eine vollendete Handlung gehn? kann es nicht von einer Handlung des Schreibens gesagt werden, die künftig zwar geschehen sein wird, die aber darum noch nicht vollendet zu sein braucht? In der That scheint mir ein Fehler dieses so wie des Harrisschen Systems in der Verwechselung zweier zwar sehr nah an einander gränzenden und daher sehr oft in einander fallenden, aber darum doch nicht identischen Begriffe zu liegen: eine geschehene und eine vollendete Handlung. Eine geschehene Handlung kann dennoch noch unvollständig sein, sobald sie nehmlich eine zusammengesetzte Handlung ist, die aus mehrern homogenen Actus besteht, von denen einige sich in der Vergangenheit befinden, andere itzt geschehen, andere noch erst geschehen sollen. Wirklich ist es nicht die Vollendung oder Unvollständigkeit der Handlung, welche durch die verschiedene Tempora bezeichnet werden soll, obwol selbst die Benennungen des Imperfecti, Perfecti und Plusquamperfecti aus dieser irrigen Voraussetzung entstanden; sondern vielmehr ihr Verhältnis in der Zeit, mögen sie übrigens als vollendet oder unvollendet, in der gegenwärtigen, vergangenen oder künftigen Zeit gedacht werden. Nur eine einzige Form der neuern Sprachen lateinischen Namens drükt ausser dem Begrif der Vergangenheit zugleich den Begrif der Vollendung aus. Ich meine das sogenannte Parfait simple oder Parfait historique der französischen Sprache und ihrer Schwestern, der Italienischen, Spanischen und Portugisischen. Je fesois und je fis sind nur darin allein unterschieden, daß jenes die unvollendete oder laufende Handlung, dieses die vollendete oder vollständige Handlung bezeichnet. Aber gerade diese beiden verschiedenen Formen sind der beste Beweis, daß die Distinction, die ich zwischen geschehenen und vollendeten Handlungen mache, keine leere Spitzfündigkeit ist. Denn beide bezeichnen eine vergangene, aber nur die leztere Form eine, nachdem sie geschehen, vollendete Handlung. Auch Beauzée hat beide Begriffe verwechselt, aber es würde mich zu weit führen, wenn ich sein System, wonach er 20 verschiedene Tempora annimmt, hier ausführlich prüfen wollte. Ich eile, meine eigne Theorie und Klassifikation so kurz und deutlich als möglich vorzutragen.

Ich nehme mit Harris 3 Tempora absoluta an, einen Aoristus der gegenwärtigen, der vergangenen, der zukünftigen Zeit. Ich nenne diese Tempora zusammen die reine Zeit. Das reine Präsens ist scribo. Das reine Präteritum ist im Griechischen der sogenannte erste Aoristus, das eigentlich erzählende Tempus; im Latein dient dazu das sogenannte Perfectum, das aber nicht eigenthümlich dieser Bestimmung gewidmet ist, sondern zugleich zur vermischten Zeit gehört. In den neuern Europäischen Sprachen wird diese reine Zeit der Vergangenheit, oder die erzählende Form durch das sogenannte Imperfectnm ausgedrükt, in der Französischen und den drei Schwestersprachen derselben durch das sogenannte zweite Imperfectum oder Perfectum simplex, Perfectum historicum. Das reine Futurum wird im Latein und den Töchtersprachen desselben durch die gewöhnliche einfache Form der künftigen Zeit ausgedrükt. Mit diesem Ausdruk der reinen Zeit begnügen sich viele oder vielmehr die meisten Sprachen. Ja viele, unter ihnen die ältesten, vornehmlich die orientalischen, haben gar kein Tempus der Gegenwart. Warum? dies ist leicht einzusehn. Die Gegenwart ist ein schwieriger Begrif. Sie entflieht, indem man sie haschen will. Sie verliert sich bald in der Vergangenheit, bald in der Zukunft. Sie liegt zwischen beiden in der Mitte. Aber wo ist die Gränze? Kein Wunder demnach, daß die orientalischen Sprachen zum Ausdruk der gegenwärtigen Zeit bald ihr Präteritum, bald ihr Futurum gebrauchen, je nachdem sie sich die gegenwärtige Handlung um einen Moment zurük, oder um einen Moment vorwärts denken.

Erst mit dem Fortschritt der Ausbildung des Verstandes entsteht das Bedürfnis, die feinern Modifikationen der Zeit und die verstektern Verhältnisse des wirklichen und idealischen Nacheinander- und Nebeneinanderseins der Handlungen auszudrükken. Und da, wenn eine Sprache einmal zu einem gewissen Punkt ausgebildet ist, sie nicht eben so leicht neue Formen als neue Wörter annehmen kann, so hilft man sich, um jene Modifikationen auszudrükken, durch Zusammensetzung des Verbalbegrifs mit Verben oder Partikeln. So entstehn die Hülfswörter.

Der reinen Zeit, die aus der einfachen Vorstellung des Nacheinanderseins besteht, setze ich die vermischte Zeit oder die Zeit im Zeitraum entgegen. Ich kann mir einen Strom als eine fortschreitende Reihe hinter einander rollender Wellen vorstellen; aber ich kann ihn mir auch im Nebeneinandersein der Wogen zwischen seinen Ufern in seinem Bette denken. Eben so kann ich mir die Zeit nicht bloß im ewigen Fortschritt der auf einander folgenden Handlungen und Vorstellungen, sondern auch im Nebeneinandersein der Vorstellungen von geschehenden, geschehenen und geschehen sollenden Wirkungen denken. Die eigentliche Gegenwart ist der jedesmalige Augenblik des Sprechens. Aber dieser Augenblik ist mit dem ersten Anfang des Sprechens schon vorüber. Darum verlängere ich die Gegenwart theils nach natürlichen Erscheinungen, theils nach willkührlichen Eintheilungen der Zeit. So entstehen Zeiträume, und jeder Zeitraum, der den gegenwärtigen Augenblik mit einschließt, ist Gegenwart, er sei übrigens so lang er wolle. Diese Stunde gehört zur Gegenwart, der ganze Tag ist Gegenwart. Ich bin heute, was ich gestern war. Diese Woche, dieser Monat, dieses Jahr, ja sogar dieses Jahrhundert — lauter Bezeichnungen der Gegenwart, so viel vergangenes, soviel künftiges auch jeder dieser Zeiträume zugleich gleichsam neben der Gegenwart enthalten mag. Ja indem ich die ganze Succession der Zeit als ein einziges ungetheiltes Ganze betrachte, so abstrahire ich ganz von allem Begrif der Vergangenheit und Zukunft, und alles erscheint mir als Gegenwart. Darum werden die ewigen Wahrheiten, die analytischen Urtheile, in keiner Sprache anders als im Präsens ausgedrükt: der Zirkel ist rund, der Triangel **hat** 3 Seiten, das Feuer **brennt** u. s. w. Wenn das Subjekt nie sein Prädikat verlieren kann, so kaun dies auch nicht anders als in einer ununterbrochenen Gegenwart gedacht werden. Je länger ich mir indessen den Zeitraum der Gegenwart denke, desto mehr liegen geschehende, geschehene und noch geschehen sollende Handlungen in diesem einem Zeitraume oder vielmehr in meiner Vorstellung neben einander. Ein gleiches gilt von der Vergangenheit; ein gleiches von der Zukunft. Sie sind die 3 großen Zeiträume, deren jeder gegenwärtige, vergangene und zukünftige Handlungen einschließt. So enthält der Zeitraum der Gegenwart nicht bloß Handlungen, die in diesem Augenblik geschehen, sondern auch Handlungen, die ich mir in eben diesem Augenblik als schon geschehen, andre, die ich mir in diesem Augenblik als noch geschehen sollend denke. Eben so enthält der Zeitraum der Vergangenheit Handlungen, die ich mir in ihr als geschehend, andre, die ich mir als ehemals schon geschehen, noch andere, die ich mir als damals noch geschehen sollende denke. Endlich eben so enthält der Zeitraum der Zukunft Handlungen, die ich mir als in der Zukunft geschehend, als einst geschehen, als einst geschehen sollend denken kann. Hiernach hat jeder Zeitraum 3 Zeiten: ein Präsens, ein Präteritum, ein Futurum. Die **Gegenwart** drükt ihre 3 Zeiten im Latein durch sum aus.

1) Im Präsens. — Loquens sum. I am speaking. **Ich rede jezt in diesem Augen-**

blik. — Die Stelle dieses Präsens der Gegenwart vertritt in allen Sprachen häufig das absolute Präsens. Statt des doch nicht unlateinischen scribens sum steht häufig scribo, so wie im Deutschen immer statt: ich bin schreibend — ich schreibe. Der Engländer beobachtet häufiger den feinen Unterschied zwischen I write und I am writing.

2) Ein Präteritum der Gegenwart. Locutus sum, (wiewol diese Form zugleich die Stelle des griechischen Aoristus vertreten, und die absolute Vergangenheit bezeichnen muß) besser im Deutschen und in allen gebildeten Europäischen Sprachen: Ich habe geredet. Schon die Form: ich habe, j'ai, I have, etc. zeigt, daß diese Form ein Ausdruk für den Zeitraum der Gegenwart ist, in welchem ich mir eine Zeit als vergangen denke. Es bezeichnet eine in dem gegenwätigen Zeitraum entweder wirklich geschehene oder als geschehen gedachte Handlung.

3) Ein Futurum der Gegenwart; locuturus sum, an dessen Stelle doch oft das Futurum absolutum loquar tritt, so wie im Deutschen beide, das absolute Futurum und das Futurum der Gegenwart, einerlei Bezeichnung haben. Auch die Griechen unterscheiden und verwechseln: γράψω und γράψων εἰμι. Es bezeichnet die im gegenwärtigen Moment noch künftige, vielleicht im nächsten nicht mehr künftige Handlung.

Eben so enthält der Zeitraum der Vergangenheit 3 Zeiten, die im Latein durch eram umschrieben werden.

1) Ein Präsens der Vergangenheit. — Loquens eram oder loquebar. Dies ist das schief genug genannte Imperfectum. Es drükt immer solche Handlungen aus, die ich mir als ehemals gegenwärtig, als damals geschehend denke. So wird dies Tempus im Griechischen und Lateinischen gebraucht, und daher ist es leicht zu erklären, warum es vornehmlich in Beschreibungen, so wie das sogenannte Perfectum in Erzählungen, seinen Platz findet. Im Deutschen muß dies Tempus zugleich zur Bezeichnung der absoluten Vergangenheit, statt des griechischen Aoristus, und also auch als erzählendes Tempus dienen, sowie der Lateiner dazu sein Perfectnm gebraucht: so daß der Unterschied zwischen dem erzählenden Ton beider Sprachen darin liegt, daß die deutsche die Fakta als gegenwärtig in der Vergangenheit, die lateinische als vergangen in der Gegenwart darstellt. Die französische Sprache und ihre andern Schwestern lateinischen Stammes haben dies Präsens der Vergangenheit doppelt: Je parlois, je parlai; italienisch io parlava und io parlai. Den Unterschied zwischen beiden, der nicht bloß Ausländern, die an der Verwechselung beider Temporum, wie einst die Ephraimiten am falsch gesprochenen Schibolet leicht zu erkennen sind, schwer zu begreifen ist, habe ich schon oben ent-

entwikkelt. Die zweite Form enthält nämlich zugleich den Nebenbegriff der Vollendung der als gegenwärtig in der Vergangenheit gedachten Handlung, und das ist unstreitig der Grund, warum diese Form zugleich die Stelle des Präteriti absoluti, d. i. des griechischen Aoristus, als erzählende Form vertritt. Daß man es übrigens schon ursprünglich dunkel gefühlt, daß die Form des Imperfectums eine Form der gegenwärtigen Zeit ist, davon ist die allen Sprachen eigne unmittelbare leichte Ableitung desselben von der Form des Präsens ein Beweis, wie auch daß es Participium, Infinitivus und andere Modos mit dem Präsens gemein hat.

2) Ein Präteritum der Vergangenheit: locutus eram. Der alte Name dieser Form: Plusquamperfectum — ist, wie man auf den ersten Anblik sieht, sehr unglüklich erfunden, und in der That widersinnig. Auch findet man von keinem Tempus so mangelhafte Begriffe auch bei den besten Grammatikern. Selbst Adelung erklärt das Plusquamperfekt als das Tempus, das nur gesezt wird in Beziehung auf eine andere Handlung, die erst anfängt, wenn die bezeichnete Handlung ganz vorüber ist. Sonach könnte ich nie ohne Bezug auf eine andere Handlung sagen: Er hatte sich geirrt; — könnte nie zwei Plusquamperfekte im Vordersatz und Nachsatz auf einander folgen lassen. Aber warum sollte ich nicht sagen können: „Als ich ihn befragt

ha te, war ich von ihm unrecht belehrt worden." Quum interrogassem, male me docuerat. — Genug das Plusquamperfekt, da es nun doch einmal diesen widersinnigen Namen wird behalten müssen, ist zu nichts anderm bestimmt, als zur Bezeichnung des in der Vergangenheit geschehenen und als geschehen gedachten. Die lateinische Form des Aktivs ist offenbar aus dem Perfectum und dem Imperfectum von sum zusammengezogen. Man sagte zuerst: scripsi eram, welches zuletzt in scripseram zusammenfloß. Durch den Beisatz eram wollte man gleichsam die gegenwärtige Vergangenheit scripsi in eine ehemalige Vergangenheit verwandeln. Diese Ableitung der Endung des Plusquamperfecti darf um so weniger befremden, da in mehrern Slavischen Sprachen das Plusquamperfectum auf eine ähnliche Weise gebildet wird. Polnisch heißt: ich hatte gesprochen — mowiłem był eigentlich: ich sprach er war.

3) Ein Futurum der Vergangenheit. Locuturus eram. Es ist nicht mehr die reine Zukunft, sondern die Zukunft, die einst war. Ich denke mir bei dieser Form eine itzt vielleicht geschehene, aber ehemals noch nicht geschehene, kurz eine damals noch geschehen sollende Handlung.

Endlich der Zeitraum der Zukunft hat auf gleiche Art 3 Tempora, die insgesammt mit ero als Hülfswort ausgedrükt werden.

1) Das Präsens der Zukunft. Loquens ero. Ich denke mir eine zukünftige Handlung geschehend

Es ist natürlich, daß statt dieser Form häufig das absolute Futurum loquar gesetzt wird.

2) Das Präteritum der Zukunft. Locutus ero oder fuero. Ich denke mir eine künftige Handlung als einst geschehen. Dieses Tempus ist am meisten verkannt worden. Man hat daraus bald ein Futurum des Conjunctivs, bald ein zweites Futurum gemacht. Schon die Bildung der aktiven Form im Latein ist sehr sprechend und belehrend. Auch sie ist aus der Form des Perfekti und ero zusammengezogen. Unstreitig sagte man statt des zusammengezogenen scripsero ursprünglich: scripsi ero, um mit dem Zusatz des Hülfswortes ero die zukünftige Vergangenheit anzudeuten. Auch das griechische Paulopost Futurum, das man schlecht benannt, und häufig nicht besser erklärt hat, ist nichts anders als eine passive Form der zukünftigen Vergangenheit. τετυψομαι ist zusammengesetzt aus der Form des Perfecti τετυπ und dem Futurum εσομαι und heist also nicht: ich werde bald geschlagen werden, sondern: ich werde geschlagen worden sein. Wenn Aristophanes in den Wolken (v. 1440.) seinen Phidippides nach Erwähnung der in seinen Kinderjahren erhaltenen Schläge sagen läßt: wenn ich nicht selbst einen Sohn bekomme, ματην εμοι κεκλαυσεται, so kann das nicht heißen: ich werde bald vergebens weinen, sondern: ich werde ehemals vergebens geweint haben. Für das Aktivum dieses Perfektums der

Zukunft hat die formenreiche griechische Sprache doch keine einfache Form, sondern muß das scripsero des Lateiners durch γεγραφως εσομαι übersetzen.

3) Das Futurum der Zukunft. Locuturus ero. Es bezeichnet die in der Zukunft noch geschehen sollende Handlung. „Ich werde reden wollen."

Ich stelle zur leichtern Uebersicht diese 12 Tempora noch einmal tabellarisch zusammen:

I. Die reine Zeit oder die absolute Zeit.

Präsens: Ich schreibe, scribo, γραφω, I write.

Präteritum: εγραψα. Alle andern Sprachen müssen es von der gemischten Zeit borgen.

Futurum: γραψω, scribam.

II. Die gemischte Zeit oder die Zeit im Zeitraum.

1) Zeitraum der Gegenwart.

a. Praesens praesentis: γραφων ειμι, scribens sum, I am writing, auch I do write.

b. Praeteritum praesentis: γεγραφα, scripsi, ich habe geschrieben, I have written.

c. Futurum praesentis: scripturus sum, γραψων ειμι, μελλω γραφειν.

2) Zeitraum der Vergangenheit.

a. Praesens praeteriti: scribens eram oder scribebam; εγραφον; ich schrieb; I wrote oder I was writing; j'écrivois und j'écrivis, jenes mit dem Nebenbegrif der Unvollständigkeit, dieses mit dem Nebenbegrif der Vollendung.

b. Praeteritum praeteriti: scripseram; εγεγραφειν, ich hatte geschrieben; j'avois écrit und j'eus écrit, jenes mit der Nebenbedeutung des Laufs der Handlung, dieses mit dem Nebenbegrif der Vollendung derselben.

c. Futurum praeteriti: scripturus eram, εμελλον γραφειν, ich wollte, sollte schreiben.

3) Zeitraum der Zukunft.

a. Praesens futuri: scribens ero, gewöhnlicher das Absolutum scribam. I will be writting. γραφων εσομαι oder μελλησω γραφειν.

b. Praeteritum futuri: scripsero; γεγραφως εσομαι. Ich werde geschrieben haben.

c. Futurum futuri: scripturus ero. Ich werde künftig schreiben wollen oder sollen. μελλησω γραψειν.

Wenn irgend eine Sprache von Philosophen geschaffen wäre, so würde sie wahrscheinlich alle diese zwölf Formen vollständig, einfach und rein haben. Aber keine bekannte Sprache hat sie ganz vollständig, selbst die griechische nicht; sie müssen mehr oder weniger den Sinn derselben durch Umschreibung, d. i. durch Hülfswörter ausdrükken. Ein deutlicher Beweis, daß alle Sprachen mehr das Produkt eines dunkeln Gefühls, als eines hellen Verstandes waren, der erst späterhin mit bald größerm, bald kleinerm Glük das Chaos der Ursprache nach mehr oder minder deutlich gedachten Analogien zu ordnen versuchte.

Wir finden im Französischen eigentlich noch zwei Formen, die um so weniger ganz übergangen werden können, da ihnen, obwol sie wenig gebräuchlich sind, doch eine ähnliche Form sowol im Deutschen als Latein entspricht. J'ai eu parlé und j'avois eu parlé ist gerade dasselbe mit unsrer, wenigstens in Oberdeutschland, vornehmlich in Baiern, sehr gewöhnlichen Form: ich habe geredet gehabt. Die passive Form im Latein: locutus fuit, oder mit passiver Bedeutung: missus fuit, missus fuerat statt missus est und erat ist auch bei den besten Schriftstellern, Cicero nicht ausgenommen, gewöhnlich genug, und entspricht genau jenen französischen und deutschen Formen. Denn sie haben alle die Kraft, einen Aktus tief in die Vergangenheit hinauszurükken, und vor dem langen Zeitraum der Vergangenheit gleichsam noch eine Vorhalle zu bauen, in die durch jene Formen der Aktus zurükgedrängt wird.

Man pflegt öfters den Reichthum der griechischen Konjugation, die so viele Tempora hat, zu bewundern. Ein Tempus der Gegenwart, 5 Tempora der Vergangenheit, 2 und im Passiv gar 3 Tempora der Zukunft. Aber bei genauerer Prüfung schmilzt dieser Reichthum gar sehr zusammen, da der zweite Aorist so wenig als das zweite Futurum ein eignes Tempus, sondern vielmehr eine zweite Form des Imperfekts und des sogenannten ersten Futurums ist, mit welchen sie in der Bedeutung übereinstimmen, daher sie im Grunde genommen eher ein unnützer Ballast als ein wahrer Reichthum der Sprache sind. Indessen bleibt es immer unläugbar, daß die griechische und lateinische Sprache, vor der jene wenigstens ein sehr bedeutendes Tempus, den Aoristus, voraus hat, durch ihre einfachen Tempora einen entschiedenen Vorzug vor allen neuern, noch so gebildeten Sprachen, haben, die allerdings in den Fesseln ihrer Hülfswörter schwerfälliger und langsamer einherschreiten als jene Sprachen, die die Modifikationen ihrer Verben aus der Wurzel selbst herausspinnen. In der That liegt hierin eine Hauptquelle der größern Energie und Kürze der alten Sprachen. Indessen vergißt man gewöhnlich zweierlei: theils daß auch die griechische und lateinische Konjugation ursprünglich nur aus Zusammenziehung der Wurzel und einem Hülfsworte, vornehmlich dem sogenannten verbo substantivo, entstanden — theils daß beide Sprachen sich wirklich auch in ihrer höchsten Ausbildung der Hülfswörter bedienten, ja bedienen mußten. Es läßt sich in der That zeigen, und ist bereits von mehrern Gelehrten gezeigt worden, daß die Endungen der ganzen griechischen Konjugation von dem Verbum εἰμι herzuleiten sind, und dies nicht etwa bei den Verben in μι, wo es freilich sogleich in die Augen fällt, sondern auch bei den Formen auf ω. Denn εω ist ursprünglich einerlei mit εἰμι. Folglich ist φιλ-εω eigentlich: ich bin liebend, φιλ-εις du bist liebend, ꝛc. Herr Geh. Rath Hezel glaubt in einem neuern Werke, diese Entdekkung zuerst gemacht zu haben. Darin irrt er sich; denn schon Barthelemy, Bergier und Court de Gebelin sind ihm darin zuvorgekommen.

Bei der lateinischen Konjugation läßt sich etwas

ganz ähnliches zeigen. Nur scheinen hier viele Formen aus ire gehen (das überhaupt ursprünglich statt esse gebraucht ward, daher auch die Aehnlichkeit im Griechischen zwischen εἰμὶ ich bin und εἶμι ich gehe zu erklären ist) entlehnt zu sein. Wirklich wird dies ire in der passiven Form des Infinitivs als Hülfswort gebraucht. Am auffallendsten spricht die vierte Konjugation für diese Zusammenziehung aus ire. Z. B. Pun-is, pun-it, du gehst strafend, er geht strafend, statt: du strafst. Eben so das Imperfectum: pun-iebam oder noch mehr in der ältern Form: pun-ibam ich ging strafend. — Eben so das Perfectum und Plusquamperfectum: pun-ivi und pun-iveram. Eben so endlich das Futurum, vornehmlich in seiner alten Form: pun-ibo, statt der spätern: puniam.

Aber auch späterhin, als beide Sprachen zur Büchersprache ausgebildet waren, brauchten beide mehr oder minder Hülfswörter, theils aus Noth, theils ohne Noth nur zur Abwechselung. Daher haben beide Sprachen eine sogenannte conjugatio periphrastica. Die Griechen verbinden alle ihre aktiven und passiven Participien mit dem Verbo substantivo εἰμι und den diesem entsprechenden τυγχανω, ὑπαρχω ꝛc. und werden eben dadurch in den Stand gesetzt, alle mögliche Tempora zu bilden, die die philosophische Grammatik erfordert, und zu deren Darstellung auch ihre einfache Konjugation nicht hinreicht. Einige Formen des Passivums (im Perfectum und Plusquamperfectum) können des Hülfswortes gar nicht entbehren. Dem lateinischen Passivum ist es noch unentbehrlicher; doch ist es auch in der lateinischen Sprache gewöhnlich, die aktiven Participien (scribens und scripturus) mit allen möglichen Zeiten des Verbums sum zu verbinden, und dadurch ebenfalls die sonst unvollständige Konjugation zu vervollständigen.

Man ist indessen so gewohnt, den Gebrauch der Hülfswörter in den alten Sprachen als etwas unwesentliches anzusehn, daß man ihn gar nicht zur eigentlichen Konjugation rechnet, sondern ihn gleichsam als eine grammatische Eleganz in einen Anhang verweiset. Daher glaubte man auch lange genug, und glaubt noch, den Ursprung der Hülfsverben in den neuern Sprachen lateinischen Stammes nicht anders erklären zu können, als durch einen vorgeblichen Einfluß der rauhen Sprachen der zuerst in Italien, dann in Gallien und Spanien einwandernden Barbaren, aus welchen die Italienische, Französische, Spanische, Portugiesische Sprache jenen Gebrauch entlehnt haben soll, so wie diese Sprachen überhaupt ein Produkt aus der Mischung der gebildeten lateinischen Sprache mit den Sprachen der den römischen Staat überschwemmenden germanischen Horden sein sollen. Im Ganzen genommen ist diese Theorie gewis nicht so ungegründet, als Maffei in seiner Verona illustrata sie vorstellt, indem er den Barbaren gar keine Einwirkung auf die Entstehung der italienischen Sprache verstattet, sondern diese als einen gereinigten Ausfluß der ehemaligen römischen Pöbelsprache ansieht. Aber soviel bleibt immer wahr, daß aus dem Dasein der Hülfswörter in der italienischen Sprache und ihren Schwestern sich gar kein Schluß auf ihren ausländischen Ursprung machen läßt. Denn in der That, die lateinische Sprache braucht gleich ihren Töchtern nicht nur das natürliche und unentbehrliche Hülfswort esse, sondern sogar das wenigstens unnatürlich scheinende, obwol, wie sich weiterhin zeigen wird, wirklich natürliche, aber entbehrliche Hülfswort habere. — Es ist in der That seltsam genug, daß man diese im Latein, und nicht etwa bloß in den ältern Schriften, z. B. in den Komödien des Plautus und Terentius, beim Lukretius, sondern selbst beim Cicero äußerst gewöhnliche Form der Zeitwörter so gar wenig beachtet hat, daß man gar nicht einmal daran gedacht hat, sie in das Schema der Konjugation aufzunehmen, sondern sie vielmehr bloß als eine Elegantia des Ausdruks in die Syntaxis verwiesen, und sie bald mehr bald minder gezwungen zu erklären gesucht hat. Es ist wahr, oft kann das mit dem Particip der Vergangenheit zusammengesetzte habere durch existimare, oft durch tenere erklärt, und das Particip mehr als ein Adjektiv angesehen werden. Daher will ich mich weder auf die häufigen Formen: habere compertum, exploratum, cognitum, persuasum, obstrictum, berufen, obwol, wenn Cicero sagt: Clodii animum habeo perspectum, cognitum, das doch am natürlichsten als gleichbedeutend mit perspexi, cognovi erklärt werden kann. Aber es giebt eine Menge noch sprechenderer Beispiele: Cicero: de Caesare habeo dictum (Phil. 5.); quod me hortaris, ut absolvam, habeo absolutum, suave ἐπος ad Caesarem (ibid.), gerade wie Plautus (Pers. A. 2, S. 2) satis iam dictum habeo. — Martial: rem factam habeo. — Res tibi solutas habeo beim Plautus. Praepositum me habuisti statt praeposuisti beim Terenz (Hec. 4, 2, 7.) Aber am entscheidendsten sind folgende Beispiele: Cicero sagt in der Manilischen Rede: pecunias collatas habent, nachdem er ein Paar Perioden vorher in gleicher Beziehung gesagt, contulerunt. — Lucretius: (1, 1068) habent amplexi prima viae. — Plautus (fragm. ap. Varr.) von einem Koch: habet coctum cibum legioni nostrae. — Plinius: cognitum habeo insulas (wo die ungewöhnlichere Form des Supini statt der gewöhnlicheren des Participii merkwürdig ist). Und daß nicht etwa bloß denkende und lebende Subjekte dies habeo zur Formirung des Präteritums der Gegenwart gebrauchen, davon sind Stellen wie folgende des Sallust: ea res me falsum habuit (Jug. c. 10.) statt fefellit, ein sprechender Beweis.

Es ist nicht nöthig, die Zahl der überall leicht zu findenden Beispiele noch mehr zu häufen, um zu beweisen, daß der Lateiner eine doppelte Form des Präteritums der Gegenwart hatte: eine einfache, die immer als die einzige aufgeführt wird: scripsi, und eine ganz wie in unsrer, und in allen Europäischen Sprachen des lateinischen und des germanischen Stamms, aus dem Particip des Präteritums und dem Präsens des Verbums habeo als Hülfswort zusammengesetzte. Freilich ist die erstere in der lateinischen Büchersprache, die wir allein kennen, bei weitem die gewöhnlichere. Aber vielleicht war die letztere desto gebräuchlicher in der Umgangssprache. Wenigstens könnte man dies daraus schließen, daß sie sich so oft beim Plautus findet. Aber gewis war sie weder veraltet, noch gemein, wie der häufige Gebrauch, den Cicero davon macht, beweiset. Genug es hat kein Bedenken, daß, so wie ich im Deutschen sagen kann: ich habe dies Buch gelesen, ich habe dies Buch geschrieben, im Französischen: J'ai lu, j'ai écrit, im Italienischen: io ho und io aveva letto und scritto, im Spanischen: he und habia leydo und escrito, im Portugiesischen, (wo als Hülfswort tenho von teneo lieber als aver gebraucht wird): tenho und tinha lido, im Englischen: I have und I had read und written, im Dänischen: jeg haver und jeg havde laest und skrevet, im Schwedischen: jag har und jag hade skrifvit, im Holländischen: ik heb und ik had geleezen, ik heb geschreeven, daß man, sage ich, auf gleiche Art, auch im Latein analogisch völlig richtig sagen könnte: lectum oder scriptum habeo hunc librum.

Doch nicht bloß die lateinische Sprache hat das Hülfswort habere, selbst die griechische braucht ihr εχω eben so wol als ειμι wie ein Hülfswort. So sagt z. B. Hesiodus: κρυψαντες εχουσι (E. 42.) für εκρυψαν. — Herodotus: ανδρι επιτρεψαντες ἡμεας εχομεν, wir haben uns dem Manne überlassen; δουλωσας εχεις, du hast unterjocht; Sophokles (Oed. T. 721.)

μοι βεβουλευκως εχει (er hat mir gerathen; θαυμασας εχω, ich habe mich gewundert (Philoct. 1355.); Thucydides: εχω δησας, ich habe gebunden; Demosthenes: εχω καταστησας, ich habe gestellt; Euripides: ατιμασας εχει (Med. 33.) er hat verschmäht. Ueberhaupt kömmt diese Form gerade bei den Tragikern, vornehmlich beim Sophokles, sehr häufig vor, ein Beweis, daß auch sie vornehmlich zur Umgangssprache gehört habe. Dennoch hat man das griechische Hülfswort εχω eben so verkannt, als das lateinische habere, und sogar Valkenaer, dieser so feine Kenner der Gräcität, weiß jene Formen nicht anders zu erklären, als daß εχειν zuweilen für ειναι stehe (ad Eurip. Phoen. p. 269.). Dies ist freilich richtig, aber eben diese Verwechselung des εχειν mit ειναι hätte ihn darauf führen können, daß eins sowol als das andere ein Hülfswort sei, und daß daher ihre Verwechselung um so weniger zu verwundern sei, da ja auch im Deutschen, im Französischen u. s. w. mehrere Verben eben so gut mit haben als mit seyn verbunden werden.

Nun ist es freilich kein Wunder mehr, daß auch die neugriechische Sprache das Verbum εχω als Hülfswort gebraucht. Auch hat sie dabei gerade denselben Gang genommen, wie die Italienische. Denn sie hat, wie diese, die einfache Form untergehen lassen, und bloß die zusammengesetzte Form mit dem Hülfsworte behalten, vermuthlich, weil auch hier diese letztere ehedem mehr die Sprache des gemeinen Lebens war, und eben darum seltner als die erstere in den klassischen Schriften vorkommt. Der Neugrieche sagt nunmehr statt εγεγραφειν ich hatte geschrieben: ειχα γραψει, oder auch, was freilich logisch richtiger, aber darum nichts weniger als gebräuchlicher ist, ειχα γραμμενα. Selbst zur Bildung des Passivs gebraucht er: εχω. — ειχα γραφθη, ich war geschrieben worden. Auch das einfache Futurum hat der Neugrieche untergehn lassen, und gebraucht zur Bildung desselben als Hülfswort θελω ich will, aber nicht mit dem Infinitiv, den überhaupt die neugriechische Sprache nicht hat, sondern er sagt auch hier: θελω γραψει und im Passiv θελω γραφθη.

Wenn es indessen unläugbar ist, daß haben und seyn, diese beiden in den Europäischen Sprachen lateinischen und germanischen Stammes (denn die Slavischen haben allein das letztere) üblichen Hülfswörter sich schon in der alten griechischen und lateinischen Sprache finden, so ist diese seltene Uebereinstimmung ein offenbarer Fingerzeig, daß diese Hülfswörter nicht durch Zufall, nicht durch Willkühr, nicht durch einen bloßen Einfall oder Laune in die Sprachen kamen, sondern ihr Ursprung muß sich psychologisch aus den Gesetzen des Denkens selbst erklären lassen. Dies erfordert jedoch eine eigne Untersuchung, die ich einer andern Abhandlung vorbehalte, in der ich zugleich die bekanntern Europäischen und Asiatischen Sprachen in Ansehung des zum Theil so ähnlichen, aber andern Theils auch wieder so höchst verschiedenen Gebrauchs, den sie von den Hülfswörtern machen, vergleichen, vornehmlich aber folgende Fragen zu beantworten suchen werde: Wie kam es, daß gerade das abstrakteste aller Verben — das Verbum seyn — Hülfswort ward, und das nicht etwa in den später gebildeten Sprachen, sondern selbst in den ältesten, die wir kennen, sogar im Hebräischen, wo das Verbum היה schon gewissermassen als Hülfswort erscheint, und am sichersten zur Erklärung des wundervollen ו gebraucht werden kann, das, wie Moses Zauberstab, das Futurum in ein Präteritum, und dieses in jenes verwandelt (ו conversivum futuri et praeteriti). Ferner: wie ist es gekommen, daß man das Verbum haben als Hülfswort gebraucht hat, wozu es sich dem ersten Anblik nach so wenig zu schikken scheint? Wie ist es zu erklären, daß das aktive Futurum und das passive Präsens mit einerlei Hülfswort: ich werde gebildet werden? Und wie mag es zugehen, daß das Particip der vergangenen Zeit: geliebt eben sowol dem aktiven Hülfswort ich habe beigesellt wird, als dem passiven: ich werde? Endlich wie geht es zu, daß mehrere Verben sowol mit haben als mit seyn zusammengesetzt werden, und nach welchen allgemeinen Grundsätzen läßt sich der abwechselnde Gebrauch beider Hülfswörter bei einem Verbum am sichersten beurtheilen?

Die Beantwortung aller dieser Fragen, und die Erklärung so mancher, zum Theil sonderbaren, damit zusammenhängenden Phänomene in unsrer und in fremden Sprachen wird der reichhaltige Gegenstand des künftigen zweiten Theils dieser Abhandlung sein.

II.

Geschichte des Glaubens an die Heiligkeit der Zahl Sieben.

Der Aberglauben ist ein Kind der Unwissenheit. Es ist daher sehr natürlich, daß gerade die ältesten Völker, welche die Geschichte aufstellt, uns zugleich die auffallendsten Beiträge zur Geschichte des Aberglauglaubens liefern. Ein Volk ohne wissenschaftliche Kultur ist leichtgläubig wie ein Kind; es hat nur Aufmerksamkeit für das Wunderbare und Seltsame; es sieht überall etwas Geheimnisvolles uud Uebernatürliches, es erblikt die ganze Natur nur wie durch einen Schleier, und hüllt selbst das, was vor seinen Sinnen offen da liegt, in den Schleier des Wunderbaren. Sein Verstand ist zu schwach, die nächsten Ursachen der Dinge wahrzunehmen, und seine Phantasie zu lebhaft, um nicht überall auch in den natürlichsten Phänomenen Uebernatürlichkeit und Einflüsse unsichtbarer Kräfte zu ahnen. Seine Vernunft ist nicht geübt genug, um das wahre Verhältnis

nis zwischen Ursache und Wirkung einzusehen; sie knüpft daher die heterogensten Begriffe zusammen, und macht aus Zufälligkeiten und Nebenumständen wesentliche Bestandtheile und wirkende Ursachen. So entstehen eine Menge abergläubischer Ideen, die durch wechselseitige Verkettungen sich einander unterstützen, und am Ende gar ein zusammenhängendes System bilden, das eben dadurch eine solche Festigkeit erhält, daß selbst die nachmaligen Fortschritte in Kultur und Kenntnissen dies nach und nach aufgeführte Gebäude der Kindheit nicht gänzlich umzustürzen vermögen. Daher kömmt es, daß selbst bei den aufgeklärtesten Völkern und in den hellsten Perioden ihrer Kultur sich eine Menge thörichter Ideen erhalten, die nur in der Nacht der Barbarei und Unwissenheit entstehn konnten, aber die sich allmälig in die ganze Denkungsart der Nation so verflochten, daß sie selbst dann noch bei einem großen Theil der Nation fortdauern, wenn man das Ungereimte derselben schon längst eingesehen, oder es doch einzusehen im Stande war. So wie es dem erwachsenen Manne schwer fällt, sich von den Ideen seiner Kindheit, die ehedem seine Sinne und Phantasie erschütterten, gänzlich loszureißen, und so wie er bei aller Ueberzeugung von der Nichtigkeit dessen, was er als Kind glaubte, dennoch sehr oft unvermuthet von eben diesen Ideen überrascht wird, und von den oft unwiderstehlichen Eindrükken der Ammenmährchen, die einst seine kindische Seele so lebhaft beschäftigten, seinen Verstand unterjochen läßt — eben so geht es bei ganzen aufgeklärten Nationen. Die Ideen ihrer Barbarei und Kindheit mischen sich häufig unter die Masse ihrer Wahrheiten. Sie sind oft zu fest in Denkungsart, Sprache, Religion und bürgerliche Einrichtung verflochten, als daß sie gänzlich herausgerissen werden könnten.

Es ist daher eine lehrreiche und interessante Beschäftigung: den Gang, den gewisse abergläubische Ideen genommen, zu verfolgen, ihre Spuren zu sammeln, und bis zur Quelle hinauf zu steigen. Ich habe mir vorgenommen, von Zeit zu Zeit in mehrern akademischen Vorlesungen mich auf diese Art mit Aufsuchung der Spuren und Quellen mancher abergläubischen Ideen und Meinungen, solcher besonders, die einen weit ausgebreiteten Einfluß hatten und haben, zu beschäftigen. Ich mache hier den Anfang mit einer dem ersten Anschein nach sehr unfruchtbaren Idee, die aber in der That ihren Einfluß außerordentlich weit verbreitete, und bei allen ältern und neuern Nationen, und beinahe in allen Wissenschaften Spuren ihrer Einwirkung zurükgelassen. Ich rede von der sonderbaren Ehrfurcht, die der Aberglauben alter und neuer Zeit für die Zahl Sieben gehabt, wodurch diese Zahl gewissermaßen mit dem Gepräge der Heiligkeit gestämpelt worden. Diese Verehrung ist um so auffallender, da der Gegenstand derselben, als eine abstrakte Größe, der Imagination so wenig Stof und Nahrung darzubieten scheint.

Die uralte Ehrfurcht für die Zahl 7 äußert sich

selbst in den Sprachen. Im Hebräischen kömmt von dem Zahlwort Schibah (sieben) das Wort Schebua: der Eidschwur (eigentlich die Siebenung) her. Die Zahl Sieben und der Eidschwur waren daher in der Seele und der Sprache des Hebräers gewissermaßen so unzertrennlich verknüpft, daß eine Idee die andre weckte. Wirklich war es schon in den ältesten Zeiten gewöhnlich, den Eid entweder durch sieben Zeugen oder sieben Pfänder zu bekräftigen. Man pflegte in den ältesten Zeiten bei 7 Opferthieren zu schwören: daher heißt hischbia eigentlich: er hat gesiebnet, d. i. er hat jemanden beschworen; und nischba, er ist gesiebnet worden, d. i. er hat geschworen. Die Araber sanctionirten ihre Kontrakte und Bündnisse, wie Herodot (lib. 3. c. 8.) berichtet, durch 7 mit dem eigenen Blute der kontrahirenden Parteien bestrichene Steine. Agamemnon sendet beim Homer dem Achilles bei Ablegung seines Schwurs 7 Tripoden u. s. w. Und selbst das Römische Recht forderte zur Rechtmäßigkeit eines Testaments die Gegenwart und Unterschrift von 7 Zeugen: welches gewis keine bloß willkührliche oder zufällige Bestimmung, sondern wol unläugbar ein Ueberrest der uralten Sitte war, durch die Zahl 7 einem feierlichen Actus eine desto kräftigere Sanction zu geben. Auch in Deutschland war im Mittelalter bei Kriminaluntersuchungen das sogenannte besiebnen und übersiebnen, d. i. die Ueberführung durch sieben geschworne Zeugen, üblich; und man hat noch itzt in manchen Gegenden Oberdeutschlands bei Berichtigung der Gränzen sogenannte Siebner, d. i. eine Kommission von sieben vereideten Männern.

Das griechische Zahlwort ἑπτὰ, und das damit übereinstimmende lateinische septem (wie denn wirklich nach dem Zeugnisse des Makrobius *) statt ἑπτὰς ehedem auch septas gesagt sein soll) haben alte und neue Grammatiker von σέβομαι (ich verehre) hergeleitet. Wenn gleich diese Etymologie nur der dürftigen Sprachkenntnis, und dem Hange der Griechen, die Wurzel von allen Wörtern ihrer Sprache nur allein in ihr selbst zu suchen, zuzuschreiben ist: indem das griechische ἑπτὰ, und das vermöge der gewöhnlichen Verwandlung des Spiritus asper in ein s damit übereinstimmende lateinische septem ganz unstreitig nach allen Gründen einer vernünftigen Etymologie einerlei Ursprungs mit dem orientalischen schiba ist; so beweist sie doch immer, daß auch bei den Griechen sich an die Idee und den Ton des Zahlworts die Idee der Ehrfurcht und Heiligkeit knüpfte.

Ueberhaupt aber ist es ein merkwürdiger, obgleich bisher noch nicht bemerkter Umstand, daß eine Menge übrigens verschiedener Sprachen dennoch in der Bezeichnung gerade dieser Zahl übereinkommen. Es ist zwar eine bekannte Bemerkung, daß sich gerade

---

*) Hic numerus ἑπτὰς nunc vocatur antiquato usu primae litterae. Apud veteres enim septas vocitabatur, quod graeco nomine testabatur venerationem debitam numero. Macrob. in Somn. Scip. I. 6.

in Ansehung der Zahlwörter eine große Uebereinstimmung zwischen sehr vielen Sprachen findet; und daß gerade diese Uebereinstimmung — mehr als irgend eine andere, die ein Werk des Zufalls, oder eine den natürlichen Klang hörbarer Gegenstände nachahmende Onomatopöie sein könnte — uns auf eine gemeinschaftliche Quelle dieser Sprachen zurükweist. Indeß findet sich diese Uebereinstimmung nirgend so oft, und nirgend so deutlich, selbst in solchen Sprachen, bei denen die übrigen Zahlwörter nicht die mindeste Aehnlichkeit haben, als in Ansehung der Zahl Sieben.

Zuförderst treffen hier alle orientalische Sprachen zusammen. Das hebräische Schibah, und das gleichlautende chaldäische und samaritanische, das arabische Sebæt, das syrische Schabto, das äthiopische Shabatu, das amharische Sabat, das neupersische Heft, so wie das pelvische Aft, und die Benennung in mehrern andern orientalischen Sprachen und Dialekten, können selbst dem, der mit den Grundsäzen der Etymologie unbekannt ist, ihre Aehnlichkeit und Einerleiheit mit dem lateinischen septem, dem griechischen ἑπτα und dem deutschen sieben nicht verbergen. Aber selbst in der alten Shanskrit heißt diese Zahl Sapta, so wie im neuern Hindostanischen Hefta und Sat; in der Marattensprache Sata, Bengalisch Saat, im Sinesischen nach dem einen Dialekt von Kantong Satt, und in der höchst wahrscheinlich indischen Sprache der Zigeuner Efta.

Fast alle europäische Sprachen, so sehr verschiednen Stamms sie übrigens auch sind, stimmen, wenn sie auch in allen andern Zahlwörtern abgehen, doch in dieser Zahl überein. Die Töchter der lateinischen Sprache, die Italienische, Französische, Spanische verläugnen natürlich auch hier ihren Ursprung nicht. Aber die deutsche Sprache hat ihr: sieben, mit welchem der Ausdruk ihrer Töchter oder auch Schwestern, nehmlich der Englischen, Holländischen, Dänischen und Schwedischen Sprache bald mehr bald weniger übereinstimmt, gewis nicht aus dem Lateinischen entlehnt. Denn schon die Mösogothen sagten sibun. Aber selbst der dritte Hauptstamm der europäischen Sprachen, der Slavonische, drükt diese Zahl auf eine ähnliche Art aus, wie z. B. das Polnische siedm, das Böhmische und Krainische sedm beweist. Noch sprechender ist das Littauische und Lettische septini. Auch das Niederbretagnische (eine Reliquie des alten Celtischen) sagt seits, so wie das ihm ähnliche Kymrische im Fürstenthum Wales saith, womit auch das Hersische übereinstimmt. Sogar die Krimischen Tataren sagen sevene. Aber noch auffallender ist es, daß selbst mehrere wilde Samojedische Stämme einen allen diesen andern Sprachen ähnlichen Laut zur Bezeichnung dieses Zahlbegriffs haben. Denn die Taffe-Samojeden, oder die Tawgi am Eismeer zwischen dem Jeniiei und Lena sagen seiba; die Ninez oder die Samojeden bei Archangel siw, die Chasowo seigbe.

Diese Uebereinstimmung der übrigens heterogensten Sprachen in Bezeichnung dieses Zahlbegriffs ist doch in der That merkwürdig; wozu noch kömmt, daß auch solche Sprachen, die zur Bezeichnung desselben einen ganz andern Laut angenommen haben, doch in Ansehung desselben mit mehrern andern übrigens ganz verschiedenen Sprachen übereinkommen. Unmöglich kann man annehmen, daß diese Uebereinstimmung so vieler Sprachen ein bloßes Spiel des Zufalls sei. Ich glaube vielmehr eben diese auffallende Uebereinstimmung als ein uraltes Denkmal von dem Glauben an die besondere Heiligkeit und magische Kraft dieser Zahl ansehen zu können, der sich von einer Nation zur andern fortgepflanzt und durch jene Uebereinkunft in Bezeichnung derselben auffallend genug charakterisirt.

Wirklich zeigt sich dieser Glaube an eine besondere Heiligkeit dieser Zahl in der Geschichte aller uns bekannten alten Nationen, bald mehr bald weniger; und er hat selbst in der Geschichte und Verfassung neuerer Nationen unverkennbare Spuren hinterlassen. Auch ist fast keine einzige Wissenschaft, von der Theologie bis zur Grammatik, von der Astronomie bis zur Geographie, wo nicht eine vermeinte Heiligkeit der Zahl sieben zu Spielereien und Träumereien, oder auch zu wirklichen Irrthümern Gelegenheit gegeben hätte. Aus der großen Menge von Beispielen, die dies erläutern, kann und will ich nur einige der auffallendsten anführen.

In den Büchern des Alten Testaments erscheint die Zahl Sieben sehr häufig auf eine merkwürdige Art. Nicht nur wird sie sprichwörtlich gebraucht, so daß sieben häufig statt viel, und siebenmal statt oft steht; sondern sie ist gewissermaßen auch in die ganze Mosaische Verfassung verwebt. Besonders dreht sich der ganze Zirkel der religiösen Tage und Feste der Hebräer um diese Zahl. Nicht nur war den Hebräern der 7te Tag der Woche heilig; sondern sie mußten auch 7 Tage ungesäuertes Brod essen, mußten zwischen ihrem Oster- und Pfingstfeste 7 Wochen zählen, alle 7 Jahr ein Ruhejahr, und nach 7 mal 7 Jahren ein vollkommnes Freijahr feiern. Zur Einweihung des Hohenpriesters wurden 7 Tage erfordert. Am Osterfest mußte 7 Tage geopfert, und am Pfingstfeste 7jährige Lämmer gebracht werden. Ueberhaupt kömmt ein solches siebenfaches Opfer häufig vor. Hiobs Freunde opferten 7 Farren und 7 Widder. Eben so viel David bei Einholung der Bundeslade; eben so viel, und noch außerdem 7 Lämmer und 7 Ziegenböcke, brachte König Hiskias zum Sühnopfer. Ueberdies ward gesetzmäßig mit dem Blute des Sündopfers siebenmal der Altar besprengt. Die gesetzmäßige Unreinigkeit dauerte 7 Tage, und zu den verordneten Reinigungen waren 7 Tage festgesetzt. Selbst von der dieser Zahl beigelegten magischen oder theurgischen Wirksamkeit finden sich im Alten Testament mehrere Spuren. So ließ der Beschwörer Bileam, als er die Israelitischen Nomaden verfluchen sollte, 7 Altäre bauen, und forderte zum Opfer 7 Farren und 7 Widder. Jericho ward am siebenten Tage erobert, nachdem sieben Priester sieben Tage lang mit sieben Posaunen, und mit ihnen das ganze Volk siebenmal um die Mauern gegangen waren. Simson ward, um ihn zu bezwingen, mit 7 Strikken gebunden, und durch die Abscherung seiner 7 Lokken seiner Stärke beraubt — Aber schon vor Einführung der Mosaischen Verfassung finden sich Spuren des Glaubens an eine besondere Heiligkeit dieser Zahl. Höchst wahrscheinlich hat die Mosaische Vertheilung des Schöpfungswerkes auf 7 Tage dieser Idee ihren Ursprung zu verdanken. Eben diese Idee zeigt sich in der Geschichte der Sündfluth. Von den sogenannten reinen Thieren und von den Vögeln nahm Noa 7 Paare in sein Schiff auf. Sieben Tage darauf erfolgte die Ueberschwemmung; und nachdem sie vergangen war, sandte er in Zwischenräumen von 7 Tagen zwei Tauben aus. Jakob diente um jede der beiden Töchter Labans 7 Jahre. Die 7 fetten und 7 magern Kühe, von denen der ägyptische König träumte, und die nach Josephs Deutung 7 fruchtbare und 7 unfruchtbare Jahre andeuten, gehören in gewisser Rüksicht ebenfalls hierher. Von den in den biblischen Büchern des Alten Testaments nach Moses vielfältig vorkommenden Spuren der Verehrung für diese mystische Zahl führe ich nur die 7 Säulen der Weisheit aus den Sprüchen Salomons, und die 7 Stufen am Tempel Hesekiels an. Daß in den Schriften der Rabbinen und Talmudisten oft mit dieser mystischen Zahl gespielt wird, versteht sich gewissermaßen von selbst; und ich will daher itzt weiter nichts daraus anführen, als die Legende von den 7 sogenannten Noachitischen Geboten.

Auch im Neuen Testament finden sich häufige Spuren des Glaubens an die Heiligkeit der Zahl 7. Manches ist indeß wohl erst von den Auslegern hineingetragen: wie dies z. B. bei dem Vaterunser der Fall ist, welches, genau genommen, nicht aus 7, sondern aus 6 Bitten besteht, indem die 6te nnd 7te nicht nur dem Sinne nach, sondern auch selbst nach der Konstruktion, zusammengehören. Ganz besonders aber ist die Apokalypse voll von der mystischen Zahl 7: z. B. 7 Gemeinen, 7 Leuchter, 7 Siegel, 7 Posaunen, 7 Schalen, 7 Donner, das Lamm mit 7 Hörnern und 7 Augen, der Drache mit 7 Köpfen und 7 Kronen.

Daß in allen orientalischen Religionen sich Spuren des andächtigen Vorurtheils für die Zahl 7 finden, ist sehr begreiflich. In den Geheimnissen des Mithras mußte man durch 7 Pforten gehen, so wie überhaupt in mehrern alten Mysterien auf mannigfaltige Art von der Zahl Sieben Gebrauch gemacht wurde. Siebenfache Opfer, siebenfache Reinigungen, siebenfache Weihungen, u. s. w. werden häufig erwähnt; besonders wenn vom ägyptischen Kultus die Rede ist. Denn den Aegyptern war diese Zahl ganz besonders heilig. — Auch die Bildsäule des Phönizischen Moloch hatte 7 Kammern, in deren jeder ihm ein besonderes Opfer dargebracht wurde.

Seit der Rükkunft der Juden aus dem Babylonischen Exilium dachte man sich das unzählbare Heer von Engeln, womit man sich Gottes Thron umgeben bildete, 7 Erzengeln untergeordnet, welche die

Befehle Gottes an die Unterengel vertheilen müssen. Aber außer diesen 7 Erzengeln dachte man sich noch aus Mißverstand einer und der andern biblischen Stelle, 7 Geister vor dem Throne Gottes, die gleichsam Gehülfen Gottes in der Weltregierung sein sollten, so wie bei den Persern der König ein Kollegium von 7 Fürsten als Reichsgehülfen zur Seite hatte. Auch die Kirchenväter reden eben daher viel von einem Spiritus septiformis. Auch sind Jakob Böhms und anderer Theosophen sieben Quellgeister vermuthlich aus derselben Quelle geflossen.

Die katholische Kirche macht häufig Gebrauch von dieser mystischen Zahl. Dahin gehören die 7 Priesterweihen, die 7 Sakramente (ob es gleich sonderbar ist, daß zwei so entgegengesetzte Dinge, wie die Priesterweihe und der Ehestand, dennoch beide zu den Sakramenten gehören sollen); die 7 Todsünden, die 7 horae canonicae, 7 Bußpsalmen, 7 Betpsalmen; ferner die Märtyrerlegende von den septem dormientibus oder den Siebenschläfern. Auch gab es ursprünglich nur 7 Kardinäle, nach der Zahl der 7 Geister um Gottes Thron.

Bei den Griechen war schon seit den ältesten Zeiten die Zahl 7 in mancherlei Rüksicht heilig gewesen. Hesiodus sagt ausdrücklich, daß der siebente Tag des Monats ein heiliger Tag sei. Er war dem Apollo gewidmet, der am 7ten des Monats Thargelion geboren sein sollte. Auch beim Homer finden sich mehrere Spuren des Glaubens an die Vorzüge der Zahl 7. Späterhin machten die griechischen Philosophen diese Zahl sehr häufig zum Gegenstand ihrer Spekulation. Vor allen andern die Pythagoreer. Freilich ist die Zahlenlehre des Pythagoras gerade der dunkelste Theil seiner Philosophie: und noch ist es keinem gelungen, seine philosophisch-arithmetischen Räthsel zu lösen. Indeß gehen mich hier seine Träume über die Monas, Dyas, und die übrigen Zahlen nichts an. Aber die Zahl 7 ward vorzüglich als eine heilige, ja als eine in gewisser Rüksicht der Gottheit ähnliche Zahl von den Pythagoreern angesehen; und wenn die Zahl 10 von ihnen für die vollkommenste erklärt ward, so geschah dies vermuthlich vornehmlich wegen ihrer Zusammensetzung aus den beiden mystischen Zahlen 3 und 7, so wie die jüdischen Kabbalisten die 10 Sephirot in 3 obere und 7 untere vertheilen. Die spätern Pythagoreer und Platoniker sind unerschöpflich in der Bewunderung der tiefen Geheimnisse dieser Zahl. Sie ist ihnen ein Bild Gottes: sie nennen sie eine Jungfrau, oder die Minerva, weil sie unter allen einfachen Zahlen die einzige ist, die keine andere einfache Zahl gebiert, noch von irgend einer andern Zahl geboren wird. Chalcidius drükt sich in seinem Kommentar über den Timäus hierüber also aus: Solus septenarius numerus neque ex duplicatione nascitur alterius alicujus, nec parit quenquam. Propterea Minerva est cognominatus; item ut illa, sine matre, perpetuaque virgo. Eben diesen mystischen Grund führen mehrere alte Schriftsteller, selbst mehrere Kirchenväter, an. Niemand spricht indeß mit größerem

Enthusiasmus von den vermeinten Mysterien dieser Zahl als Philo: welches um so weniger zu verwundern ist, da er als Jude und als Platoniker doppelte Veranlassung zur Verehrung dieser durch seine Religion und durch seine Philosophie geheiligten Zahl hatte. Denn auch schon beim Plato finden sich mehrere Spuren von dem Vorurtheil für die Zahl 7; z. B. wenn er die Weltseele aus 7 Theilen zusammensetzt. Seltsam ist es übrigens zu sehen, wie die Platoniker überall in der Natur, sowol im Makrokosmus, im Himmel und der Erde, als noch mehr im Mikrokosmus, im Menschen, nach dieser Zahl haschten, und sie, wo die Natur selbst keinen Gebrauch von ihr gemacht, durch unlogische Eintheilungen nnd unvollständige und übervollständige Zählungen hineinbrachten. So zählte man 7 Theile der unvernünftigen Seele, nehmlich die 5 Sinne, und zu diesen noch die Sprachfähigkeit nnd Zeugungskraft: 7 mögliche Arten der Bewegung des Körpers, 7 äußere und 7 innere Theile des Körpers, 7 Oefnungen am Kopf, 7 Exkretionen, u. s. w. Wo nicht wirklich von Natur 7 Theile oder 7 Arten waren, da wußte man doch die heilige Zahl hineinzukünsteln. Die christlichen Mystiker und Theosophen der neuern Zeit sind in dieser Verehrung der Zahl 7 getreue Nachfolger der Platoniker.

Unter andern ward die vermeinte Heiligkeit der Zahl 7 für die alten Philosophen und Aerzte eine Veranlassung, das gesammte menschliche Leben nach Hebdomaden einzutheilen, und die Hauptveränderungen des Menschen unter diese Zahl zu rubriciren. Diese höchst willkührliche Vertheilung des menschlichen Lebens findet sich schon in einem Fragment des Solon. Censorin in seinem Buch de die natali beschreibt sie also: Fere enim post septimum quemque annum articulos quosdam et in his aliquid novi natura ostendit, ut et in Elegia Solonis cognoscere datur. Ait enim in prima hebdomade dentes homines cadere, in secunda pubem apparere, in tertia barbam nasci, in quarta vires, in quinta maturitatem ad stirpem relinquendam, in sexta cupiditatibus temperari, in septima prudentiam linguamque consummari, in octava eadem manere, in nona omnia fieri languidiora, in decima hominem fieri morti maturum.

Man sollte es kaum glauben, daß selbst ein so feiner Beobachter, als Hippokrates, sich des Glaubens an einen besondern Einfluß der Zahl 7 nicht erwehren konnte. Auch er hat die alte willkührliche Eintheilung des menschlichen Lebens nach Hebdomaden. Ob es übrigens bloß der Zahl sieben zu Ehren geschah, wenn er ganz entscheidend behauptet, daß zwar jeder partus septimestris am Leben bleiben könne, aber durchaus kein achtmonatlicher (οκταμηνον δε γενομενον ουδεν βιοι πωποτε); oder ob diese Behauptung wirklich irgend einen vernünftigen physikalischen Grund für sich habe (denn astrologische Gründe hat man wirklich ehedem dafür angeführt): das muß ich den Aerzten, die doch seit jeher darüber uneins waren, zu entscheiden überlassen, und ich begnüge mich bloß, anzuführen, daß Aristoteles in mehrern Stellen seiner Schriften dieser Meinung geradezu widerspricht; obgleich sie sogar in die Systeme der Juristen übergegangen. Julius Paulus in seinen receptis sententiis sagt: septimo mense natus matri prodest. Ratio enim Pythagorei numeri hoc videtur admittere, ut aut septimo pleno aut decimo mense partus maturior videatur. Und eben dieser alte Rechtsgelehrte sagt in den Pandekten (L. 1, T. 4, l. 12.): Septimo mense nasci perfectum partum receptum est propter auctoritatem Hippocratis, et ideo credendum, eum, qui ex justis nuptiis septimo mense natus est, justum filium esse.

Eben so wenig kann und will ich mich darauf einlassen, zu beurtheilen, in wie fern bei Bestimmung der kritischen Tage der Krankheiten das Vorurtheil für die Zahl 7 einigen Einfluß gehabt. So viel ist richtig, daß die alten Aerzte größtentheils, vom Hippokrates an, der die Dauer der hitzigen Krankheiten sehr genau nach Septenarien eintheilt, den siebenten Tag der Krankheit, oder den 2 oder 3 mal siebenten Tag, für wichtiger und kritischer hielten, als den 9ten. Celsus sagt ausdrücklich: Est autem alia de diebus ipsis dubitatio, quoniam antiqui potissimum impares sequebantur, hosque, tanquam tunc de aegris judicaretur, κρισιμους nominabant. Hi erant dies tertius, quintus, septimus, nonus, undecimus, quartus decimus, ita ut summa potentia septimo, deinde quarto decimo, deinde uni et vigesimo daretur.

Noch deutlicher aber erhellt das Vorurtheil der alten Aerzte für die Zahl 7 aus ihrer Theorie von den Stuffenjahren. Denn in der Bestimmung derselben kam alles auf die Zahl 7 an, und so ward selbst das 21ste, 28ste, 35ste, 42ste Jahr als Stuffenjahr, und damit zugleich als ein für Gesundheit und Leben bedenkliches und gefährliches Jahr angesehen: bloß darum, weil jene Zahlen aus der Multiplikation der mysteriösen Zahl entstanden. Aber das allergefährlichste Stuffenjahr war natürlich das 49ste als das Quadrat von 7; wiewol einige andere das 63ste darum für noch bedenklicher hielten, weil es aus der Multiplikation der mysteriösen Zahl 7 mit der ebenfalls mysteriösen Zahl 9 entstanden. Non pauci, sagt Censorinus, unum omnium difficilimum κλιμακτηρα prodiderunt, anno scilicet undequinquagesimo, quem complent anni septies septeni ad quam opinionem plurimorum consensus inclinat; nam quadrati numeri potentissimi ducuntur. — Ob das Medikament, dessen ich unter dem Namen des Siebenblumenöls (olei septem florum) erwähnt gefunden, und das ehedem für eine Universalmedicin gehalten ward, wenigstens gegen eine große Menge der verschiedensten innerlichen und äußerlichen Krankheiten helfen sollte, ebenfalls auf Rechnung des Vorurtheils für die Zahl 7 zu setzen sei, wage ich nicht zu entscheiden. Aber so viel ist gewis, daß wenigstens im Mittelalter von dieser heiligen Zahl mancherlei medicinischer oder vielmehr magischer Gebrauch bei Krankheiten aller Art gemacht

wurde.

wurde. So herrschte sonst das Vorurtheil, daß der jedesmalige 7te Sohn eine wunderthätige Kraft besitze, allerlei Krankheiten, besonders Kröpfe, durch seine Berührung zu heilen. Daß übrigens die theosophischen Aerzte von der Zahl 7 und ihrer magischen Wirksamkeit häufigen Gebrauch gemacht, bedarf kaum erwähnt zu werden.

Aber auch am Himmel forschte man schon im grauen Alterthum überall nach dieser mystischen Zahl. Es war den alten Astronomen nicht genug, 7 Planeten am Himmel zu kennen (obwohl sie die Sonne mit zu den Planeten rechneten); auch auf die Formirung und Benennung der Sternbilder hatte die Zahl 7 einen unverkennbaren Einfluß. Wenigstens scheint man bei Formirung der beiden Gestirne, des großen und kleinen Bärs, recht absichtlich darauf gesehen zu haben, bei ihnen beiden 7 in gleicher Richtung stehende hervorstechende Sterne zu haben. Und obwohl die alten Astronomen noch nicht wissen konnten, daß das sogenannte Siebengestirn eigentlich aus weit mehrern Sternen bestände: so zählten und sahen sie doch in der That nur 6 Sterne (ȣχ' ὁρωνται αἱ ἑπτα, sagt Eratosthenes, ἀλλ' αἱ ἑξ): und dennoch nannten sie es, um nur den sieben Töchtern des Atlas am Himmel einen Platz anweisen zu können, das Siebengestirn (ἑπταστερον), mit der seltsamen Erklärung, daß die eine Tochter des Atlas sich am Himmel aus Scham, nicht wie ihre Schwestern mit einem Gott, sondern mit einem Sterblichen vermählt worden zu sein, zu verstekken pflege. Daß man übrigens von alten Zeiten her den 7 Planeten zu Gefallen auch 7 Metalle zählte, um davon jedem Planeten eines widmen zu können, und daß man daher auch das Quecksilber zu den wirklichen Metallen, ungeachtet seiner von ihnen allen abweichenden Natur, rechnete: ist um so weniger zu verwundern, da selbst in neuern Lehrbüchern noch häufig das Quecksilber nicht zu den Halbmetallen, sondern zu den eigentlichen Metallen gerechnet wird.

Aber nirgends scheint das Vorurtheil für die Zahl 7 einen nachtheiligern Einfluß gehabt zu haben, als in der alten Historie und Geographie, wo es nicht nur manche unnütze Träumereien, sondern sogar wirkliche Irrthümer veranlaßt hat. Ich will davon nur einige der auffallendsten Beispiele anführen. Alle alten Schriftsteller reden von sieben Armen und sieben Mündungen des Nil. Und doch hatte er nach dem Herodot eigentlich nur 5 natürliche Ausflüsse, die andern waren bloße Kanäle (ὖκ ἰθαγενεα ἀλλ' ορυκτα.) Wollte man die letztern mitzählen, so waren es doch nicht 7, sondern, wenn man auch die kleinen auslassen wollte, doch immer 12, wie Plinius ausdrüklich sagt, oder, jene mitgerechnet, 16. Man sieht also offenbar, daß man hier mit der mystischen Zahl 7 spielte. Eben dies gilt von den Mündungen der Donau, deren ebenfalls von vielen Schriftstellern, selbst von Strabo, 7 gezählt werden. Und doch waren es nach andern alten Schriftstellern, wie noch itzt, nur 5; und auch hier rechnete man, um die Zahl 7 heraus zu bekommen, einige künstliche Ausflüsse oder Kanäle mit, wie dies auch der Namen der einen Mündung, Pseudostoma, klar beweist, so wie auf der andern Seite der Namen einer andern Mündung der Donau, *sacrum* ostium, ein Beweis ist, daß man wirklich bei den Mündungen dieses Flusses sich allerlei heilige Träumereien erlaubt hat. Eine ähnliche Bewandnis scheint es mit den sieben Hügeln Roms zu haben. Genau genommen, waren es 10; und bei Herrechnung der 7 Hügel wird von einigen der Mons Capitolinus mitgerechnet, und dafür der Janiculus ausgelassen, von andern wird dieser mitgerechnet und alsdann jener übergangen. Die 7 Städte, die um den Homer stritten, scheinen ebenfalls hieher zu gehören. Denn wenn man alle Städte, die auf den Homer Anspruch gemacht haben sollen, zusammenzählt, so kommen weit mehr als 7 heraus. Wirklich zählt Suidas 19 auf. Ein gleiches gilt von den sieben Weisen Griechenlands. Denn um die Zahl 7 herauszubringen, wird der Tyrann Periander bald mitgezählt, bald von andern seiner Grausamkeiten wegen ausgelassen, und dann statt seiner Anacharsis, oder Myson, oder gar der Schwärmer Epimenides aufgeführt. Mit den sogenannten sieben Wunderwerken der Welt ist es auf die nehmliche Art gegangen. Denn eigentlich kommen deren mehrere heraus. Eben die Bewandnis hat es mit dem sogenannten Siebengestirn der spätern alexandrinischen Dichter, indem die alten Grammatiker in der Angabe dieser 7 Dichter nichts weniger als einstimmig sind. Vielleicht gehören selbst die sieben Könige Roms hieher. Es ist wenigstens sehr unwahrscheinlich, daß Rom in einem Zeitraum von drittehalb Jahrhunderten nicht mehr Könige als 7 gehabt haben soll. Für nur 7 Regierungen ist dies in der That ein zwar möglicher, aber unwahrscheinlicher Zeitraum. — Aus dem Mittelalter will ich nur die bekannte Eintheilung der Wissenschaften in das Trivium und Quadrivium anführen, welche beide zusammen die septem artes liberales ausmachten, und sich auf einer höchst unvollständigen und unlogischen Eintheilung gründeten. Die Zerfällung in 3 und 4 (in △ und □) hat ebenfalls ein mystisches Ansehen. Wenigstens ist es einer von den Gründen, die für die Heiligkeit der Zahl 7 angeführt werden, daß sie aus dem Triangel und Quadrat zusammengesetzt ist.

Beinahe möchte ich glauben, daß selbst die ursprüngliche Festsetzung der Zahl der deutschen Kurfürsten auf 7 sich zum Theil mit auf das Vorurtheil für diese Zahl bezieht: zumal da auch sie, wie die Wissenschaften, in 3 und 4 zerfällt worden. Daß wirklich bei Festsetzung dieser Zahl irgend eine mystische Idee mit im Spiele gewesen, erhellet, wie ich glaube, selbst aus der goldenen Bulle, wo auf die 7 Leuchter der Offenbarung, und auf den oben erwähnten spiritus septiformis angespielt wird. Die Worte sind folgende: *septem electores* sacri imperii, per quos velut *septem candelabra* lucentia in unitate *Spiritus septiformis* sacrum illuminari debet imperium, &c. In dem alten persischen Reiche hatte der Monarch ebenfalls sieben Fürsten zur Seite, die, wie es im Buche Esther (I, 14) heißt, „das Angesicht des Königs sahen und saßen obenan im Königreich."

Der Einflus der Zahl 7 auf die Musik, und die Anwendung der alten Theorie von den Planetenbahnen auf die Musik, so wie umgekehrt die Anwendung der musikalischen Theorie auf die Bewegung der Planeten und die dadurch bewirkte Sphärenmusik, ist aus der Geschichte des Pythagoras bekannt. Selbst die Siebenzahl der griechischen Vokale hatte etwas mystisches, wie schon allein daraus erhellt, daß der Aberglaube jeden dieser Vokale einem besondern Planeten heiligte (Plut. de ει). Uebrigens erstrekte sich der Einfluß der mystischen Zahl 7 sogar auf die Spiele. Ich will davon nur die Einrichtung der Würfel zum Beispiel anführen, die schon im Alterthum, wie noch itzt, so eingerichtet waren, daß immer die beiden gegenüberstehenden Seiten die Zahl 7 gaben, indem beständig 6 und 1, 5 und 2, 4 und 3 Augen gegen einander über gesetzt wurden. Eben diese Einrichtung befolgte man bei den αστραγαλοις oder talis; denn ungeachtet bei diesen nur 4 Seiten beziffert waren, so standen doch auch hier 4 und 3, und 6 und 1 gegenüber. Daß man auch in neuern Spielen der mystischen Zahl 7 gehuldigt, davon will ich izt bloß jenes Spiel, das von dreimal sieben (tre Sette) den Namen hat, zum Exempel anführen.

Genug, und nur zu viel Beweise des Glaubens an eine besondre Heiligkeit der Zahl Sieben. Ein so seltsamer Glaube hat ganz das Gepräge des hohen Alterthums; und wirklich verliert er sich, wie die angeführten Beispiele beweisen, in der Dunkelheit der ältesten Menschengeschichte. Die allgemeine Verbreitung desselben wird nur durch seine frühe Fortpflanzung durch die ältesten Stammväter der Nationen begreiflich. Aber nicht so begreiflich ist die Ursache dieses sonderbaren Vorurtheils für die Zahl 7. Die alte gewöhnliche Erklärung der Rabbinen, der Kirchenväter und der ältern Theologen und Exegeten möchte izt schwerlich mehr vielen Beifall finden. Nach ihnen ist der Grund der Ehrfurcht für die Zahl 7 in der mosaischen Schöpfungsgeschichte zu suchen. Gott selbst habe, meinten sie, diese Zahl durch den von ihr bei dem Schöpfungswerke gemachten Gebrauch geheiligt; Gott selbst habe durch die Vertheilung der Schöpfung auf 6 Tage mit Hinzufügung eines Ruhetages die Eintheilung der Zeit nach Wochen eingeführt. Allein die Vorstellung von einem mit Mühe arbeitenden, sein Tagewerk vertheilenden und eines Ruhetages bedürfenden, Gotte ist zwar ganz dem Geist und der Sprache der frühesten Menschheit angemessen, die sich noch nicht zu der Idee eines über die Schranken der Zeit und des Raums erhabenen Gottes hinaufschwingen konnte; aber um so weniger verträgt sie sich mit den theologischen und philosophischen Begriffen eines reiferen Zeitalters. Eine Menge neuerer Exegeten sind daher der Meinung gewesen, man könne die mosaische Schöpfungsgeschichte unmöglich wörtlich und buchstäblich verstehen, sondern man müsse sie als eine ehrwürdige Reliquie der uralten Vorstellungs- und Darstellungsart ansehen. Betrachtet man sie aus diesem Gesichtspunkte, so verschwinden eine Menge Schwierigkeiten, und man kann alsdann unbedenklich annehmen, daß nicht sowohl die

Schöpfungsgeschichte Ursache des Glaubens an die Heiligkeit der Zahl 7, als vielmehr daß umgekehrt diese uralte Idee schon vor Moses existirt habe, der von ihr in seiner poetischen Vorstellung der Schöpfung vielleicht in der Absicht Gebrauch machte, um dem von ihm eingeführten und zur Kultur seiner durch eine harte Sklaverei verwilderten Nation nothwendigen Sabbat eine desto kräftigere Sanktion zn geben. Moses scheint die Idee von einer besondern Heiligkeit dieser Zahl mehr vorgefunden uud vorausgesezt, als selbst gegründet zu haben; und es ist nicht unwahrscheinlich, daß er, unterwiesen in aller Weisheit der Aegypter, auch diese Idee von seinen ägyptischen Lehrern angenommen, so wie er so manche andre Idee und Einrichtung aus der ägyptischen Verfassung entlehnte. Der Ursprung des Glaubens an die Heiligkeit dieser Zahl scheint daher in noch ältern Zeiten vor Moses zu suchen zu sein. Um so weniger aber kann man annehmen, daß die oben erwähnte mystische Natur, dieser, weder gebärenden noch gebornen, Zahl, in welcher die spätern griechischen besonders die neuplatonischen Philosophen den Grund ihrer Verehrung suchten, wirklich die wahre Quelle dieses Glaubens sei. Denn jene mathematisch-philosophischen Spekulationen und Träumereien liegen in der That ganz außer dem Horizont des früheren Menschenalters, das, je weniger es für Abstraktion empfänglich ist, um so mehr allen sinnlichen Eindrükken offen steht, und alle auffallende Phänomene der Sinnenwelt mit desto größerer Lebhaftigkeit auffaßt. Kurz, die Ursache der Verehrung der Zahl Sieben scheint mir durchaus in dem Kreise derjenigen sinnlichen Ideen zu liegen, die ihrer Natur nach auf die frühere Menschheit am stärksten wirken mußten, und auch nach der Geschichte wirklich am stärksten auf sie wirkten.

Mit einem Wort: die Heiligkeit der Zahl 7 scheint offenbar astronomisch-astrologischen Ursprungs zu sein. Es giebt in der That keine ältere Wissenschaft, als die Astronomie, wenn man anders die noch rohen Beobachtungen der alten Welt schon so nennen kann. Die Astronomie war eine Tochter des Orients, wo das Klima, die Heiterkeit der bestirnten Nächte, und die hier selten unterbrochene Fläche des Erdbodens den Hirtenvölkern, die hierdurch, und selbst durch ihre müßige nomadische Lebensart zur Betrachtung des Himmels fast unwiderstehlich eingeladen wurden, die schönste Gelegenheit zu astronomischen Beobachtungen darbot. Aber die glühende Phantasie des Morgenländers, verbunden mit seinem Hange, dem Natürlichen einen Anstrich von Uebernatürlichen zu geben, drükte auch der Astronomie des ältesten Zeitalters ihr eignes Gepräge auf. So entstand mit und neben der Astronomie Astrolatrie und Astrologie. Besonders mußten die Planeten durch ihre eigenthümliche Bewegung die Aufmerksamkeit der frühsten Beobachter auf sich ziehen. In ihnen glaubten sie mehr als in den unbeweglichen Fixsternen eine innere Lebenskraft, und die Spuren eines sie bewohnenden und belebenden Weltgeistes zu erblikken. So wurden die Planeten Götter, und die älteste und am weitesten verbreitete Religion war die Verehrung der Planeten.

Es ist sehr bewundernswerth, daß man schon in uralten Zeiten es so weit brachte, auch den Merkur für einen Planeten anzuerkennen. Die Entdekkung der Siebenzahl der Planeten gehört zu den frühesten und eben darum bewundernswürdigsten Entdekkungen des Alterthums. Vornehmlich finden wir sie seit den ältesten Zeiten in Aegypten. Auch theilten die Aegypter schon im frühesten Alterthum die Zeit nach dem Lauf der Planeten ein. Bei ihnen finden wir zuerst die Eintheilung nach Wochen von 7 Tagen, von denen jeder einem der 7 Planeten gewidmet war. Merkwürdig ist es indeß, daß eben diese Eintheilung und die nehmliche unastronomische Folge der Tage auch seit undenklichen Zeiten bei den Indiern sich findet. Indeß von Aegypten aus verbreitete sich diese Eintheilung nicht nur zu andern Völkern des Orients, wie denn Moses und sein Volk diese Einrichtung wahrscheinlich mit aus Aegypten nahmen; sondern auch noch zu andern europäischen Nationen, obschon sowol Griechen als Römer erst in spätern Zeiten diese hebdomadische Eintheilung annahmen.

So sehr es indeß in die Augen fällt, daß die Zahl der Planeten vornehmlich darum, weil man sie im ganzen Orient als Götter und als Regierer der sichtbaren Welt und besonders der Schikksale des Menschen betrachtete, eine Hauptursache des abergläubischen Vorurtheils für die Zahl Sieben ward: wie denn dies sowohl von mehrern alten Schriftstellern, als auch von den neuern Theosophen, z. B. von Jakob Böhme, geradezu versichert wird; so ist es mir doch höchst wahrscheinlich, daß der Lauf des Mondes und die nach

Intervallen von 7 Tagen abwechselnden Erscheinungen desselben noch mehr als die Planeten, deren Beobachtung und deren Zusammenzählung schon mehrere Uebung und Kenntnis voraussetzte, zur Gründung jenes Vorurtheils für die Zahl 7 beigetragen. Der Beobachtung aller 7 Planeten setzte manches Klima große Schwierigkeiten entgegen. Aber die Erscheinungen des Mondes mußten auch den rohesten Nationen, die von den andern Planeten wenig oder gar nichts wußten, sogleich auffallen. Sie mußten sehr bald gewahr werden, daß von 7 zu 7 Tagen sich die Gestalt dieses für den Orientaler noch mehr als für uns wohlthätigen Planeten veränderte, und bald sich ihrem Blik entzog, bald nach 7 Tagen sich halb, und nach abermals 7 Tagen ganz erleuchtet darstellte, u. s. w. Diese regelmäßige Abwechselung mußte einen tiefen Eindruk auf die Sinne und Phantasie unkultivirter Nationen machen; sie mußte ihnen nothwendig als etwas Uebernatürliches erscheinen, und ihnen jene Zahl, die den Mond regierte, heilig und ehrwürdig machen. Daher ward fast bei allen alten Völkern die Feier des Neumondes eines der wichtigsten Feste. Es war auch sehr natürlich, daß fast alle Völker bei der Eintheilung der Zeit nicht die jährliche scheinbare Revolution der Sonne, deren Beobachtung schon weit mehr Kenntnis und Uebung voraussetzte, sondern vielmehr die sich von selbst ohne mühsames Beobachten und Nachdenken darbietende Revolution des Mondes zum Maßstab nahmen. So entstanden Wochen von 7, und Monate von 4mal 7 Tagen; und daher kam es, daß überhaupt auch die Zahl 28 als heilig und ehrwürdig angesehen ward. Ueberhaupt obgleich Sonne und Mond die Hauptgottheiten aller Völker des Orients waren, so genoß doch unter diesen beiden der Mond die größte Verehrung. Isis war die Hauptgottheit Aegyptens, und ihre Verehrung war bei weitem heiliger als die des Osiris. Aber sie war ursprünglich, nach den ausdrüklichen Zeugnissen der alten Schriftsteller, nichts anders, als der Mond, so wie Osiris die Sonne. Eben so ward bei den syrischen Völkern der Mond unter dem Namen Astarte weit heiliger verehrt, als die Sonne. Und so war es denn sehr natürlich, daß die Revolutionen des Mondes den ältesten Völkern wichtiger als alle andre Phänomene des Himmels waren, und daß die darin herrschende Regelmäßigkeit eine Art von abergläubischer Verehrung für die diese Regelmäßigkeit leitende Zahl hervorbrachte, zumal da man früh dem Mond mehr als jedem andern Planeten einen erheblichen Einfluß auf die Erde und auf den Menschen zuschrieb. Wenn nun aber irgend eine alte Nation in der Kenntnis des Himmels so weit fortrükte, daß sie alle 7 Planeten kennen lernte, und sich zugleich an die Idee eines mysteriösen Einflusses derselben auf die Erde gewöhnte: so mußte dadurch der Glaube an eine besondere Heiligkeit jener mystischen Zahl, die am Himmel zu gebieten, und vom Himmel herab selbst auf die Erde und die Schiksale der Menschen zu wirken schien, ein neues Gewicht bekommen; und wenn man nur irgend im Stande ist, sich in den Geist einer noch mehr durch Sinne und Phantasie als durch Verstand und Vernunft gelenkten Nation hineinzudenken, so hört man auf, sich zu verwundern, daß man einer Zahl von so allgewaltigem vermeinten Einfluß eine Art von Heiligkeit zuschrieb, und sich unvermerkt an diese Idee so gewöhnte, daß man auch, ohne sich immer ihres ersten Ursprungs deutlich bewußt zu sein, von ihr Gebrauch machte. — Wohl uns, daß wir in Zeiten leben, wo Träumereien der Art kein anderes als ein historisches und litterarisches Interesse für uns haben! So viel ist indessen gewis, daß die Geschichte der Vorurtheile und des Aberglaubens der Vorwelt, wozu meine heutige Vorlesung einen Beitrag liefert, noch einen größern Nutzen, als bloße Befriedigung einer müßigen Neugierde hat. Denn sie erhöht und veredelt zugleich das von jedem wahrhaft aufgeklärten Mann unzertrennliche Gefühl von höherer Werthschätzung unsers Zeitalters, das, erhaben über die Nacht und Dämmerung der Vorwelt, überall den belebenden Einfluß jener wohlthätigen Aufklärung empfindet, die, gleich der Sonne, ihre erwärmenden und befruchtenden Stralen über alle Felder des menschlichen Wissens verbreitet.

III.

Ueber die mannigfaltigen Hypothesen zur Erklärung der Mythologie.

(Im Jahr 1791.)

Wenn man auf den Einfall käme, die Ruinen von Persepolis, Palmyra, Babylon, Pästum und andern großen Städten des Alterthums an Einen Ort zusammenzutragen, um aus diesen Ruinen ein Ganzes zusammenzusetzen — so würde jedermann die Ausführung eines solchen Einfalls theils für unmöglich, theils wenigstens für höchst thöricht halten. Unmöglich könnten diese zusammengerafften Trümmer von Gebäuden, die in ganz verschiednen Zeiträumen, an ganz verschiednen Orten, in ganz verschiedner Bauart, zu verschiednen Zwekken, von verschiednen Baumeistern aufgeführt worden, unmöglich könnten sie auch nur im geringsten zusammenstimmen. Ueberall würde sich Mißverhältnis und Widerspruch, überall Lükken zeigen. Und wenn man am Ende ja ein Ganzes zu Stande brächte, so könnte dies doch nicht anders geschehen, als durch neue Verstümmelung der Ruinen, durch Weglassung aller nicht zusammenpassenden Materialien, durch Zusetzung vieler neuen, durch Umkehrung und Vernichtung aller Verhältnisse und Bestimmungen. Und am Ende würde doch dies neue aus den alten Trümmern zusammengesetzte Gebäude die widersinnigste und geschmakloseste Komposition sein, ohne Ebenmaß, ohne Festigkeit, ohne Bequemlichkeit, ohne Schönheit. Ueberall würde die gesunde Vernunft, überall der gute Geschmak sich beleidigt fühlen.

Aber wie? Sollte, was in der physischen Welt die auffallendste Ungereimtheit ist, etwa in der idealischen Welt Weisheit seyn? Sollte die Zusammensetzung der Ruinen von den Ideen der ältesten Vorwelt zu einem Ganzen möglicher, schiklicher und vernünftiger sein, als die Zusammensetzung der Ruinen ihrer Gebäude?

In der That, man braucht nur einen Blik auf die mannigfaltigen Systeme zur Erklärung der Mythologie zu werfen, um sich zu überzeugen, daß man seit jeher es als einen Beweis hoher Weisheit und tiefer Gelehrsamkeit angesehen, die Ruinen uralter Ideen und Vorstellungsarten zu Einem Ganzen zusammenzusetzen. Die Mythologie ist ein Chaos der heterogensten Ruinen, und diese Ideenruinen der Urwelt verdienen in der That die Aufmerksamkeit des Denkers unendlich mehr, als die Ruinen zerstörter Städte und Tempel. Man verkennt den Werth jener Trümmer und ihre Wichtigkeit für die Geschichte des menschlichen Verstandes und der Kultur der Menschen, wenn man das Studium der Mythologie bloß aus dem Gesichtspunkt empfielt, weil ohne Kenntnis derselben die Werke der Poesie und der schönen Künste nicht verstanden, noch weniger alle feinern Schönheiten derselben gefühlt und genossen werden können.

Nein, die Mythologie hat eben darum einen noch höhern Werth, weil sie aus Trümmern von den Ideen der uralten Vorwelt besteht, die jedem denkenden Kopf unendlich wichtiger sein müssen als öde Steinhaufen und verrostete Geräthschaften des Alterthums.

Auch hat man den großen Werth dieser intellektuellen Ruinen der Urwelt seit jeher eingesehen. Daher haben die Weisen und Gelehrten aller Nationen seit jeher mit unglaublichem Fleiß daran gearbeitet, sie zu ordnen und aufzuhellen. Für die griechischen Philosophen von Platon an war die Mythologie ein Gegenstand des mühsamsten Nachdenkens und Forschens, und selbst alle philosophischen Sekten Griechenlands beschäftigten sich mit Untersuchungen der Art, um, wo nicht unmittelbar doch mittelbar, die Mythologie für ihr System zu nutzen, und entweder ihre philosophischen Hypothesen und Träume aus der Mythologie herauszuspinnen, oder sie doch in dieselbe hineinzuweben. Unter allen philosophischen Sekten vor Christi Geburt beschäftigte sich keine so sehr mit Untersuchungen dieser Art als die Stoiker; und nach Christi Geburt keine so sehr als die Neuplatoniker. Auch für die Römischen Gelehrten hatten diese Untersuchungen vielen Reiz. Die beiden gelehrtesten Männer Roms, Varro und Cicero, wagten sich mit ihrem Untersuchungsgeiste in das Labyrinth der Mythologie. Ihnen folgten die christlichen Kirchenväter, die nicht nur die Mythologie als die Grundlagen des Heidenthums bestritten, sondern sogar aus ihr Beweise für die Wahrheit der christlichen Religion schöpften, ja selbst christliche Ideen und Lehrsätze in der mythologischen Hülle zu finden glaubten.

Als nach der Dunkelheit des Mittelalters durch das Studium der bisher unter dem Schutt der Unwissenheit und Barbarei vergrabenen alten Litteratur ein neues Licht aufging, ward neben so vielen großen und kleinen Reliquien des Alterthums auch diese wichtige Reliquie desselben von einer Menge der gelehrtesten Männer bearbeitet. Je schwieriger und verworrener der Gegenstand ist, desto anlokkender war er seit jeher für denkende Köpfe, und vielleicht ist er nie mit mehrerm Eifer, mit mehrerer Einsicht und mit mehrerm Glükke bearbeitet worden, als in unserm neusten Zeitalter, obgleich es auch in unsern Zeiten nicht an seltsamen Träumen und Hypothesen über die Mythologie gefehlt hat, die vielleicht nicht so gelehrt, aber gewis eben so ungereimt sind, als nur immer die Träumereien eines Huetius, Rudbek, Pezron, Tollius, Kircher, und andrer Gelehrten des vorigen Jahrhunderts waren.

Die Mythologie ist nach dem ersten Anblik ein Chaos der größten Ungereimtheiten, eine Sammlung von Mährchen, die an Abentheuerlichkeit die Mährchen der Mutter Gans übertreffen, ein Gewebe von Unsinn, wovor dem gesunden Verstande bei dem ersten Anblik ekelt, und worin er erst bei genauer Ansicht die Fäden der Vernunft und Unvernunft sich durchkreuzen sieht. Und diese Märchen, dieser Unsinn war ein Theil der Volksreligion, nicht bei Kamtschadalen und Grönländern, sondern bei der kultivirtesten und gelehrtesten Nation des Alterthums, der wir selbst die Keime aller unsrer Kultur und Gelehrsamkeit zu danken haben. Aber wer sich darüber wundern kann, daß die Volksreligion der Griechen auf solchen Mährchen beruhete, der vergißt, daß es eine Zeit gab, wo die Griechen um nichts klüger und besser waren als Grönländer und Kamtschadalen, deren Mythologie in mancher Rüksicht überaus viel Aehnlichkeit mit der griechischen hat; und er bedenkt nicht, daß es seit jeher viele Ungereimtheiten gab und noch giebt, die zuerst nur in einem Zustande der Rohheit gedacht und geglaubt werden konnten, aber die nachmals, durch eine Reihe von vielen Jahrhunderten gleichsam geheiligt und obenein mit einem falschen religiösen Stempel besiegelt, sich auch in einem kultivirten Zeitalter so gleichsam im Besiz des Rechts, geglaubt zu werden, erhalten, daß eine Art von heroischem Kampf mit sich selbst dazu gehört, ehe man nur so weit kömmt, sich einen Zweifel gegen jene Ansprüche oder gar eine Untersuchung derselben zu erlauben.

Aber sollte wirklich die Mythologie nichts weiter als das Gewebe von Unsinn sein, das sie auf den ersten Anblik zu sein scheint? Das schien allen denkenden Köpfen seit jeher unmöglich, und daher wetteiferte man in Erfindung sinnreicher Systeme und Hypothesen, um die Mythologie zu erklären und zu deuten. Aber man beging dabei den Hauptfehler, daß man die Mythologie nicht als eine unzusammenhängende Sammlung von Mährchen betrachten wollte, nicht als einzelne Räthsel, deren jedes auf verschiedene Art gelös't werden konnte und mußte.

Nein man wollte durchaus Einen Hauptschlüssel haben, der alle Schlösser in diesem Labyrinth zugleich schlösse, mit einem Worte, die Mythologie sollte durchaus ein System und ein harmonisches Ganze sein. Die einzelnen Theile sollten insgesammt in die Uniform einer einzigen Erklärungshypothese gekleidet werden. Man vergaß, daß die Fabeln der Mythologie, selbst in Ansehung ihres Ursprungs, sehr heterogen waren, indem sie in so verschiednen Zeitaltern und in ganz verschiednen Volksstämmen entstanden, und daß erst späterhin die Volksmährchen und Volkssagen der verschiednen Stämme Griechenlands, die in den ältesten Zeiten nur wenig Gemeinschaft mit einander hatten, zu einem abenteuerlichen Ganzen zusammenflossen.

Genau genommen kann es freilich nur zwei Systeme zur Erklärung der Mythologie geben, wovon jedoch jedes sehr mannigfaltiger Modifikationen fähig ist. Die Fabeln können entweder historisch oder allegorisch erklärt werden, in so fern ich sie als Fabeln oder als Ideen, und die in ihnen aufgestellten Personen entweder als wirkliche Individua, oder als personificirte Abstrakta betrachte. Durch die allegorische Methode hat man in der Mythologie alle möglichen Wissenschaften zu finden geglaubt. Nicht etwa bloß Physik und späterhin Metaphysik, sondern auch Astronomie, Astrologie, Moral, Politik, ja sogar Chemie und Alchymie. Die Allegorie ward als ein Zauberstab gebraucht, wodurch man die Mythologie in eine Menge der verschiedensten Gestalten verwandelte.

Die allegorische Methode, die Mythologie zu erklären, ist sehr alt. Schon Anaxagoras bediente sich ihrer, noch mehr aber sein vertrauter Freund, Metrodorus von Lampsakus, der sie nach der Nachricht des gelehrten Kirchenvaters Tatian bis zum Unsinn ausdehnte. Denn er erklärte nicht nur den Jupiter, die Minerva, die Juno als allegorische Vorstellungen von Naturkräften, (φυσεως ὑποςασεις και ςοιχειων διακοσμησεις, wie Tatian sagt) sondern er ging so weit zu behaupten, daß alle im Trojanischen Kriege von Griechischer und Trojanischer Seite berühmte Personen, Helena und Paris, Achilles und Hektor, nie existirt hätten, sondern nichts weiter als allegorische Wesen und personificirte physische Kräfte wären.

Auch Sokrates scheint vom Anaxagoras einen Hang zur allegorischen Erklärung der Mythologie angenommen zu haben. Noch mehr aber ward sie von Platon genutzt. Er erklärt in seinen Schriften mehrere mythologische Fabeln allegorisch. So ist z. B. der Orphische Satz, Ocean und Tethys seien die Stammeltern aller Götter, nach Platon eine Allegorie der Heraklitischen Lehre von der ewigen Veränderlichkeit, oder, wie Heraklit es nennt, von dem beständigen Fluß aller Dinge; wiewohl Aristoteles eben diesen Orphischen Satz richtiger als eine Versinnlichung der alten, späterhin von Thales deutlicher ausgedrükten Idee, daß das Wasser das Principium und der Urstof der Welt sei, ansieht. Homers goldne Kette, an die nach der Aufforderuug des Zeus alle Götter und Göttinnen sich anhängen, und doch ihn nicht vom Himmel herabziehen würden, wogegen er selbst an ihr Erde und Meer in die Höhe ziehen will, erklärt Platon von der Sonne. In seiner Republik tadelt er den Homer und Hesiodus wegen der von ihnen den Göttern angedichteten unmoralischen Handlungen; (wie z. B. die Entmannung des Uranus von seinem Sohn Kronos) er giebt indessen dabei zu, daß diese Fabeln auch allegorisch (ἐν ὑπονοίαις) verstanden werden können, aber, auch ohngeachtet der allegorischen Erklärung, hält er dergleichen Erzählungen für gemeinschädlich in Ansehung der Moralität, vornehmlich für die Jugend.

Das Schiksal des Sokrates hatte Platon gelehrt, die Volksreligion mit Schonung zu behandeln. Er bequemte sie daher zu seinem philosophischen System so gut er konnte. Die mythologischen Götter wurden nun in seinem System Untergötter, die (nach seiner Vorstellung im Timäus) gleichsam als Repräsentanten des höchsten Gottes die sichtbare Welt regierten, so wie sie dieselbe unter seiner Leitung hervorgebracht, nachdem er selbst die intellektuelle Welt geschaffen hatte.

Noch behutsamer in Ansehung der Volksreligion und Mythologie waren die Stoiker, die sich überhaupt ein eigenes Geschäft daraus machten, fast jede Art des Aberglaubens zu vertheidigen oder doch zu entschuldigen, und durch die Zauberlaterne der Allegorie Unsinn in Sinn, Träume der Phantasie in Räsonnements der Vernunft zu verwandeln. Die Stoiker glaubten wie Platon an die Einheit Gottes, und dennoch sprachen sie, wie dieser, häufig von Göttern. Diesen anscheinenden Widerspruch hoben sie durch allegorische Erklärung der Mythologie. Der einzige Gott, sagten sie, der als Weltseele durch die ganze Materie ausgedehnt ist, bekömmt theils nach Verschiedenheit seiner Kräfte und Wirkungen, theils nach Verschiedenheit der Körper, in denen er sich befindet, und der Theile der Materie, die er durchdringt, verschiedne Namen. So ward der Aether Jupiter; die untere Luft (wegen ihrer Verbindung mit der obern Luft und der Einwirkung der letztern) Juno, Jupiters Schwester und Gattin; das Meer, so fern sie es vom Weltgeist durchdrungen dachten, Neptun, die Erde Ceres u. s. w. Dieser allegorischen Erklärung suchten sie durch Etymologieen, die oft ins Lächerliche fallen, eine schwache Stütze zu geben. Des Stoikers Cornutus Schrift über die Natur der Götter ist voll der seltsamsten Etymologieen der Götternamen. Jedoch war in dieser Etymologieensucht Platon schon den Stoikern mit seinem Beispiel vorangegangen, und seine im Kratylus vorgetragnen Erklärungen der Götternamen sind in der That um nichts vernünftiger und gründlicher als die des Cornutus. Nach dem Beispiel der Stoiker ersannen nachmals Varro und Cicero ähnliche Etymologieen der lateinischen Götterbenennungen. Saturnus sollte seinen Namen davon haben, quia *saturatur* annis, Minerva von minari, *Venus*, quia ad omnes *venit*; und was der etymologischen Abenteuerlichkeiten mehr sind, die sich nur durch den Mangel einer gründlichen Sprachforschung und durch das Bestreben, alles nach dem Leisten eines einzigen Systems zu erklären, entschuldigen lassen.

Die bis zur Vergötterung getriebene Verehrung Homers war eine Hauptquelle von allegorischen Erklärungen der Mythologie. Die widersinnige Voraussetzung, daß Homer in allen Wissenschaften und Künsten Meister war, begeisterte die Phantasie seiner Erklärer, die sich zerarbeiteten, um überall bei ihm Spuren der tiefsten Wissenschaft und Kenntnis zu entdekken. Die unter des Heraklides Namen vorhandene Schrift über die Homerischen Allegorieen ist voll der abenteuerlichsten Grillen, unter denen sich jedoch auch manche sinnreiche allegorische Deutung findet. Vornehmlich war es den Kommentatoren des Homer darum zu thun, den Dichter gegen den Vorwurf der Impietät (ασεβεια), den ihm besonders Platon wegen mehrerer die Ehrerbietung gegen die Götter dem Anschein nach beleidigenden Erzählungen gemacht, zu retten. Und dazu schien die allegorische Erklärung aller solcher Erzählungen das beste Mittel. Selbst die besten alten Erklärer des Homer, Krates und Aristarch, betraten diesen schlüpfrigen Weg; daher es kein Wunder ist, daß nicht nur der Kommentar des Eustathius, sondern auch die übrigen vorhandenen Scholien über den Homer voll allegorischer Witzeleien und Deuteleien sind.

Die uralten Benennungen der Gestirne sind ein Beweis, daß man schon früh anfing, die Astronomie zur Erklärung der Mythologie zu Hülfe zu nehmen, und viele mythologische Erzählungen als allegorische Einkleidung astronomischer Phänomene und Entdekkungen anzusehen. Aber besonders geschah dies, seitdem von Alexandrien aus, wo ohnehin der allegorische mystische Geist des Orients sich koncentrirte, die Sphäre der astronomischen Kenntnisse mit außerordentlichem Glük erweitert wurde. Gewöhnlich erklärt man sich die mythologischen Benennungen der Gestirne aus der Absicht, das Andenken der irdischen Begebenheiten gleichsam am Himmel verewigen zu wollen; so wie Bode in unsern Tagen Friedrichs Ehre in die Annalen des Himmels schrieb. Es ist auch nicht zu leugnen, daß man wirklich ehedem aus gleicher Absicht viele Personen und Fakta von der Erde an den Himmel versetzte. Aber die umgekehrte Hypothese, daß viele eingebildete Personen vom Himmel auf die Erde versetzt wurden, und daß durch die Mythologie die astronomische Existenz in eine historische verwandelt worden, kurz, daß viele mythologische Erzählungen nichts weiter als eine allegorische Einkleidung astronomischer Phänomene sind, und daß manche fabelhafte Thaten der Götter und Heroen nur von den nach ihnen benannten Gestirnen und Sternen zu verstehen sind — diese Erklärungsart ist nichts weniger als neu. So ward schon im Alterthum, wie man z. B. beim Makrobius lesen kann, Herkules Geschichte als ein astronomisch-allegorischer Roman von der Sonne erklärt, und die zwölf Arbeiten des Herkules auf den Sonnenlauf durch die zwölf Sternbilder des Thierkreises gedeutet. Vossius hat in seinem berühmten Werke: de idololatria gentium, viele astronomische Deutungen mythologischer Säze. Indessen ist die astronomisch-allegorische Deutung der

Mythologie von keinem der alten Schriftsteller und von keinem der neuern Gelehrten mit so vielem blendenden Witz und zugleich mit so vieler Gelehrsamkeit angewandt worden, als es in den neuesten Zeiten von drei französischen Gelehrten geschehen: vom Abt Plüche, von Dûpuis, und von Court de Gebelin, der unter andern ebenfalls die Geschichte des Herkules, so wie die des Merkur, aus der Astronomie erklärt.

Selbst Astrologische Träumereien fanden schon Gelehrte des Alterthums in der Mythologie. So wird beim Plutarch (de audiendis poetis) der Ehebruch der Venus mit dem Mars als eine allegorische Einkleidung einer astrologischen Grille betrachtet, daß nehmlich die Zusammenkunft der beiden Planeten Venus und Mars ehebrecherische Zeugungen und Geburten bewirke.

So viel Träumereien übrigens die Stoiker in die Mythologie durch ihr Allegorisiren hineintrugen, so wurden sie doch noch von den neuern Platonikern nach Christi Geburt bei weitem übertroffen. Plutarch, aber noch weit mehr Porphyrius und Jamblichus, und mehrere von der sogenannten Alexandrinischen Schule, trugen in die Mythologie nicht bloß, wie die Stoiker, physikalische Allegorieen, sondern vielmehr die feinsten Spitzfindigkeiten ihrer schwärmerischen Metaphysik hinein. Alle ihre Spekulationen über die Elemente der Welt, über die Grundkräfte, über die Materie, über die Weltseele, alle ihre Träumereien über die Natur der menschlichen Seele fanden sie in der Mythologie unter der Hülle der Allegorie.

Die Neuplatoniker hatten überdies noch ein eignes Interesse bei der allegorischen Erklärung der Mythologie. Eben damals fing die christliche Religion an, nicht nur allgemeine Aufmerksamkeit auf sich zu ziehen, sondern auch mit unglaublicher Schnelligkeit sich zu verbreiten. Die einfachen und erhabnen Ideen von dem höchsten Wesen, die in der Lehre Christi jedem unbefangnen Verstande entgegenleuchteten, kontrastirten freilich außerordentlich gegen die alle Vernunft und alles moralische Gefühl empörenden Mährchen der heidnischen Mythologie. Das Christenthum in seinem ersten Ursprunge glich einem hellen Bach, worin die Vernunft sich spiegelte; aber die Mythologie einem morastigen Sumpf, in welchem eine wilde, unbändige Phantasie sich badete. Kein Wunder war es daher, daß die Mythologie in Vergleichung mit dem Christenthum außerordentlich verlor. Dazu kam, daß mehrere Kirchenväter, die mit der Gelehrsamkeit der Griechen vertraut waren, alle ihre Kenntnisse und allen ihren Witz und Beredtsamkeit aufboten, um die Mährchen der Mythologie dem Spott und Gelächter Preis zu geben. Desto hitziger vertheidigten die Neuplatoniker die von dieser allerdings höchst schwachen Seite angegriffene Volksreligion mit den Waffen der Allegorie. Die Mythologie ward nun unter ihren Händen ein Gewebe der feinsten Spekulation über Gott und die Welt. Um gerecht zu sein, muß man freilich gestehen, daß die Kirchenväter bei diesem Streit nichts weniger als konsequent verfuhren. Sie selbst trugen nicht nur allmählig immer mehr Subtilitäten aus eben dieser Neuplatonischen Schule in das Christenthum über, und trübten dadurch den hellen Bach der Christusreligion; nein, sie gingen sogar selbst darauf aus, christliche Ideen aus der Mythologie heraus zu allegorisiren; und manche von ihnen, die durch ihre allegorische Erklärungssucht, zu der sie in der Schule der Neuplatoniker sich gewöhnt hatten, die ganze Geschichte des A. T. in eine erbauliche Allegorie verwandelten, handelten doch in der That höchst inkonsequent, wenn sie den heidnischen Philosophen nicht gestatten wollten, ihre mythologischen Mährchen ebenfalls allegorisch zu erklären, sondern hier immer auf den Wortverstand drangen, indeß sie bei Erklärung der Bibel nicht nur einen allegorischen Sinn hineintrugen, sondern wohl gar noch neben diesem zugleich auch den buchstäblicheu Verstand annahmen. Nirgends zeigt sich diese Inkonsequenz auffallender, als in des Origenes Vertheidigung des Christenthums gegen den Celsus.

Außer den physischen, astronomischen und metaphysischen Allegorieen wollte man seit jeher auch m o r a l i s c h e Allegorieen in der Mythologie finden. Vornehmlich sind die mythologischen Schriftsteller des 16ten und 17ten Jahrhunderts voll von Versuchen der Art, die mythologischen Fabeln als einen bequemen Text zu einer moralischen Predigt zu behandeln. Niemand treibt diese Erklärungsart öfter bis zum lächerlichsten Unsinn, als Natalis Comes. So z. B. in der Geschichte Achills. — „Achill ward von dem Chiron, der halb Pferd, halb Mensch war, erzogen.

Dies soll nach dem Natalis Comes weiter nichts heißen als: „Fürsten müssen nicht nur einen gebildeten Verstand, sondern auch Stärke des Leibes besitzen. „Er ward in eben dem Augenblik, als er sich um die Polyxena bewarb, vom Paris erschossen. Dies heißt nichts weiter: als tapfere Leute müssen sich vor nichts mehr als der Wollust hüten. „Auf seinem Schilde war Himmel und Erde abgebildet. Damit sollte nichts weiter gelehrt werden, als daß Fürsten und Helden auch in der Gelehrsamkeit nicht unerfahren sein, und diese im Kriege eben so wenig als ihren Schild beiseite setzen sollen. „Er hatte einen einzigen verwundbaren Flek, die Ferse, wo ihn Paris auch wirklich tödtlich verwundete; das soll bloß heißen, daß große Fürsten und Helden gewöhnlich doch irgend eine Leidenschaft, irgend eine schwache Seite haben." — Diese Methode ist freilich sehr leicht und bequem. Es ist auch in der That fast keine einzige mythologische Geschichte, in die man nicht nach dieser Methode irgend einen erbaulichen Sinn hineingetragen. Indessen sind die christlichen Mythologieerklärer nicht die Erfinder dieser moralischen Allegorieen. Vielmehr ist dieses Haschen nach moralischen Allegorieen sehr alt, ja gewissermaßen älter als jede andre Modifikation der allegorischen Erklärungsart. Denn schon Anaxagoras sah die Geschichte Homers als eine in Handlung gesetzte Moral an. Diogenes Laertius sagt von ihm: Δοκει δε πρωτος την Ὁμηρου ποιησιν αποφηνασθαι ειναι περι αρετης και δικαιοσυνης. Die Sophisten, sowohl die zu Sokrates Zeit, als die spätern Deklamatoren, nutzten ebenfalls häufig die mythologischen Erzählungen als moralische Allegorieen. Indessen ist in der That nicht zu läugnen, daß manche mythologische Erzählungen mit den sogenannten Aesopischen Fabeln gleichen Ursprung und Zwek haben, und so wie diese in der That nichts anders als moralische Allegorieen sind.

Sogar politische Allegorieen fand man in der Mythologie. Niemand hat mehr seinen Witz und seine Erfindungskraft aufgeboten, um mehrere Erzählungen der Mythologie als eine Versinnlichung dre Politik darzustellen, als der große Kanzler Bako von Verulam in seinem Buche de sapientia veterum. Dieser Mann, der in seinen eignen Schriften von der allegorischen Einkleidung so gern Gebrauch machte, ward um so leichter durch den allegorischen Schwung seines Geistes dahin gebracht, auch in der Mythologie nichts als Allegorie zu sehen; und als Staasmann suchte er natürlich vor allen andern nach politischen Allegorien, und in der Mythologie kann man in der That alles finden, sobald man es sucht. Auch sind seine politisch-mythologischen Allegorieen höchst gezwungen und unnatürlich. So ist ihm die Geschichte des ungeheuren Riesen Typhoeus nichts weiter als der personificirte Begrif einer Rebellion. Er hat hundert Köpfe wegen der Uneinigkeit der Häupter der Rebellion. Die von ihm ausgespieenen Feuerflammen deuten auf die Verheerungen mit Feuer; die Schlangen, mit denen er umgürtet ist, auf Pest und epidemische Seuchen. Jupiter wird vom Typhoeus ergriffen, der ihm die Sehnen abschneidet. Was heißt das anders, als der Regent wird durch die Rebellion seiner Macht beraubt, die Sehnen seiner Gewalt und Würde werden zerschnitten? Aber Merkur giebt ihm seine abgeschnittenen Sehnen wieder, d. i. der Regent macht sich durch kluge und sanfte Edikte voll Politik und Beredsamkeit eine Partei, und gewinnt einen Theil der Unterthanen für sich. Typhoeus zischt mit seinen Schlangenköpfen und speit Feuer um sich her. Ein Gemälde der Verzweiflung der Rebellen. Endlich flieht er, und Jupiter wirft den Aetna auf ihn, d. i. erst dann, wenn die Macht der Rebellen zu sinken beginnt, erdrükt sie der weise Regent mit seiner ganzen Heeresmacht. Hätte Bako in unserm Zeitalter gelebt, so hätte er auf seine politische Allegorisirung der Mythologie gewis noch mehr Gewicht gelegt. Denn er würde in der Geschichte des Typhoeus die Geschichte der Brabantischen Unruhen zu finden geglaubt haben.

Selbst litterarische Allegorieen hat man in manche mythologische Fabeln hineingetragen. So erklärt schon der von Gale herausgegebne anonymische Verfasser des Buchs περι απιϛων das Urtheil des Paris über die drei Göttinnen von einer Schrift des Paris, worin er die Venus der Juno und Pallas vorgezogen.

Auch die medicinischen Allegorieen, die man in der Mythologie zu finden geglaubt, kann ich nicht ganz unerwähnt lassen. So wird z. B. die gesammte Geschichte des Chiron als eine medicinische Allegorie vom Natalis Comes erklärt. Chiron, sagt er, ist ein Sohn Saturns, des Gottes der Zeit, d. i., das medicinische Studium erfordert eine geraume

Zeit. Seine Mutter heißt Φιλυρα gleichsam von φιλη und πειρα, eine Freundin der Erfahrung. Seine Tochter heißt Ocyroe, die schnellfließende, weil eine Wunde um so schneller heilt, je geschwinder die bösen Feuchtigkeiten abfließen. Er ist als Centaur Mensch und Pferd, in so fern es außer der gewöhnlichen Arzneiwissenschaft auch eine Vieharzneikunst giebt. Aeskulap, sagt Vossius, wird mit einem Barte abgebildet, weil Aerzte keine Jünglinge sein sollen. Er ward zuletzt vom Jupiter mit dem Blitz erschlagen. Dies erklärt schon ein griechischer Mythograph Heraclitus περι απιςων (26) von einem hitzigen Fieber. Diese letzte Allegorie ist noch die vernünftigste. Denn in der That werden alle schnelle und plötzliche Todesfälle in der Mythologie als Wirkung des Zorns und der Rache der Götter dargestellt, so wie alle ungewöhnlichere Krankheiten ebenfalls einem besondern Einfluß irgend eines Gottes zugeschrieben werden.

Aber die allerwidersinnigste Anwendung der allegorischen Methode zur Erklärung der Mythologie war gewis die seltsame Grille, daß die Mythologie nichts anders als eine verhüllte Chemie oder vielmehr Alchymie sei. Und dennoch haben sehr viele und sehr gelehrte Männer diese chemisch-allegorische Erklärung der Mythologie mit einem großen Aufwande von Gelehrsamkeit vertheidigt. Indessen welcher Unsinn läßt sich nicht gelehrt aufstutzen!

Die Hauptbücher über diese widersinnige Hypothese sind Meieri arcana arcanissima. — Joanis Petri Fabri Panchimicum; Suarez de Salazar Mythohistoricum Astronomicum s. de mythologia terrestri & coelesti. Ja selbst ein bekannter Humanist, Jak. Tollius, ergrif diese des Herausgebers eines so vernünftigen Autors, als Longin ist, gewis sehr unwürdige Hypothese, und erklärte nicht nur in seinen Fortuitis criticis, sondern auch in einem eignen Werke (manuductio ad coelum chimicum) die ganze Mythologie als einen von den großen Chemikern und Alchymisten der Urwelt absichtlich gewebten Schleier ihrer Geheimnisse. — Zu dieser lächerlichen Hypothese gab unstreitig die aus der Mythologie oder vielmehr aus der Astronomie, oder noch richtiger aus der Astrologie entlehnte Benennung und Bezeichnungsart der Metalle die erste Veranlassung. Man fand also zuerst in der Geschichte des geflügelten Merkurs die ganze Geschichte des flüchtigen Quecksilbers, eben so in der Geschichte der Venus die Naturgeschichte des Kupfers, das sich so leicht durch Cämentiren mit dem Eisen vereinigt, wie die Göttin Venus sich mit dem Mars verband. Aber dabei blieb man nicht stehen. Man suchte und fand in der Mythologie das ganze große Werk der Transmutation, und den Stein der Weisen mit allem Zubehör; selbst den grauen Wolf des Basilius Valentinus nicht ausgenommen, der ja in der Geschichte des Lykaon so klar vor Augen stand. Der Stein der Weisen stralte dem alchymistischen Erklärer der Mythologie nicht nur in der Geschichte des goldnen Fells in Kolchis oder der goldnen Aepfel im Garten der Hesperiden entgegen; nein, es gab keine einzige mythologische Geschichte, bei der man nicht einen verborgenen chemischen Sinn zu finden oder zu ahnden glaubte. Jakob Tollius findet sogar in der Vermählung des Peleus und der Thetis nichts anders als ein Sinnbild der Vereinigung des Acidi und Alcali. Denn Peleus ist das Acidum, quia in limo sive ἐν τῷ πηλῷ, multum est acidi. Thetis ist das Alcali sive materia omnium formarum capax, nec minus mutabilis quam ipse Proteus, eodemque dolo quo ille capta. Eben so erklärt er die Geschichte des Deukalion und mehrere andre mythologischen Geschichten aus dem Innern der Chemie, daher er auch schon auf dem Titel seiner Fortuita critica hinzusetzt, in quibus praeter critica nonnulla *tota* fabularis historia ad Chemiam pertinere asseritur.

Zu solchen ungeheuren Ungereimtheiten hat seit den ältesten Zeiten vom Metrodor bis auf den Engländer Bryant die allegorische Erklärungssucht Gelegenheit gegeben. Sehr recht sagt Bako, obwohl er seine eignen Einfälle über die Mythologie nur schlecht damit entschuldigt: non me latet, quam *versatilis* materia sit fabula, ut huc illuc trahi, immo & duci possit; quantumque ingenii commoditas & discursus valeat, ut quae nunquam cogitata sint, belle tamen attribuantur. Und dennoch, wer kann leugnen, daß in so manchen mythologischen Fabeln die allegorische Hülle so offen da liegt, daß man sie unmöglich verkennen kann? In unsern neuesten Zeiten hat die allegorische Erklärung einen höchst sinnreichen und gelehrten Vertheidiger an Court de Gebelin gefunden, und es ist nicht zu leugnen, daß

manche

manche seiner Erklärungen, besonders seine Erklärung der Geschichte Saturn's als einer allegorischen Darstellung von der Erfindung des Akkerbaus, und des Merkur als allegorischer Einkleidung der ersten Entdekkungen der Astronomie, sehr witzig und sinnreich ersonnen ist. Indessen begeht er doch auch häufig den Fehler, den so viele Vertheidiger der allegorischen Methode vor ihm, wiewohl auf eine viel gröbere Art, begingen, daß er jenen Zeiten der Rohheit und Kindheit des Menschengeschlechts, in welchen die mythologischen Fabeln entstanden, zu viel feines Raffinement und zu viel Ausbildung des Verstandes zutraut. Wenn man einmal mit einer gewissen Hypothese im Kopf an die Erklärung der Mythologie geht, so ist es nur gar zu leicht, daß Witz und Imagination die Schranken überspringen, die der kältere Verstand und die prüfende Vernunft der allegorischen Erklärung nothwendig setzen muß, wenn sie nicht aus einem Zeitalter, wo der menschliche Verstand gleichsam noch in der Wiege lag, ein Zeitalter herausschnitzeln soll, das kaum dem unsrigen an Uebung des Verstandes und an gelehrten Begriffen nachsteht. Man hatte sonst in allen Litteraturhistorien ein eignes Kapitel de eruditione antediluviana, in welchem dem Adam und Seth und Enoch nnd mehrern Patriarchen der Urwelt eine Gelehrsamkeit angedichtet ward, als wenn sie Mitglieder irgend einer Akademie gewesen wären. Itzt lacht man über diese Träumereien, zu denen der Mißverstand einiger biblischen Stellen Gelegenheit gab. Aber es ist wahrlich um nichts vernünftiger, durch allegorische Erklärungen in das mythologische Zeitalter Kenntnisse hinüber zu zaubern, welche die Menschheit in jenem Zeitalter noch nicht haben konnte oder doch nur in ihren ersten unmerklichen Keimen hatte. Witz und Imagination und Fülle der Gelehrsamkeit sind in der That nicht hinlänglich, um die Mythologie zu erklären. Es gehört auch Scharfsinn und reife Beurtheilung dazu, um den eigenthümlichen Charakter eines jeden Zeitalters zu unterscheiden, und nicht ganz heterogene Ideen und Vorstellungsarten zu Einem Ganzen zu verbinden. Diesen Scharfsinn und diese Beurtheilung hat unter den neuern Gelehrten niemand in Rüksicht auf die Mythologie in einem höhern Grade gezeigt, als der Mann, der überhaupt in dem gesammten Felde der alten Litteratur gleichsam ein neues Licht angezündet hat. Heyne war es, der zuerst der allegorischen Erklärung der alten Mythen ihre Schranken anwies, die sie nicht ohne Gefahr zu straucheln überschreiten darf. Er hat zuerst darauf aufmerksam gemacht, daß die Allegorieen, deren die Mythologie augenscheinlich sehr viele enthält, nicht mit dem Fernglas unseres Zeitalters, sondern aus dem niedrigen Gesichtspunkt und dem engen Ideenkreise des rohen unkultivirten Zeitalters der Menschheit betrachtet werden müssen. Schade nur, daß er noch nirgends seine Ideen über die Mythologie ausführlich vorgetragen, sondern sich bisher begnügt hat, nur durch allgemeine Winke, theils in seiner Ausgabe des Apollodor, theils in einzelnen Abhandlungen und Vorreden zu verschiedenen Werken, die Keime einer vernünftigen Erklärung der Mythen der Vorwelt auszustreuen. Mit Recht nimmt er sich der allegorischen

Erklärung an, die bisher zwar unglaublich gemißbraucht worden, aber darum nichts weniger als unsinnig ist. In der Hand der Vernunft und des Scharfsinns ist die Allegorie und die von ihr bei Erklärung der alten Mythen unzertrennliche Etymologie eine leuchtende Fakkel, die zwar nicht das ganze Chaos der Mythologie, aber doch hie und da einzelne Regionen zu bewunderswürdiger Klarheit aufhellt. Aber in den Händen des bloßen Witzes und der Imagination verbreitet eben diese Fakkel über das ohnehin schon finstre Feld eine neue undurchdringliche Wolke von Rauch und Dampf, die jeden denkenden Kopf zurükschrekt.

Die zweite Erklärungsart der Mythologie ist die historische, nach der alle mythologische Personen einst wirkliche menschliche Individua waren, deren Geschichte nur auf eine roman- und mährchenhafte Art verschönert, vergrößert, kurz poetisch ausgeschmükt worden. — Diese Erklärungsart ist seit jeher eben so sehr zu den abentheuerlichsten Grillen gemißbraucht worden, als nur immer die allegorische Methode. Es ist unglaublich, auf was für unnatürliche und zum Theil lächerliche Erklärungen man verfallen ist und verfallen muß, um so manche mythologische Subjekte, die entweder, wie oft schon der bloße Name ohne Zuhülfenehmung einer etymologischen Künstelei zeigte, offenbar allegorische Wesen oder bloße Geschöpfe einer regellosen Phantasie oder poetische Fiktionen sind, in wirkliche historische Personen zu verwandeln.

Der erste gelehrte Grieche, der die Mythologie als eine förmliche Historie betrachtete und behandelte, war der Geschichtschreiber Ephorus, der, wie Strabo erzählt, den Titvus, Python, die Giganten u. s. w. für Tyrannen, die ehedem geherrscht, erklärte.

Bald nach ihm bemühte sich der Philosoph Euhemerus zu zeigen, daß alle von den Griechen verehrte Gottheiten ehedem als Menschen auf der Erde gelebt, und daß sie ihre Vergötterung bloß dem Ansehen, worin sie bei der Mitwelt und Nachwelt gestanden, zu danken hätten. Er war ausdrüklich in der Absicht umher gereist, um Dokumente von der ehemaligen menschlichen Existenz der Landesgötter zusammenzubringen, und er wußte sogar die Grabstellen der meisten Götter anzugeben. Es ist in der That ein sehr großer Verlust, daß dieses höchst interessante Werk des Euhemerus, das ihm sogar den Ruf des Atheismus zuzog, nicht bis auf unsre Zeiten gekommen, obgleich aus den wenigen Fragmenten, die sich von der lateinischen Uebersetzung des Ennius erhalten haben, sich gegen seine historische Glaubwürdigkeit mancher Zweifel formiren läßt.

Die Hauptschrift aus dem Alterthum, worin die gesammte Mythologie historisch erklärt worden, ist des Paläphatus bekanntes Buch περι απιςων, der es sich durch willkührliche Voraussetzungen freilich sehr leicht macht, alle mythologischen Fabeln in Historie zu verwandeln. Wenn in irgend einer Fabel etwas von einem Drachen oder von einem Stier vorkömmt, so war das eigentlich ein Mann, der Drakon oder Taurus hieß. Pasiphae verliebt sich in einen Stier, heißt nach ihm bloß: sie verliebt sich in irgend einen jungen Elegant, Namens Taurus; der Drache, dessen Zähne Kadmus säete, war eigentlich ein Thebischer König Drakon, der vom Kadmus getödtet ward. In diesem elenden Geschmak erklärt der gute Mann eine Menge Fabeln, und thut sich darauf nicht wenig zu gute.

Ich könnte leicht noch mehrere Schriftsteller des Alterthums anführen, die beiläufig manche mythologische Data historisch erklären, wie z. B. Makrobius die himmelstürmenden Giganten für ein wirkliches atheistisches Volk erklärt. Ich begnüge mich indessen bloß noch den Diodorus Sikulus anzuführen, der den historischen Sinn der Mythologie sehr begünstigte, aber auch zugleich das verworrene Chaos der Mythologie dadurch noch mehr verwirrte, daß er die Religion und Historie mehrerer fremden Völker, besonders der Aegypter, mit der Religion und Geschichte der Griechen zusammenknetete, wiewohl zu dieser Vermengung der heterogensten Begriffe schon Herodot den Grund gelegt hatte. Osiris und Isis, die ursprünglich nichts anders als Sonne und Mond waren, wurden unter den Händen des Herodot, und noch mehr unter den Händen des Diodor, historische Personen, und ihre Geschichte der abenteuerlichste Ritterroman.

Schon im Alterthum geriethen, wie aus dem Diodor erhellt, die historischen Erklärer der Mythologie auf den Irrweg, nicht, wie man vernünftiger Weise hätte erwarten sollen, die alte Geschichte Griechenlands in der Mythologie zu finden, sondern neben derselben zugleich die Geschichte mehrerer andern Völker. So verlegt Diodor die Scene der ältesten mythologischen Begebenheiten, die Thaten des als eine wirkliche Person betrachteten Uranus oder Cölus, des Saturn, der Titanen u. s. w. unter ein sonst unbekanntes afrikanisches Volk, die Atlantier, und mehrere neuere Universalhistoriker, vornehmlich der Abt de Lille, der Verf. der seit 1779 herauskommenden Histoire nouvelle de tous les peuples du monde, haben nicht ermangelt, auf dem Grund des Diodor weiter fortzubauen, und die Geschichte der Urwelt mit den Thaten dieser Atlantier zu bereichern.

Der vernünftigste neuere Mythograph unter den Anhängern des historischen Systems ist gewis noch immer Banier, obwol er doch sehr häufig die alten Sagen auf die Folter spannt, und sie so lange zerrt oder verstümmelt, bis sie in sein System passen, und obwol auch er sich der unbeschreiblich verwirrenden Vermengung der griechischen Geschichte mit phönicischen und ägyptischen Traditionen häufig schuldig macht, wiewol dieses noch immer erträglicher ist, als mit dem Pater Pezron die Alt-Celtische Geschichte in der Mythologie zu finden. Denn daß man in der Mythologie phönicische und ägyptische Geschichten zu finden glaubte, läßt sich entschuldigen und vertheidigen, insofern die Griechen die ersten Keime ihrer Kultur von Phöniciern und Aegyptern bekamen. Indessen haben doch viele neuere Gelehrte diese alte Hypothese viel zu weit getrieben, besonders Bochart und Clericus, wiewol doch nicht zu läugnen ist, daß der erstere manche mythologische Fabel durch Entwikkelung ihres muthmaßlich phönicischen Ursprungs glüklich und sinnreich aufgeklärt hat.

Aber man gieng noch weiter. Man wollte in der Mythologie lieber jede andre Geschichte als die Griechische finden. Ein neuer wirklich gelehrter Geschichtsforscher, der verstorbene Prof. Ditmar, versetzt durch die Magie ähnlich klingender Namen die mythologischen Personen und Fakta tief nach Asien, ins Land Sinear, nach Mesopotamien, oder gar an den Pontus Euxinus. Olaus Rudbeks Einfall, die alte Schwedische und Nordische Geschichte in der Mythologie zu finden, würde gar keiner Erwähnung werth sein, wenn seine Träumereien nicht in neuern Zeiten zum Theil das Glük gehabt hätten, durch den unglüklichen Maire von Paris, Bailly, aufgegriffen und in eine geschmakvollere Form gekleidet zu werden, indem er nach Rudbeks Vorgang die berühmte Insel Atlantis in das beeiste Spitzbergen, oder irgend ein andres Land beim Nordpol verwandelt. Auch der Engländer Bryant gehört hieher, der in seinem neuen System der Mythologie durch die Zaubereien einer prekären Etymologie ein ganz neues unbekanntes Urvolk schaft, die Cuthiten, oder, wie er sie auch genannt wissen will, die Ammoner, bei welchem Volke denn eigentlich die Scene aller mythologischen Begebenheiten nach seiner Meinung gewesen sein soll.

Eine der seltsamsten Hypothesen ist der Einfall, in der Mythologie die hebräische Geschichte zu finden, und gleichsam zur Ehre der Bibel zu behaupten, daß die alttestamentische, vornehmlich die Mosaische Geschichte, sich in der Mythologie, wiewol verkleidet und verlarvt, wiederfinde. Diese Hypothese hat an einer Menge sehr gelehrter Männer die eifrigsten

Vertheidiger gefunden, unter denen ich nur die Namen eines Bochart, Huetius, Vossius, Fourmont nennen will. Mehrere Kirchenväter hatten den Ton angegeben; sie hatten diese Hypothese als eine Rüstkammer zur Vertheidigung des Christenthums gegen die heidnischen Philosophen benutzt, denen sie durch die Behauptung, daß die mythologischen Fabeln ursprünglich durch einen mit der Zeit immer trüber gewordenen Kanal aus der Bibel geflossen, ein unüberwindliches Argument entgegenzusetzen und sie desto eher für das Christenthum gewinnen zu können glaubten. Eine eben so gute Absicht hatten die neuern Vertheidiger dieses Systems; und Huetius war bei aller seiner Gelehrsamkeit schwach genug, sich einzubilden, daß er für die Wahrheit der christlichen Religion eine sichere Stütze aufstelle, wenn er in seiner Demonstratio evangelica beweisen könne, daß die berühmtesten Götter und Heroen der Griechen allesamt nichts anders wären als Moses, so wie alle Göttinnen nichts anders als die Gattin des Moses, Zipora, oder auch allenfalls seine Schwester Mirjam. Er beweist daher hinter einander, daß man unter dem Merkur, Osiris, Apollo, Aeskulap, Prometheus, Minos, Uranus, Orpheus, Musäus, Pan, Bacchus, ja sogar Priapus, sich eigentlich niemand anders zu denken habe, als den Moses. Die Art, wie er und alle seine Vorgänger und Nachfolger bei dieser historischen Argumentation zu Werke gehen, ist freilich im Grunde sehr leicht. Wenn sich in der Mythologie irgend ein Name oder irgend ein Faktum findet, dem irgend ein biblischer Name oder Faktum nur von weitem ähnlich ist, oder durch eine etymologische Transmutation ähnlich gemacht werden kann, so wird diese oft sehr zufällige, prekäre, partiale Aehnlichkeit sogleich in völlige Identität verwandelt, und die wesentlichsten Unterschiede beider Begebenheiten kommen gar nicht in Betrachtung. So ist z. B. Merkur kein andrer als Moses, weil der ägyptische Merkur ein Sohn des Nil heißt, wie Moses wegen seiner Aussetzung in diesen Fluß auch heißen könnte. Merkur wird wegen seiner Schönheit gerühmt; Moses auch. Merkur ward von der Juno gesäugt; Moses von einer ägyptischen Prinzessin erzogen. Merkur war ein Gott der Hirten, und hieß daher νομιος; Moses hütete ebenfalls die Heerden seines Schwiegervaters. Merkur war der Diener der Götter; Moses nennt sich selbst einen Knecht Gottes. Merkur führt einen mit Schlangen umwundenen Stab, weil Moses seinen Stab in eine Schlange verwandelte, welche die von den ägyptischen Zauberern hervorgebrachten Schlangen fraß. Merkur tödtete den Argus, und floh deshalb nach Aegypten; Moses tödtete einen Aegypter, und floh deshalb aus Aegypten. Merkur ist der Gott der Diebe; Moses rieth den auswandernden Israeliten, den Aegyptern ihre goldnen und silbernen Gefäße zu entwendrn. Merkur war Gesetzgeber, Erfinder der Zahlenkunst und Geometrie; auch Moses war nicht nur Gesetzgeber, sondern in aller Weisheit der Aegypter erfahren. Merkur erfand die Leyer; Moses verfertigte einen Hymnus auf den Ausgang aus Aegypten. Merkur ist Gott der Kaufleute; Moses gab viele Gesetze über Handel und Wandel. —

In diesem Geschmak argumentirt Huetius und ohngefähr eben so alle Anhänger der nehmlichen Hypothese.

Nach dieser Methode könnte man freilich eben so leicht beweisen, daß irgend eine Person der neuesten Geschichte einerlei sei mit dieser oder jener mythologischen Person. Auch hat diese Methode wirklich einige Gelehrte veranlaßt, noch weiter zu gehn, und sogar die typische Theologie auf die Mythologie anzuwenden, und zu behaupten, daß manche mythologische Personen nichts anders als Sinnbilder von Christus und andern Personen aus der Geschichte des Neuen Testaments gewesen. So deutet z. B. der Pater Lafiteau den Sieg des Herkules über die Hydra oder den Cerberus, und des Perseus über die Medusa, auf den Sieg Christi über den Tod und die Hölle; ja er findet in der Vesta, Isis, Diana und andern Göttinnen das deutlichste Vorbild der Jungfrau Maria.

Es ist leicht zu begreifen, daß die Anhänger dieses biblisch-historischen Systems in der Anwendung oft unendlich weit von einander abgehen, je nachdem der eine diese, der andre jene vermeinte Aehnlichkeit aufgreift, durch die er irgend einen beliebigen hebräischen Patriarchen umformen zu können meinte. So findet z. B. der gelehrte Fourmont die vornehmsten Götter der Griechen in der Geschichte Abrahams. Abraham selbst ist ihm Saturn, sein Vater Thara ist Uranus. Vulkan wird Tubalkain, Ceres Ketura, Juno Rebekka u. s. w., welches alles mit einem unglaublichen

Aufwand von Gelehrsamkeit, aber freilich ganz in dem Geschmak des Huetius demonstrirt wird.

Es ist schwer zu begreifen, wie man sich einbilden konnte, durch gelehrte Träumereien der Art, wovon immer eine die andre verschlingt, wie Moses Schlange die Schlangen der ägyptischen Zauberer verschlang — der christlichen Religion einen wesentlichen Dienst zu erweisen. Die Religion bedarf keiner solchen morschen unhaltbaren Stütze, wie Hypothesen der Art, und wenn man gleich zugeben kann, daß allerdings manche biblische Fakta sich durch den trüben Kanal der Tradition auch auf die Stammväter der Griechen fortgepflanzt haben, so bleibt es doch immer eine äußerst unsichere Argumentation, aus der Aehnlichkeit zwischen zwei Faktis auf ihre Einerleiheit zu schließen. —

Aber solche Verirrungen sind nun einmal das unausbleibliche Loos des menschlichen Verstandes, wenn er sich's einfallen läßt, Dinge in ein zusammenhängendes System zu ordnen, die ihrer Natur nach keines systematischen Zusammenhangs fähig sind. Die Systemsucht hat sehr vielen Wissenschaften geschadet, und die Ausbildung derselben erschwert, weil man sich vor der Wahrheit scheute, die nicht in das System paßte, und sie daher lieber ungenutzt liegen ließ. Aber nirgends hat die Systemsucht mehr Verwirrung hervorgebracht, als in der Mythologie, und daher muß der philosophische Geschichtsforscher, der einiges Licht in diese Dunkelheit bringen will, damit den Anfang machen, die auf gut Glük zusammengefugten heterogenen Materialien wieder zu trennen und zu zerlegen.

Statt mein eignes unsystematisches System über die Mythologie ausführlich zu entwikkeln, will ich mich begnügen, es nur kurz in einigen wenigen Punkten darzulegen, und mir allenfalls die Ausführung derselben auf eine andre Zeit vorbehalten.

1. Die Geschichte aller Völker ohne Ausnahme fängt mit Mythologie an, d. i. die ältesten Begriffe und Begebenheiten aller Völker erscheinen in einer mythischen Einkleidung. Dies beweist nicht nur das Beispiel andrer alten Völker, sondern das Beispiel der noch itzt auf den ersten Stufen der Kultur stehenden rohen Nationen. So ließen sich z. B. auffallende Aehnlichkeiten zwischen der Mythologie der Kamtschadalen und der griechischen zeigen. Ueberhaupt ist die Vorstellungsart aller rohen Völker sich äußerst ähnlich, und die Aehnlichkeit ihrer Volkssagen und Mythen ist daher kein Wunder. Daher gewährt das Studium der Denkungsart und Sitten der wilden Völkerschaften in Amerika und Nordasien ungemein viel Licht für die Mythologie, ein Gesichtspunkt, worauf Heyne fast zuerst aufmerksam gemacht hat. Zur richtigen Beurtheilung der Mythologie ist durchaus nothwendig, daß man ganz die Kultur seines Zeitalters vergesse, und sich in die Rohheit und Ideenarmuth eines wilden Volks hineindenke. Das ist freilich für einen kultivirten Menschen höchst schwer, eben so schwer als es dem erwachsenen wird, sich ganz in die Jahre seiner Kindheit zurük zu denken, und den Gang seiner damaligen Vorstellungen aufzusuchen, auf

welchen in den Jahren der Kindheit unsre wenigen Begriffe wie einzelne Perlen auf einer Schnur sich allmählig neben einander aufreihten.

2. Eine wilde unkultivirte Nation ist im Ganzen gerade das, was im Einzelnen das Kind ist. Zwischen dem kindischen Alter des einzelnen Menschen und der Kindheitsperiode einer ganzen Nation ist eine auffallende Aehnlichkeit. Beobachtungen über den Gang der Entwikkelung einer einzigen Kinderseele gewähren zugleich Aufschlüsse über den Gang der Entwikkelung eines ganzen noch unkultivirten Volks. Diese bisher noch zu wenig beachtete Analogie zwischen der Entwikkelung der Seele eines Kindes und der Entwikkelung eines unkultivirten Volkes wirft in der That ein auffallendes Licht auf die Mythologie, die für das kindische Alter der Menschheit eben das war, was Wiegenlieder und Ammenmährchen noch itzt für unsre Kinder sind. Es würde zu weit führen, wenn ich diese Analogie hier weiter verfolgen wollte, aber sie verdient allerdings eine genaue Erörterung.

3. Die höchste Sinnlichkeit ist das charakteristische Gepräge der gesammten Vorstellungsart eines noch rohen Volkes. Seine Sinne sind insgesammt weit schärfer und ofner als bei einem kultivirten Volk. Die äußern Gegenstände afficiren den Wilden weit stärker; seine Sensationen sind daher lebhafter, und überhaupt alle seine Begriffe höchst sinnlich. Sein Verstand kriecht gleichsam an der Erde. Seine Phantasie dagegen ist ein geflügeltes Roß, unbändig und wild, thätig und schnell. Die Bilder der Imagination haben in seiner Seele beinahe ein eben so fe

sches und lebhaftes Kolorit als wirkliche Sensationen, und diese Lebhaftigkeit kann so weit gehen, daß selbst Träume ihm für Wirklichkeit gelten. Aus dieser Lebhaftigkeit der Phantasie lassen sich zum Theil die häufigen Göttererscheinungen und Götterstimmen, die in der Geschichte solcher unkultivirten Völker so häufig sind, erklären. Giebt es doch bei uns Zustände, wo wir innere Wirkung der Phantasie für äußere Empfindungen halten. Dieser Zustand muß bei einem rohen Volke weit häufiger sein. — Aus gleicher Ursache sind alle Leidenschaften bei einem solchen Volke weit lebhafter und heftiger. Sein Haß und sein Zorn kennt keine Schranken, aber eben so seine Liebe, Bewundrung und Ehrerbietung für alles, was ihm als übernatürlich groß und nützlich erscheint. Hieraus läßt sich nicht nur der Fetischismus, oder die göttliche Verehrung auffallender Naturgegenstände, besonders die Verehrung der Sonne und des Mondes (vielleicht die älteste Volksreligion), sondern auch die Vergötterung solcher Menschen, die sich auffallende Verdienste erwarben, erklären. Wenn vornehmlich diese Menschen nicht unter dem rohen Volke selbst geboren sind, so erscheinen sie demselben leicht als Wesen höherer Art, und, weil die Kluft zwischen Mensch und Gottheit bei ihnen nicht groß ist, als Götter. — Ueberdies so wie dem Kinde alles größer und wunderbarer vorkömmt, als es ihm in der Folge erscheint, so geht es dem Wilden. Dazu kömmt, daß ihm, wie dem Kinde, die nächsten Ursachen der Dinge unbekannt sind. Ueberall sucht er daher übernatürliche und geheime Kräfte, die ihm schaden oder nutzen. So wird in seinem Kopf ein natürliches Phänomen eine übernatürliche Wirkung, und er schreibt alles, wovon ihm die Ursache nicht gleich in die Augen fällt, dem Einfluß einer unsichtbaren Kraft zu.

4. So wie die Vorstellungsart des unkultivirten Volkes durchaus sinnlich ist, eben so ist es seine Darstellungsart. Ueberhaupt ist bei ihm Vorstellung und Darstellung nicht so getrennt als bei uns. Wenn der rohe Mensch denkt, so denkt er laut. Daher bedeutet in vielen alten Sprachen einerlei Ausdruk Gedanke und Wort, (z. B. דבר im Hebräischen, λογος im Griechischen). Die Darstellung des Gedachten ist bei dem rohen Volke höchst poetisch. Das Abstrakte wird in seiner Vorstellung und Darstellung konkret, das Allgemeine individuell, das Geistige körperlich; das Unsichtbare, Formlose wird gestaltet, das Abwesende gegenwärtig, das Stumme sprechend, das Leblose beseelt und handelnd, das absichtlos wirkende äußere Objekt wird ein absichtlich handelndes moralisches Subjekt. Das bloß Gedachte erscheint in der Vorstellung und Darstellung des rohen Volks als wirkliches Faktum. Wie groß hier wieder die Aehnlichkeit mit der Darstellungsart der Kinder ist, fällt in die Augen.

5. Zu allem dem kömmt die Beschaffenheit der Sprache eines rohen Volkes hinzu. Die Sprache eines rohen Volkes gleicht in jeder Rüksicht der Sprache unsrer Kinder. Sie ist höchst arm, vornehmlich fehlt es ihr ganz an Wörtern für intellektuelle und moralische Begriffe. Ferner ist sie eben wegen ihrer Armuth und weil es ihr an Bindewörtern fehlt,

höchst zweideutig. Sie hat zunächst nur Worte für tönende Gegenstände. Die Sensationen der andern Sinne müssen gleichsam erst in Sensationen des Gehörs übersetzt werden, wodurch natürlich manche Verwirrung und Verwechselung der Begriffe entsteht. Die wenigen intellektuellen Begriffe, die ein solches Volk haben kann, und die es nur sehr allmählig einsammlet, muß es daher ganz sinnlich ausdrükken. Der Begrif von Ursache und Wirkung kann von ihm nur sinnlich durch die Ausdrükke Zeugung und Geburt bezeichnet werden. So wird die wirkende Ursache in dieser sinnlichen Sprache Vater der Wirkung, und die Wirkung Sohn oder Tochter. Das Entstehen eines Dinges ist seine Geburt; sein Vergehen, Verschwinden, Unbekanntwerden ist — Tod. Da auch in der Seele des rohen Menschen das unmittelbar Vorhergehende als die Ursache des unmittelbar Folgenden gedacht wird, und er noch eben so wenig als unsre Kinder gelernt hat, daß der Schluß: post hoc, ergo propter hoc, höchst unsicher sei — so wird auch selbst die bloße Succession zweier Gegenstände unter dem Bilde des Zeugens und Gebärens dargestellt, so wie Koexistenz unter dem Bilde der Vermälung. Eben dieses Bild der Verheirathung wird Ausdruk für die Konkurrenz zweier Ursachen zu einem Zwek, so wie Krieg und Schlacht für das Zusammentreffen von einander entgegengesetzten Kräften. Die thätige Kraft wird Mann, das leidende Principium Weib. — So entstehen in der Sprache des Wilden ganz von selbst und ungesucht eine Menge Personifikationen und Allegorieen, wenn man anders

Bezie-

diese unabsichtliche, durch die Natur der rohen Sprache von selbst herbeigeführte Versinnlichung der intellektuellen Begriffe so nennen kann. Wenigstens muß man nie den großen wesentlichen Unterschied zwischen den Allegorieen, wie sie der Dichter und Redner bei einem kultivirten Volk ersinnt, und zwischen den Allegorieen, zu denen der Wilde durch die Natur seiner Sprache gezwungen wird, aus den Augen lassen. Bei uns ist die Allegorie ein rhetorischer oder poetischer Schmuk, bei dem rohen Volk ist sie Bedürfnis der Sprache. Wir versinnlichen unsre deutlichen Ideen durch die Allegorie, der Wilde sucht umgekehrt durch Allegorie seinen verworrenen Begrif zu verdeutlichen. — Ist es bei dieser Beschaffenheit der ungebildeten Sprache ein Wunder, daß die Mythologie aller Völker voll von seltsamen Abenteuerlichkeiten, voll von unerwarteten Kombinationen, voll der wildesten Sprünge der Phantasie ist? — In ihrem Kopf konnte es nun einmal nicht ordentlicher aussehen als in den Köpfen unsrer Kinder, deren Ideen eben so unzusammenhängend und isolirt, eben so sinnlich und nicht selten eben so abenteuerlich sind. Es ist daher ganz wider die menschliche Natur, anzunehmen, daß die Mythologie a b s i c h t l i c h e Allegorieen enthalte, und daß die ersten Denker m i t F l e i ß ihre Ideen hinter die Hülle der Allegorieen verbargen. Nein, die Allegorieen der ältesten Mythologie bildeten sich gewissermaßen ganz von selbst ohne alles Nachdenken.

6. Auch die Unvollkommenheit der schriftlichen Mittheilung der Ideen in den ältesten Zeiten kömmt bey Beurtheilung und Erklärung der Mythologie sehr

in Anschlag. So wie die Sprache zunächst nur für die Sensationen des Gehörs bestimmt war, so die ersten Versuche der Schreibkunst nur für die Sensationen des Gesichts, indem man ursprünglich die sinnlichen Gegenstände mahlte. Und wie bei der Sprache die Sensationen der andern Sinne und die abstrakten Ideen gleichsam in die Sprache des Gehörs übersetzt werden mußten, eben so mußten bei der ersten schriftlichen Darstellung des Empfundnen und Gedachten die Sensationen der andern Sinne und die abstrakten Ideen in diese erste rohe Schriftsprache gleichsam übersetzt werden. So entstanden Hieroglyphen, und gewis ward die zum Auge redende hieroglyphische Darstellung sehr häufig die Quelle eines zum Ohr redenden Mythus.

7. Man verirrt sich ganz unfehlbar, wenn man die mythologischen Fabeln alle auf einerlei Art erklären will, es sei nun allegorisch oder historisch. Beide Methoden müssen durchaus verbunden werden. Ich würde dreierlei Fabeln unterscheiden. Die erste Klasse begreift die ganz allegorischen, sei es nun, daß eine physikalische oder moralische Allegorie zum Grunde liegt. Hiehin rechne ich die älteste Periode der Mythologie oder die Geschichte des Uranus, Kronos, der Titanen, Giganten u. s. w. Dieser ganze Theil der Mythologie ist wohl offenbar nichts anders, als eine Reliquie einer uralten aber sehr rohen Kosmogonie. Der Satz: Uranus und Tellus waren die Stammeltern aller Götter, kann wohl schwerlich etwas anders sagen, als: die ersten beseelten Wesen wuchsen durch den Einfluß des Himmels aus der Erde

hervor, welches mit der bei vielen wilden Völkern herrschenden Idee übereinstimmt, daß ihre Stammeltern aus der Erde hervorgekommen. Kronos (die personificirte Zeit) entmannte den Coelus; das heißt: in der Folge der Zeit hörte diese Art der Generation auf, der Einfluß des Himmels brachte keine lebenden Wesen mehr aus dem Schooß der Erde hervor u. s. w. Eben so ist die Geschichte des Prometheus, wie schon der Name desselben zeigt, eine, wie mich dünkt, nicht zu verkennende Allegorie der menschlichen Erfindungskraft. Prometheus holte das Feuer vom Himmel; dies kann wohl schwerlich etwas anders heißen, als: der rohe Mensch kannte das Feuer und dessen Hervorbringung noch nicht (wie ehedem die Bewohner der Marianischen Inseln es auch noch nicht kannten). Aber die Klugheit eines unter ihnen (d. i. der personificirte Prometheus) nutzte den günstigen Zufall, daß ein Blitz etwa einen Baum entzündete. In der Sprache der Urwelt konnte dies beinahe nicht anders ausgedrükt werden, als so, wie die Fabel sagt: Prometheus holte das Feuer mit einem angezündeten Stabe vom Himmel. — Eine zweite Klasse von Fabeln ist offenbare älteste Volksgeschichte, nur freilich in poetischer Sprache (der einzigen damals möglichen) vorgetragen. Alle Fakta der Urwelt bekommen daher ein wunderbares Ansehen, wobei man doch auch das nicht vergessen muß, daß überhaupt in jenem rohern Zeitalter, wo die menschliche Kraft noch nicht durch die Kultur geschwächt worden, manches möglich war, was bei einem kultivirten Volk, bei dem die Geisteskraft auf Kosten der Körperkraft gepflegt wird, nicht mehr möglich ist. Die dritte Klasse der mythologischen Fabeln begreift solche, die aus Historie und Allegorie zusammmengesetzt sind. Die Grundlage ist historisch, und das handelnde Subjekt eine wirkliche Person, aber die Handlung selbst wird allegorisch dargestellt.

8. Aus dem allen fließt mein letzter Grundsatz, den ich bei der genauern Entwikkelung der Mythologie zum Grunde legen würde. Die Mythologie enthält die Keime der gesammten Geisteskultur der rohern Griechen. Es liegen in ihr, wie in dem Chaos, die Elemente und Keime aller Wissenschaften, die sich nach und nach entwikkelten. Sie ist rudis indigestaque moles, congestaque eodem non bene junctarum discordia semina rerum. Die ersten Keime der Philosophie, der Physik, der Astronomie, der Moral, die älteste Volksgeschichte. Aber alle diese Keime waren eingehüllt in poetische Sprache, oder richtiger, sie wurden so dargestellt, wie alle Begriffe eines rohen Volks in dem Zustande seiner Kindheit vorgestellt und dargestellt werden, d. i. nicht sowohl durch und für den Verstand, sondern eigentlich durch und für die Phantasie.

IV.

Ueber Du und Sie in der deutschen Sprache.

Vorgelesen in der öffentlichen Versammlung der Berlinischen Akademie der Wissenschaften, am 30. Jan. 1794.

Vorerinnerung.

Seitdem die königliche Akademie der Wissenschaften zu Berlin auch die deutsche Sprache in den Umkreis ihrer gelehrten Beschäftigungen gezogen hat, sind in ihr Vorlesungen, die unmittelbar auf die Verbesserung der deutschen Sprache abzielen, keine Seltenheit mehr, und ich selbst habe zu diesen so allgemein mit Beifall aufgenommenen Absichten der Akademie anch an meinem Theil nach dem geringen Maaß meiner Kräfte und Muße mitzuwirken gestrebt. So entstand auch diese Vorlesung, die, für eine öffentliche oder exoterische Versammlung bestimmt, sich zugleich von der Trokkenheit entfernt halten muste, welche von grammatischen Arbeiten, wenn sie bloß für Esoteriker bestimmt sind, unzertrennlich ist. Dieser Gesichtspunkt bestimmte zum Theil selbst die Wahl des Gegenstandes, wozu überdies die neuen Formen der neufranzösischen Sprache einen Zeitanlaß gaben. Und gerade dieser zufällige Umstand ist wahrscheinlich die Hauptursache des Beifalls, den diese Vorlesung gefunden, und der häufigen Aufforderungen, sie durch den Druk bekannt zu machen. Ich folge dieser Aufforderung, ungeachtet ich wohl fühle, daß diese Vorlesung noch sehr erweirert werden könnte. Aber es fehlte mir an Zeit, ihr schon itzt diese Erweiterung zu geben. Vielleicht, daß ich künftig, vornehmlich wenn es andern Gelehrten der Mühe werth scheinen sollte, mir ihre Bemerkungen und Zusätze mitzutheilen, diese Materie noch einmal ausführlicher bearbeite. Ich würde alsdann noch mehr, als diesmal geschehen können, die Anredeformen und überhaupt das Barometer der Höflichkeit in andern Sprachen vergleichen, zugleich aber auch bei der deutschen Sprache uoch genauer den Kreislauf ihrer Höflichkeitssprache nach ihren verschiedenen Perioden zu bestimmen und mit Beispielen zu belegen suchen. Die ganze Untersuchung hängt übrigens selbst mit der deutschen Geschichte, dem deutschen Staatsrecht und der deutschen Kanzeleipraxis so genau zusammen, daß sie auch von dieser Seite, wenigstens bei einer ausführlichern Behandlung, nicht ganz unwichtig scheinen dürfte. Glüklich würde ich mich übrigens schätzen, wenn dieser Versuch etwas dazu beitrüge, unsrer mündlichen und schriftlichen Umgangssprache allmälig mehr Einfachheit, Würde und Natürlichkeit zu verschaffen, und auf die Ungereimtheit und Unnatürlichkeit so vieler ihr eigenthümlichen steifen und sklavischen Formen, durch die sie wahrlich nicht geschmeidiger und höflicher, sondern vielmehr ungelenkiger und schwerfälliger wird, aufmerksamer zu machen.

* * *

Man kann mit Recht die Sprache eines Volks als einen Spiegel seines Nationalcharakters ansehen. Trägt der Charakter einer Nation das Gepräge des Leichtsinns, der Eitelkeit, des Stolzes, der kriechenden Demuth, der Sklaverei, des Aberglaubens: so kann man unausbleiblich erwarten, daß auch die Sprache Spuren und Eindrükke dieses Charakters aufweisen werde. Es ist auch natürlich, da die Sprache das allgemeine Organ der empfindenden und denkenden Kraft ist, deren Aeußerungen sich durch nichts so bestimmt und deutlich offenbaren, als durch tönende Zeichen, d. i. durch die Sprache.

Man hat indessen vielleicht zu wenig bisher daran gedacht, die Sprache von dieser Seite zu betrachten oder gar zu benutzen. Noch weniger scheint man an die Möglichkeit zu glauben, durch Verbesserung und Verfeinerung der Sprache eine Verbesserung des Nationalcharakters von irgend einer Seite zu bewirken. Man ist zu sehr gewohnt, alle Sprachuntersuchungen als müßige Grillenfängerei und Mükkenseigerei anzusehen, um von ihnen irgend einen Einfluß auf den Charakter einzelner Menschen, viel weniger ganzer Nationen zu ahnen. Und doch zeigt die Geschichte unverkennbar, daß jede große politische und moralische Veränderung in einer Nation auch auf die Sprache derselben einen merklichen Einfluß gehabt, und daß das Steigen und Sinken eines Volks mit dem Steigen und Sinken seiner Sprache stets gleichen Schritt hielt. Wem fällt hier nicht sogleich das neueste Beispiel jener Nation ein, die itzt *) eben so sehr durch

---

*) Nehmlich zu Anfang des Jahres 1794, als Robespierre und der Terrorismus gerade die höchste Stufe erstiegen hatten.

Wildheit, Härte und Grausamkeit, als einst durch Feinheit, Milde, ja selbst durch Weichlichkeit, sich auszeichnet? In der That hat die französische Revolution schon bisher einen außerordentlichen Einfluß auch auf die Sprache der Franken gehabt. Sie ist von einer Seite durch eine Menge neuer Wörter für die neuen Begriffe ihrer exaltirten Phantasie und ihrer neuesten blutigen Geschichte reicher, aber von der andern Seite durch Ausmärzung vieler an ihre alte Verfassung erinnernden Ausdrükke ärmer geworden. Kein akademisches Wörterbuch hält itzt mehr die Flut neuer Wörter, neuer Redensarten, neuer Wendungen auf. Die Nation hat mit ihrer Verfassung zugleich die Fesseln der Grammatik und Rhetorik zerrissen.

Die größten Veränderungen hat indessen die Sprache der Höflichkeit und der Galanterie erfahren. Das sonst so reiche Wörterbuch der französischen Höflichkeit wird täglich ärmer, und die ehemals gangbarsten Formen derselben werden täglich verdächtiger und aristokratischer; selbst das unschuldige Monsieur ist eine Schmähung und eine Injurie geworden, und scheint beinahe schon völlig emigrirt zu sein. Kurz die Sprache selbst wird mit den Sitten von Monat zu Monat roher und so zu sagen unbehoseter *). Aber die auffallendste Veränderung in der Sprache des Umgangs ist gewis die Abschaffung der feinern

*) Seit dem Sturz von Robespierre kehrten bekanntlich die von dem Terrorismus und Vandalismus verscheuchten Musen und Grazien wieder zurük.

Form der Anrede, kurz die Verbannung des Vous, und die allgemeine Einführung des Tu *). Diese Revolution des Sprachgebrauchs ist dem System der herrschenden Demagogen völlig gemäß. Der Uebergang von der Aufhebung alles Unterschiedes der Stände zur Aufhebung alles Unterschiedes in der Form der Anrede hat nichts unerwartetes. Zwar hatte das Vous das Tu schon längst so sehr verdrängt, daß das letztere nur noch in wenigen Verhältnissen gebräuchlich, und vielleicht im Ganzen weit ungewöhnlicher war, als im Deutschen das Du, und man könnte also fragen, warum nicht lieber das Tu ganz abgeschafft worden, und warum nicht lieber dem Herrn das Vous zur Anrede seines Bedienten, als

*) In der Robespierrischen Periode fehlte nur wenig, daß der allgemeine Gebrauch des Tu förmlich befohlen ward. Aber er ward wenigstens empfohlen, und wer nicht verdächtig scheinen, und als Verdächtiger eingekerkert sein wollte, mußte damals diese, wie andre sanskülottische Moden, mitmachen, zumal da sie im Nationalkonvent selbst herrschte. Itzt (1796) ist diese Mode schon wieder veraltet. Nur in der neuen Legislatur hört man noch zuweilen die duzende Anrede. Hingegen schreibt das vollziehende Direktorium an die Minister, Generale und andre Personen nicht wie der ehmahlige Wohlfahrtsausschuß mit Tu, sondern wieder mit Vous. Im Jahr 1795 kämpften Tu und Vous noch um den Platz, wie man aus einem Aufsatz des für einen Aristokraten geltenden Dichters La Harpe, und aus einem Gegenaufsatz des bekannten eifrigen Re-

umgekehrt dem Bedienten das Tu zur Anrede seines Herrn zur Pflicht gemacht worden. Allein das System der französischen Levellers ging überhaupt nicht dahin, die niedrigen Stände zur Gleichheit mit den höhern hinaufzuziehen, sondern vielmehr die höhern zur Gleichheit mit den niedrigern herunterzuziehen. Darum mußte natürlich auch die niedrigere Form der Anrede den Vorzug vor derjenigen erhalten, die nicht nur bisher von den niedrigern Ständen gegen die höhern gebraucht war, sondern auch, von den höhern gegen die niedern gebraucht, immer den Nebenbegriff einer gewissen, wenn auch nur konventiellen und prekären Achtung in sich schloß. Ueberhaupt scheinen sie zu glauben, daß gerade die gröberen und derberen

---

publikaners Louvet sehen kann. Jener findet das Tu besonders im Umgange mit dem Frauenzimmer unschiklich. „Das Duzen, sagt er, reißt sogleich die „Scheidewand von Wohlstand und Ehrerbietung, die „beide Geschlechter von einander trennt, nieder." Dagegen sagt Louvet: „Es sollte mich herzlich „freuen, wenn das Duzen wieder von guten Bürgern „zur Sitte gemacht würde. Dann wäre es ein Symbol der Bruderliebe, ein Ton der Freimüthigkeit, „eine Huldigung der Vernunft; dann wäre es gewissermaßen eine Nationaleinrichtung, wogegen durchaus „nichts zu sagen wäre. Gewis bin ich, daß sie vielen „Messieurs mißfallen würde." (M. s. das Journal Frankreich, 1795. Heft 7.) — (Mit der neuen Diktatur ist der revolutionäre Sprachgebrauch nun gänzlich verschwunden, und die alte Höflichkeit zurükgekehrt.)

Formen des Ausdruks eben darum um so republikanischer sind; und unstreitig sind nicht etwa bloß die alles duzenden Quäker bei dieser Sprachrevolution das Vorbild gewesen, sondern ohne Zweifel hat selbst die Idee, daß einst die Griechen und Römer auch nur die einzige einfache Form des Du kannten, sehr viel dazu beigetragen. Die Franken möchten itzt so gern die Griechen und Römer der neuern Welt sein; darum ist diesem Volke, dem man seit jeher, und nie öfter als itzt, den Vorwurf machte, daß es die Wirklichkeit dem Schein, die Materie der Form aufopfere, auch diese Aehnlichkeit mit Griechen und Römern so willkommen, da sie der Eitelkeit der Unbehoseten schmeichelt. Nur haben sie dabei vergessen, daß das Du in Griechenland und Rom eben so gebräuchlich zur Zeit der Monarchie als der Republik war, und daß selbst in den orientalischen Sprachen unter dem eisernen Zepter des drükkendsten Despotismus dennoch, einige wenige Fälle ausgenommen, seit jeher keine andere Form der Anrede, als das einfache Du, gebräuchlich war, und daß daher diese Form an sich selbst nichts weniger als ein eigenthümliches republikanisches Gepräge hat. Auch ist es bekannt, daß unter den europäischen Sprachen allein die russische wenigstens bisher alles ohne Unterschied mit Du anredete, welches selbst die weit weniger ausgebildete esthnische nicht thut, obwol in den neuesten Zeiten auch die russische Sprache einige Modifikationen der Anrede von andern Sprachen entlehnt hat.

Doch es ist meine Absicht nicht, von der französischen Sprache zu reden, und eine Vergleichung zwischen ihrer ehemaligen Feinheit und itzigen Vergröberung zu ziehen. Ich wollte mir durch diese Bemerkungen bloß den Weg zu einigen Bemerkungen über die verschiedenen Formen der Anrede in unsrer deutschen Sprache bahnen.

Die meisten Sprachen haben ursprünglich nur eine einzige Form zur Anrede der einzelnen gegenwärtigen, oder gegenwärtig gedachten Person, und erst nach und nach schlich in die europäischen Sprachen der Mißbrauch ein, Eine Person, als wären es mehrere, anzureden, und zu dem gegenwärtigen so zu reden, als ob man von Einem oder gar von mehreren abwesenden Personen spräche. Wenn die meisten orientalischen Sprachen eine eigene Form der Anrede an den Mann, und eine eigene an das weibliche Geschlecht haben, so läßt sich dies aus dem seit den ältesten Zeiten fortdaurenden Zustande der Sklaverei erklären, in welchem dort das weibliche Geschlecht lebt, und es ist daher nicht zu verwundern, daß das doppelte männliche und weibliche Du der Orientaler in alten und neuen Sprachen der Europäer, die seit jeher auch unter den rohesten Nationen dem weiblichen Geschlechte mehr Freiheit und Gleichheit der Rechte zugestanden, keinen Eingang gefunden. Aber dafür haben jene unnatürlichen Formen, den einzelnen sich gleichsam vervielfacht, den gegenwärtigen als abwesend zu denken, sich fast in alle europäische Sprachen mehr oder weniger eingeschlichen. Doch ist keine leider darin weiter gegangen, als die deutsche Sprache. Wir reden mit dem Singular und Plural, mit der zweiten und dritten Person an, ja selbst die erste Person des Plurals: Wir, und das unbestimmte Man (wie im Französischen zuweilen das On) wird von einigen Pedanten, die ihre Schüler oder sonstige Untergebne weder zu dem Er erniedrigen, noch zu dem Sie erhöhen wollen, zur Anrede gebraucht. Daraus entsteht denn folgendes Barometer der Höflichkeit: Du, Ihr, Er, Wir, Sie.

Die natürlichste ungekünstelte Form des Du ist unstreitig die älteste. Aber schon im Mittelzeitalter hörte sie auf die einzige zu sein, und ward aus der Sprache der Höflichkeit durch das Ihr beinahe verdrängt, welches sich damals zugleich mit dem Feudalsystem und zum Theil durch dasselbe unter allen europäischen Nationen festsetzte. Die herrschenden Stände wollten sich von den beherrschten, so wie durch Helm und Schild, so auch durch die Anrede unterscheiden. Der Leibeigene gewöhnte sich, die über ihm stehenden Klassen als Wesen einer höhern Art anzusehen. Denn offenbar liegt bei der Anrede der einzelnen Person durch den Plural die Idee von einem höhern Werth der so durch die Anrede gleichsam vervielfachten Person zum Grunde. Darum ward das Ihr zuerst von den niedrigern Ständen gegen die höhern, aber nicht, wie itzt, von den höhern gegen die niedrigen gebraucht, bis, nachdem das Ihr zu gemein geworden, eine neue vornehmere Form, nehmlich das Er, an die Stelle des nun den niedern Klassen überlassenen Ihr trat.

Es scheint dem ersten Anblik nach ganz ungereimt zu sein, zu dem gegenwärtigen so zu sprechen, als spräche man von einem abwesenden. Indessen hat doch die Form Er mit der Form Ihr einen gleichen Ursprung. Ihre Quelle ist Schmeichelei, oder vielmehr eine mit der Empfindung des Abstandes von dem angeredeten Subjekt durchdrungene knechtische Demuth. Der Anredende hält sich gleichsam für unwürdig, der angeredeten Person gerade ins Gesicht zu sehen, er fühlt einen zu großen Abstand zwischen sich und ihr, um sich ihr durch die unmittelbare Anrede zu nähern; er entfernt sie gleichsam aus seinem Horizont, und betrachtet sie in ehrerbietiger Ferne mit einer Art von ehrfurchtsvollem Schauer. So gemein itzt die Form der dritten Person des Singular oder das Er ist, so ehrerbietig war sie ehedem. Sie ist indessen kein ausschließendes Eigenthum der deutschen Sprache. Auch andre europäische Sprachen haben den Gebrauch der dritten Person des Singular für ehrerbietiger gehalten, als das Du und Ihr. Dies ist der Fall mit der portugiesischen und spanischen und noch mehr mit der schwedischen und ungarischen Sprache, welche letztere sogar mehrere Formen für diese dritte Person des Singular hat. Ja diese Form ist selbst den orientalischen Sprachen nicht ganz fremde, und ist hier noch mehr als in den europäischen Sprachen ein Ausdruk der tiefen Ehrfurcht und Demuth. Sie findet sich daher selbst in der Bibel. Wenn z. B. die schöne und reiche Frau des reichen Nabal dem drohenden David entgegen zieht, um ihn zu besänftigen, spricht sie zu ihm: Mein Herr setze nicht sein Herz wider diesen Nabal *) u. s. w.

*) 1. Sam. XXV. 25.

Doch die gebieterische Mode hat im Deutschen auch das Er aus der Sprache der Höflichkeit verdrängt. Nur der Bauer, je entfernter er vornehmlich von der Hauptstadt ist, redet seine Obern, die ihn mit Ihr begrüßen, ja wohl selbst den Landesherrn treuherzig und altmodisch mit Er oder He an. In der Nähe der Hauptstadt wird aber auch der Bauer diese Form seltener gebrauchen. — Kurz das sonst so ehrerbietige Er ist so tief gesunken, daß jeder Mann vom Mittelstande es für eine Injurie hält, wenn einer seines Gleichen, oder selbst einer aus den um einige Grade höhern Klassen sich dieser Form der Anrede gegen ihn bedient. Selbst fürstliche Personen haben in neuern Zeiten diesem Gebrauch des Er gegen Personen, die zu den mittlern und höhern Klassen gehören, entsagt, wenn sie nicht ihre Unterthanen waren. Ja es ist bekannt, daß mehrere mächtige Monarchen unserer Zeit gegen ihre eigenen Staatsdiener sich dieser Form enthalten, ein Umstand, der, so unbedeutend er dem ersten Anblik nach scheinen möchte, dennoch ein unverkennbarer Beweis der fortschreitenden Humanität und Milde unserer Regierungen ist. — Genug, das Er ist verächtlich geworden, und da es ehedem ein Hinaufblikken aus tiefer Ferne bezeichnete, so bezeichnet es dagegen izt ein gewissermaßen geringschätziges, oder doch gebieterisches Hinabblikken. Daher ist es die Form der Anrede gegen diejenigen geworden, die in unserm Lohn und Brot stehen. Der Herr nennt seine Bedienten Er, vornehmlich diejenige Klasse derselben, mit denen er selbst am unmittelbarsten zu thun hat; die in entfernterer

Beziehung auf ihn stehenden wird er mit Ihr, die am weitesten von ihm entfernten und nur selten in seinen Gesichtskreis kommenden mit Du anreden, obwohl diese letztere Form, die überhaupt die bedeutungsreichste ist, auch oft als Form der größern Vertraulichkeit gegen die ihn zunächst umgebenden Bedienten gebraucht wird. Es ist in der That nichts seltenes, in großen Häusern aus dem Munde des Herrn alle diese Formen der Anrede nach Maßgabe der Verschiedenheit der Subjekte zu hören, ohne daß er selbst vielleicht sich darüber Rechenschaft zu geben weiß, warum er den einen seiner Bedienten mit Er, den andern mit Ihr, den dritten mit Du anredet; aber ein gewisses dunkles auf den Sprachgebrauch sich gründendes Gefühl leitet ihn bei dem Gebrauch dieser verschiedenen Formen, und läßt ihn dadurch die verschiedenen Grade seines Zutrauens und seiner Annäherung bezeichnen.

Das Er verlor seinen ursprünglichen ehrenvollen Sinn aus eben dem Grunde, wie vor ihm das Ihr, an dessen Stelle es getreten war. Die niedrigern Stände drängten sich immer mehr in die Region des Er hinein, so wie sie sich ehedem aus der Region des Du in die Region des Ihr hinaufgedrängt hatten. Das Er ward also ebenfalls wieder zu gemein, und die erfindsame Demuth mußte sich nach einer neuen Form umsehen, um ihre Unterwürfigkeit und das Gefühl ihres Abstandes zu bezeichnen. Man hatte keine andre Wahl, als den Plural der dritten Person. Man hatte sich nun einmal schon an die Unnatürlichkeit gewöhnt, eine einzige Person, wie

mehrere

mehrere, anzureden, und zu einer Perſon eben ſo als von einer Perſon zu ſprechen. Man verband alſo beide Formen, und ſo entſtand das unnatürliche Sie, das nun, wie ehedem das Ihr durch Vervielfachung und wie das Er durch Entfernung und — daß ich ſo ſage — Verabweſendung Ehrfurcht und Unterthänigkeit ausdrükken ſollte. Dieſe Form iſt in der Deutſchen Sprache in der That nicht ſehr alt, und geht nicht über das achtzehnte Jahrhundert hinaus. Denn noch gegen das Ende des ſiebzehnten Jahrhunderts, ja noch im Anfange des achtzehnten redeten ſich Gelehrte und Geſchäftsmänner mündlich und ſchriftlich mit Er, (oder mit der Herr, oder mit Derſelbe) ſo wie im ſechzehnten Jahrhundert, wie man beſonders aus Luthers Schriften ſehen kann, mit Ihr an, mit welchem früher ſelbſt Kaiſer und Könige angeredet wurden. Uebrigens iſt die Deutſche Sprache beinahe die einzige, die, indem ſie mit Sie anredet, beides, ſowohl das Vergrößerungsglas als das Fernglas der Höflichkeit, d. i. den Pluralis und zugleich die dritte Perſon gebraucht. Wenigſtens wüßte ich bis itzt außer ihr nur allein die Böhmiſche und Däniſche Sprache zu nennen, die aber wol unſtreitig dieſe Form von ihrer Nachbarin und Schweſter erſt ſpäter entlehnt haben. Dieſe Form iſt ſogar eine Quelle von einem in der Umgangsſprache ſehr gewöhnlichen Sprachfehler geworden. Man ſcheuet ſich, zu einem wohlerzogenen Frauenzimmer im Akkuſativ Sie zu ſagen, damit ſie nicht glaube, man wolle ſie im Singular anreden*) Die Höflichkeit der feinern Welt tritt daher lieber die Richtigkeit der Sprache mit Füßen, und sagt, der Grammatik zum Trotz, nicht: ich habe Sie, sondern ich habe Ihnen gesehen, Ihnen besucht, und dergl. Und da man sich einmal, um nicht unhöflich zu scheinen, zu dieser sprachwidrigen Form in der Anrede eines Frauenzimmers, vornehmlich wenn man ihr nicht Bekanntschaft genug mit der Grammatik zutrauen kann, gewöhnt hat, so erlaubt man sich dieselbe auch bei der Anrede an ein männliches Subjekt, obgleich hier keine Zweideutigkeit zu besorgen wäre. Vielleicht ist daher diese sprachwidrige Höflichkeit überhaupt ein Grund, daß in manchen Provinzen Deutschlands der Dativ und Akkusativ, und namentlich besonders auch das mir und mich, so häufig verwechselt werden: ein Fehler, den man bekanntlich vornehmlich den Berlinern zur Last zu legen pflegt, wiewol man ihn auch oft genug aus dem Munde geborner Sachsen hören kann. Aber zu läugnen ist es freilich nicht, daß dieser Fehler in Berlin so gemein ist, daß alles grammatische Raisonnement dagegen verhallt: daher ein berühmter deutscher Schriftsteller einigen Damen, die von ihm über den Unterschied des

---

*) Andre scheuen sich umgekehrt, weibliche Personen von geringem Stande mit dem Akkusativ Sie anzureden, um sie nicht glauben zu lassen, es sei der Plural. Sie brauchen also dann ebenfalls lieber den Dativ, nehmlich ihr. Z. B. Ich habe ihr ja heute nicht gesehen. So wird lieber die Grammatik beleidigt, nicht nur um nicht unhöflich, sondern auch um nicht allzuhöflich zu scheinen.

mir und mich, des Ihnen und Sie belehrt zu werden wünschten, keinen bessern Rath zu geben wußte, als sich ein für allemal entweder für das mir oder für das mich zu entscheiden, und entweder das eine oder das andere überall und ohne Ausnahme zu gebrauchen, weil sie bei dieser einseitigen Gewöhnung wenigstens den Vortheil haben würden, nur halb so oft als sonst zu fehlen. Denn allerdings ist es dahin gekommen, daß man aus manchem schönen und nicht schönen Munde, der wenigstens durch einen Sprachfehler nicht schöner wird, das mir nur da hört, wo mich, und mich nur da, wo mir stehen sollte.

Aber leider ging es dem Sie, wie es seinen Brüdern, dem Er und Ihr, gegangen war. Es hat allmählig immer mehr von seinem Werth verloren, weil die Zahl derer, die auf diese höflichere Form der Anrede Anspruch machen, täglich immer größer wird. Sie war, so wie ehedem das Ihr und nachmals das Er, ursprünglich bestimmt, von den Unterthanen gegen den Regenten, sodann von jedem Untergebenen gegen seinen Vorgesetzten, endlich überhaupt von dem Niedrigern gegen die Höhern gebraucht zu werden: aber es ist nach und nach dahin gekommen, daß auch der Höhere sich zu dieser Form gegen die Niedrigern, wenn der Abstand nicht gar zu auffallend ist oder gedacht wird, verpflichtet hält. In Berlin wenigstens, und vermuthlich in allen großen Städten, geht die Höflichkeit so weit, daß jeder Mann vom Mittelstande nicht nur den unabhängigen Handwerksmann, den er vielleicht noch vor zehn Jahren mit Er anzureden pflegte, sondern auch jeden fremden Livreebedienten, vornehmlich aus einem vornehmen Hause, anders als mit Sie anzureden Bedenken trägt.*) Auch geben sich die Dienstboten selbst, und überhaupt der gemeine Mann, unter einander dies Prädikat. Und man darf sich über diese Steigerung der Höflichkeit um so weniger verwundern, da es nun schon ziemlich gewöhnlicher Sprachgebrauch geworden, den Handwerksmann nicht mehr mit Meister, sondern mit Herr anzureden, und selbst in der Klasse der Dienstboten ist die Anrede Herr, wenigstens unter einander, nicht mehr ungewöhnlich, und das Wort Herr scheint, wenn es nicht beleidigend und anfahrend klingen soll, nothwendig das Sie zum Begleiter zu fordern. Denn nur der Zürnende sagt: Herr, ich sage Ihm, Er muß das und das thun oder lassen.

Man kann diese zunehmende Verfeinerung der Sprache des Umgangs gegen die niedern Klassen und diese jährlich zunehmende Beschränkung der Region des Ihr und Er (wovon jenes kaum mehr gegen die niedrigsten Klassen gebraucht wird) aus einem doppelten Gesichtspunkte betrachten. Allerdings macht sie von der einen Seite dem Geist unsers Zeitalters Ehre; denn sie ist ein Beweis von der zunehmenden Humanität der höhern Stände. Aber von der andern Seite hat dieses Hinausdrängen der niedern

*) Selbst die Hunde grosser Herren werden wol von Lakaien mit Sie angeredet. Die Anrede der Thiere mit der dritten Person des Singulars ist freilich viel gewöhnlicher.

Klassen in die Region des Sie einen in die Augen fallenden moralischen Nachtheil für eben diese Klassen. Indem nehmlich jeder dem Sie Ehre machen, und seine, wie er sich einbildet, gegründeten Ansprüche darauf auch durch seine äußere Oekonomie vor aller Welt beurkunden will, — so ist mit diesen Ansprüchen unausbleiblich zugleich ein Steigen des Luxus in der häuslichen Einrichtung, besonders in der Kleidung verbunden. Wie sehr der Luxus nur seit zwanzig Jahren von dieser Seite unter den niedern Klassen gestiegen ist und noch jährlich steigt, dies kann keinem nur halb aufmerksamen Beobachter entgangen sein. Es ist auch sehr natürlich, daß der Mann, der sonst allgemein Er hieß, und nun nicht nur von seines Gleichen, sondern auch von vielen über ihm Sie genannt wird, alles anwendet, um nun eben so allgemein das Sie zu erhalten, als er ehedem das Er erhielt. Noch sichtbarer ist dies Hinaufdrängen der niedern Klassen bei dem weiblichen Geschlecht, welches unter andern schon aus dem itzt weit häufigeren Gebrauch der französischen Anredeform Madame und Mademoiselle, oder wenigstens Mamsell (denn nach dem Sprachgebrauch scheint in der That diese verstümmelte Form um einen Grad tiefer zu stehen, als die reine Französische) erhellt. Die Zahl der weiblichen Prätendenten auf diese Anrede hat sich seit kurzer Zeit unglaublich vermehrt. Die Frauen und Töchter jedes nur einiger maßen bemittelten oder bemittelt scheinenden Handwerksmanns machen auf diese Benennnng Ansprüche, und erhalten sie wenigstens in dem engern Zirkel ihrer häuslichen Verhältnisse, vornehmlich, sobald es ihnen beliebt hat, die Haube und Mütze mit einem so genannten Kopfzeuge zu vertauschen, welches letztere nun einmal ein konventionelles Dokument für die Rechtmäßigkeit der Ansprüche auf die Anreden mit Sie, Mamsell und Madam ist; und daher ist es denn freilich sehr begreiflich, daß Haube und Mütze auch für die Weiber und Töchter des armseligsten Schreibers zu verächtlich geworden sind. Ueberhaupt ist es — nicht eben sehr vernünftig, aber doch sehr gewöhnlich, — daß die Anrede einer unbekannten Person sich nach der Kleidung richtet, und daß eine und dieselbe Person Du, Ihr, Er oder Sie heißt, je nachdem sie besser oder schlechter gekleidet erscheint. Ein schriftliches oder vielmehr halbgedruktes Dokument für jene Ansprüche der weiblichen Personen aus den niedern Klassen auf Gleichheit der Anrede mit den höhern, sind unter andern die Gevatterbriefe, in welchen die Küster, wenigstens die Berlinischen, mit den beiden französischen Prädikaten, Madame und Mademoiselle, so freigebig sind, daß selbst die weiblichen Dienstboten der niedern Klassen, Köchinnen und Stubenmädchen, mit dem Prädikat Mademoiselle von ihnen beehrt werden; welches die natürliche Folge hat, daß sie diesem Prädikat durch ihren äußern Aufputz, sollte es auch auf Kosten ihrer Herrschaft, oder gar auf Kosten ihrer Sitten sein, Ehre zu machen suchen. Denn zu läugnen ist es nicht, daß, seit die Anrede Jungfer immer weniger, auch bei den mittlern Klassen,*) üblich geworden, und immer mehr auch bei dem Bürgerstande den Nebenbegriff von Geringschätzung erhalten hat, daß seitdem auch der Begriff selbst im Werth gesunken, und es ist zu besorgen, daß jungfräuliche Sittsamkeit in eben dem Grade unmodischer und altfränkischer werden dürfte, in welchem jene Benennung es wird: daher es Zeit wäre, daß die mitt-

---

*) Ehedem war die Benennung Jungfrau ein Ehrennahme der vornehmsten weiblichen Personen, so lange sie unverheirathet waren, selbst der Fürstentöchter. Späterhin bekamen die fürstlichen Jungfrauen den Titel Fräulein. In Münsters Cosmographie heißt es: Der Fürsten Tochter haben geheißen Jungfrauen, so man itzund Fraulin nennt. — Das Wort Fräulein ist aber nun auch schon wieder gesunken, da jede adliche Jungfrau (jetzt auch schon häufig eine bürgerliche, wenn der Vater ein hohes Amt bekleidet) Fräulein heißt, dagegen nun eine Fürstentochter nicht mehr so genannt werden darf, sondern mit einem ursprünglich französischen Worte (Prinzessinn) benannt wird. Das Wort Fräulein hat also gleiches Schiksal mit dem Wort Junker gehabt, das noch im sechzehnten Jahrhundert ein Ehrentitel der Fürstensöhne war, nach und nach aber eine Benennung jedes adlichen Knaben ward, dagegen nun für die Fürstensöhne ebenfalls aus dem Französischen die Benennung Prinz entlehnt ward. Der neuerliche Vorschlag eines Ungenannten, das Prädikat Demoiselle gänzlich aufzugeben, und dafür überall Fräulein zu brauchen, hat keinen Beifall gefunden, vermuthlich, weil es dann noch schwieriger gewesen sein würde, auf dem Thermometer der Höflichkeit den Wärmepunkt und Gefrierpunkt genau zu bestimmen.

lern und höhern Klassen durch den Gebrauch jener ächtdeutschen Anrede auch unter den Töchtern ihres Kreises dieser Benennung ihren ursprünglich ehrenvollen Sinn wieder zu geben sich bemüheten. *)

Mit diesem Hinaufdrängen zur Theilnehmung an den Höflichkeitszeichen der höheren Klassen hängt ganz natürlich die Unzufriedenheit der mechanisch arbeitenden Klassen mit ihrem Stande zusammen, und ihr Streben, wenigstens ihre Kinder in eine vermeinte höhere Klasse hinaufzuheben. Daher muß der Sohn des Handwerksmanns, wenn er nur einigermaßen bemittelt ist, oder auf irgend einige Gönnerschaften rechnen kann, durchaus studieren, oder auch, wie der Berlinische Bürger es nennt, sich der Feder, d. i. dem Beruf eines Kopisten oder Kanzellisten widmen. Er ist dann wenigstens sicher, daß der Sohn die Höf-

*) Der gelehrte Herr Direktor Merian sagt in einem mir mitgetheilten handschriftlichen Aufsatz über die Umgangssprache: » In der Schweiz sind die Namen: Herr, Frau, Jungfrau wirkliche Ehrennamen, und Monsieur, Madame, Mademoiselle wird nur von Halbfranzosen und französirenden Gekken gebraucht. Ueber das Wort Jungfrau erröthet keine Alpenbewohnerinn. Auch diejenigen, die irgend eines Unglüksfalles wegen darüber zu erröthen Ursach hätten, lassen sich diese Nominaljungfrauschaft um so weniger mißfallen. Hingegen ist das Wort Mamsell äußerst verschrieen. Sie ist eine Mamsell bedeutet ungefähr eben so viel, als: sie hat aufgehört, eine Jungfer zu sein, ohne sich zu verheirathen. « — In Berlin ist es nicht ungewöhnlich, eine gefallene Jungfrau mit dem Prädikat Mademoiselle aufzubieten.

lichkeitszeichen de jure und allgemein erhält, die ihm selbst nur noch precär, und wenigstens nicht von allen zu Theil werden. Und eben darum giebt der einigermaßen wohlhabende Handwerksmann seinen Töchtern eine so modische und feine Erziehung, daß sie unmöglich wieder Frauen eines Handwerksmannes werden können, sondern in diejenigen Stände hinein zu heirathen, geschikt und begierig werden, in welchem sie das Prädikat Madame und die Anrede mit dem Pluralis nicht bloß, wie ihre Mütter, aus Höflichkeit erwarten, sondern als ein Recht fordern können. Daß dieses immer sichtbarer werdende Hinaufklettern der niedern Klassen den Wohlstand der leztern nicht vermehren könne, sondern daß zunehmende Verarmung eine unausbleibliche Folge davon sein müsse, ist, wie mich dünkt, sehr begreiflich. Daher kömmt es denn aber auch, daß der Handwerksstand in unserm Vaterlande nicht das ist und leistet, noch sein und leisten kann, was er in andern Ländern ist und leistet, wo kein durch die Sprache und den Sprachgebrauch begünstigter Schwindel der Titel- Prädikat und Rangsucht ihn bethört, und wo nicht, wie bei uns, der durch mechanische Geschiklichkeit und Betriebsamkeit erworbene Reichthum aus der Klasse des Handwerksstandes unmittelbar in vermeinte höhere Stände übergeht, sondern vielmehr ein Werkzeug wird, um dem mechanischen Gewerbe immer mehr Vollkommenheit und mehr Ausdehnung zu geben.

Aber leider sind in unserm Vaterlande die höhern Stände durch ihre eigene kleinliche Eitelkeit und Titelsucht daran Schuld, daß auch bei den niedern Ständen die Sucht, mit Wortflittern zu glänzen, immer mehr überhand nimmt. Keine Nation ist so titelsüchtig, und also natürlich auch keine so titelreich, als die deutsche, keine einzige so erfinderisch in neuen Prädikaten, als sie. Es ist daher dahin gekommen, daß man aus den Titeln der meisten bürgerlichen Beamten schlechterdings nicht mehr auf ihr eigentliches Geschäft mit Sicherheit schließen kann, indem manche Titel entweder gar nichts sagen, oder doch irgend ein anderes Amt ahnen lassen, als der so betitelte wirklich verwaltet, oder doch eigentlich die Benennung eines höhern Amts sind, als der damit bezeichnete wirklich bekleidet. Der Kopist heißt Geheimer Sekretär, (das heißt Geheimer Geheimschreiber), der expedirende Sekretär Kriegsrath oder Geheimer Rath, welches letztere Prädikat ursprünglich zur Bezeichnung der höchsten bürgerlichen Staatsbeamten oder der Minister diente, und noch zum Theil dient. Uebrigens herrscht in Oberdeutschland diese Titelsucht und dieses Bestreben, das eigentliche Amt durch den Titel eines höhern Amts zu maskiren, weit weniger, als in Niederdeutschland, und man kann dort viel eher als hier aus dem Titel auf das Geschäft schließen. Der Titel Amtmann, Schultheiß, Vogt, u. s. w. sind in Oberdeutschland noch immer sehr ehrenvolle Namen. Wie tief hingegen ist ihr Werth in Niederdeutschland gefallen! wo, z. B. Pachter und Amtmann gleichbedeutende Wörter geworden, obwol auch der Pachter nicht mehr Amtmann heißen mag, sondern, wenigstens seiner Frau zu Liebe, für die der Titel Frau Amtmannin gar zu einfach klingen würde, Amtsrath oder noch lieber Kriegsrath heißen muß. Denn in der That wird die deutsche Titelsucht noch lächerlicher durch die ungereimte und bei keiner einzigen Nation übliche Sitte, daß selbst die Weiber den wirklichen oder scheinbaren Amtstitel ihrer Männer führen, welche Sitte bei manchen Aemtern, die mit dem weiblichen Charakter gar zu auffallend kontrastiren, doppelt lächerlich ist, und bei manchen andern Aemtern den Redenden und noch mehr den Schreibenden in Verlegenheit setzt, weil er nicht weiß, wie er den Amtsnamen recht verweiblichen soll, welches z. B. bei den Amtsbenennungen, welche die lateinische Endung cus haben, der Fall ist; z. B. Syndikus, Leibmedikus, deren Frauen von manchen Frau Syndicinn und Leibmedicinn, von andern Frau Syndica und Leibmedica, von den meisten aber, allem Wohlklange zum Trotz, Frau Syndikussinn und Leibmedikussinn genannt werden.

Ist es bei diesem Haschen der mittlern und höhern Stände nach den Flittern glänzender und klingender Titel wol noch zu verwundern, daß diese Eitelkeit sich auch auf die niedern Klassen verpflanzt hat, und daß auch hier Männer und Weiber so gern mehr oder doch etwas anders scheinen wollen, als sie sind? Es ist wirklich der Mühe werth, auf die kirchlichen Proklamationen in dieser Hinsicht Acht zu geben. Das Bestreben bei dieser Gelegenheit sein Geschäft und Gewerbe in ein prunkvolles hochzeitliches Gewand zu kleiden, fällt hier häufig ins Lächerliche. Nicht nur läßt der Bediente eines vornehmen Mannes den ganzen Titel seiner Herrschaft mit proklamiren, so wie ein bei dem Königlich Preußischen General-Ober-Finanz-Krieges- und Domänendirektorium angestellter Stubenheizer nicht unterläßt, den langen Titel dieses wichtigen Kollegiums mit proklamiren zu lassen, sondern manche Bräutigame gehen auch recht absichtlich darauf aus, sich durch neue Benennungen ihres Gewerbes ein größeres Ansehn zu geben. Hier sind einige solcher Prädikate, die ich wörtlich aus den berlinischen Intelligenzblättern entlehnt habe. Daß jeder kleine Krämer sich einen Kaufmann nennt, war schon lange etwas sehr gewöhnliches, und da es ihnen vor kurzem in Berlin auf Beschwerde derer, die, wenn auch nicht in Hamburg und Lübek, wenigstens hier ein näheres Recht auf das Prädikat Kaufmann zu haben glauben, verboten worden, so lassen sie sich nun wenigstens als Kauf- und Handelsherren aufbieten. Jeder Arbeiter in einer Buchdrukkerei wird als Mitglied der edeln Buchdrukkerkunst aufgeboten. Die Schuster haben schon lange lieber Schuhmacher geheißen; itzt fangen sie an, sich Lederhändler zu nennen. Die Schneider nennen sich itzt sehr häufig Kleidermacher.*) — Die Höker heißen Viktualienhändler, die Trödler Möblörs oder Mobilienhändler, die Kürschner Rauchhändler, der Hexelschneider im königlichen Stall wird als königlicher

*) In Frankreich heißen die ehmaligen Tailleurs nunmehr Costumiers. Vermuthlich werden unsere deutschen Schneider bald auch so heißen.

Hofmarstall-Offiziant aufgeboten, der Anstreicher als Maler, der Kirchenknecht als Kirchendiener, der Brauer als Bier- und Essigfabrikant, der Schuhflikker als Schuh- und Stiefelreparierer, der Balgentreter als Kalkant; der Lumpensammler betitelt sich Gassenmusikant und Lumpensortierer, der Ratzenfänger endlich nennt sich in öffentlichen Zeitungen, wenn er, nicht etwa im Spaß, sondern ganz ernsthaft seine Dienste anbietet, Kammerjäger, so wie der Schweinschneider sich lieber den lateinischen Titel: Castrator beilegt.

Dieses Haschen der niedern Stände nach glänzenden Prädikaten ist eine unausbleibliche Folge von dem gleichartigen Bestreben der höhern Klassen, und dieses letztere ist wieder eine unausbleibliche Folge von der Geringschätzung, in die nach und nach das einfache Sie gefallen ist, dem man durch einen schallenden vorangesetzten Titel abzuhelfen sucht, und es gleichsam durch das Schellengeläut eines glänzenden Prädikats veredeln will*)

---

*) Das Wort Herr hat überhaupt viel von seinem Werth verloren. Ursprünglich ward es wie das lateinische Dominus nur dem Herrn vom Knecht, dem Regenten vom Unterthan gegeben. Vor dem vierzehnten Jahrhundert erhielt bloß der höhere Adel dies Prädikat, indeß alle Ritter nur Ehrn bekamen. Itzt ist es mit diesem Wort so weit gekommen, wie es schon zur Zeit des Seneka mit dem lateinischen Dominus, das selbst noch Augustus ablehnte, gekommen war. Obvios, sagt Seneka, Ep. 3. si nomen non succurrit, dominos vocamus. — In großen Städten heißt itzt selbst der Handwerksmann nicht mehr Meister, son-

Denn seitdem das einfache Sie von seinem Werthe verloren, hat man einen dreifachen Weg zur Ver-

---

dern Herr. Ja das Wort Herr, ohne allen Beisatz gegen einen Unbekannten gebraucht, enthält sogar einen geringschätzigen Nebenbegriff. Noch tiefer ist indessen das Wort Frau gesunken, viel mehr als das Verkleinerungswort Fräulein. Denn keine weibliche Person, die man ehren will, wird schlechthin Frau, oder mit bloßer Beisetzung des Namens angeredet. Das Wort muß gleichsam erst durch einen Vorsatz oder Nachsatz geadelt werden: z. B. gnädige Frau, oder Frau Geheime Räthinn, Frau von .... Aber die Frau des geringsten Beamten würde sich gekränkt fühlen, wenn von ihr oder zu ihr bloß durch Frau N. N. gesprochen würde. Das Wort Jungfrau ist aber sogar noch tiefer gesunken, da es weder durch ein Präfixum noch Suffixum geadelt werden kann. Daß indessen das Wort Frau viel tiefer gesunken, als das Wort Herr, erhellt auch schon daraus, daß sein französisches Surrogat Madame einen höhern Werth erhalten, dagegen das ebenfalls französische Surrogat Monsieur einen viel geringern Werth als Herr hat, indem nur der junge Mensch, den man noch nicht Herr nennen will, das französische Prädikat erhält. Es scheint indessen gerade itzt der beste Zeitpunkt zu sein, alle diese französischen Formen, Monsieur, Madame und Mademoiselle, aus unserer Sprache zu verbannen, so wie sie bereits zum Theil aus Frankreich selbst ausgewandert sind. Vor einiger Zeit las man in den Zeitungen, daß man in Wien aus Haß gegen die itzigen Franzosen beschlossen habe, die Wörter Monsieur und Mademoiselle im Deutschen nicht mehr zu gebrauchen. Es ist wirklich zu wünschen, daß dieser Entschluß ausgeführt und überall nachgeahmt werden möge, und ich denke hierin wie

feinerung der Anrede eingeschlagen. Der eine davon ist bloß im Sprechen gebräuchlich, der andere bloß im Schreiben, der dritte mit gewissen Modifikationen sowol im Sprechen als Schreiben.

Der erste Weg ist die eben erwähnte Methode, da man statt des Sie den wirklichen oder scheinbaren Amtstitel gebraucht, und also statt: Sie wissen es, sagt: der Herr Hofrath wissen es, der Herr Geheime Rath u. s. w. wissen es. Die Unnatürlichkeit mit dem Singular des Subjekts: der Herr, die Frau, dennoch nicht den Singular des Verbums, sondern den Plural zu verbinden, fällt bei der einmal überhand genommenen Gewöhnlichkeit dieser Form keinem mehr auf. Man hat also die Anrede noch unnatürlicher gemacht, da man aus der dritten Person des Singulars und aus der dritten Person des Plurals eine neue Höflichkeitsform zusammen geschmolzen; indem der Herr wissen es in der That doch eben so viel ist, als wenn ich sagte: Er wissen es. Man

---

der berühmte Verfasser der Geschichte eines dikken Mannes, der bei Gelegenheit seiner Jungfer Emerentia (Th. 1. S. 129.) dieses in Wien genommenen Beschlusses mit dem Zusatze erwähnt: »Ungeachtet wir nicht eben einsehen können, daß den Unbehoseten durch die Verbannung des Monsieur und Madame sonderlicher Einhalt gethan werden sollte, so haben wir doch deswegen nicht weniger Respekt vor Abschaffung kleiner Thorheiten, wenn sie auch erst aus großen Uebeln hätten entstehen müssen, und wollen uns hierin an die Wienerschen Patrioten anschließen.«

hat die Höflichkeit sogar so weit getrieben, daß man diese Form nicht bloß zu dem angeredeten, sondern auch von dem abwesenden gebraucht, vornehmlich wenn man zu einem Verwandten oder Angehörigen desselben spricht. Man scheint es nun einmal Trotz der Grammatik für höflicher zu halten, auch von der abwesenden Frau Hofräthinn, zumal wenn man zu ihrem Manne spricht, zu sagen: die Frau Hofräthinn haben mir gesagt, als, die Frau Hofräthinn hat mir gesagt, und wer zur Konversation nicht zugleich das Auge gebrauchen kann oder will, wird daher öfters in Gesellschaften ungewis sein, ob von oder zu einer Person gesprochen wird. Vernünftiger Weise sollten die Amtstitel nur bei Ausübung der Amtsverrichtungen gebraucht werden: aber unsre Umgangssprache wird eben dadurch unendlich steif, daß diese Amtstitel unaufhörlich statt des einfachen Sie bald im männlichen, bald im weiblichen Geschlecht uns die Ohren betäuben. Wenn nun obenein der Amtstitel länger ist, als andere Titel der Art sind, z. B. die achtsylbigen Titel: Generalsuperintendent, Oberkonsistorialrath u. s. w., so ist das Uebel desto ärger. Selbst die holländische Sprache hat diesen schwerfälligen Gang ihrer Mutter, der deutschen Sprache, nicht angenommen. Die vornehmsten Personen der niederländischen Republik führen die Prädikate ihrer Aemter nur bei der Ausübung derselben und in ihren Rathsversammlungen, dagegen sie im Umgange gleich andern mit dem einfachen Mynheer, so wie ihre Frauen und Töchter mit Mevrouw und Mejuffrouw begrüßt werden.

Die zweite itzt nur allein im Schreiben gebräuchliche Form statt des zu gemein gewordenen Sie ist der Gebrauch eines noch unbestimmtern und zugleich schwerfälligen, eben darum aber auch für höflicher gehaltenen Pronomens der dritten Person, wodurch der anredende sich gleichsam noch tiefer in eine ehrerbietige Entfernung zurükzieht. Ich meine den Gebrauch der Fürwörter Derselbe und Dieselben. Denn der doch immer etwas minder unnatürliche Singular Derselbe *) konnte sich nicht behaupten, sondern mußte dem unnatürlichen Plural Dieselben Platz machen. Diese Form war zwar auch sonst im Sprechen üblich; indessen ist sie aus der mündlichen Konversationssprache, wenigstens in den meisten Gegenden Deutschlands, verbannt, vielleicht, weil man

*) Das Pronomen Derselbe ward eigentlich noch früher gebraucht als Sie. Schon im siebzehnten Jahrhunderte redete man jemanden, den man ehren wollte, mit Derselbe an. Noch im Anfange des 18ten Jahrhunderts war diese Form üblich, und der Sprachgebrauch schwankte noch eine Weile zwischen Derselbe und Sie, und dem statt des letztern gebrauchten Dieselben. So stehen z. B. noch in Talanders Handbuch auserlesener Sendschreiben (Leipzig 1702,) Briefe, mit Derselbe und Sie und Dieselben unter einander. Aber in Menantes auserlesenen Briefen, (Halle 1717,) und deren Fortsetzung von Neukirch, (Halle 1728,) findet man die Anrede mit dem Singular gar nicht mehr, sondern überall Sie und Dieselben.

diese Form doch gar zu steif, unnatürlich und schleppend für den mündlichen Umgang, vielleicht aber auch, weil man eine noch unnatürlichere Form gefunden hat. Ist indessen gleich jene schleppende Form aus der mündlichen Konversationssprache verdrängt, so verunstaltet und lähmt sie doch desto häufiger unsere schriftliche Unterhaltungs- und Geschäftssprache, wo sie zwar auch nicht die einzige Form ist, aber doch zur angenehmen und zierlichen Abwechselung mit der noch unnatürlichern Form der Anrede in abstracto gebraucht wird. Man hat sich aber auch nicht einmal mit der bloßen Form Dieselben begnügt, sondern man hat, um auf der Leiter der Höflichkeitssprache immer noch eine Sprosse höher zu klimmen, auch dieser Form noch neue Zierrathen durch die Präfixa Hoch, Höchst und Allerhöchst zugesetzt, so daß wir nunmehr für die schriftliche Höflichkeit folgende Stuffenleiter haben: Du, Ihr, Er, Sie, Dieselben, Hochdieselben, Höchstdieselben, Allerhöchstdieselben. Aber sogar an dieser steifen Form der Anrede hat die Höflichkeit noch weiter, selbst der Grammatik zum Trotz, gekünstelt, um, wo möglich, eine noch respektvollere Form herauszuschnitzeln, und so halten es denn viele für anständiger und ehrerbietiger, mit einem Sprachfehler statt Denselben (im Dativ) Denenselben und statt Derselben (im Genitiv) Deroselben und Dero zu schreiben, so wie aus gleichem Grunde Ihro statt Ihrer gesprochen wird *).

*) Im siebenjährigen Kriege entstand in der Staatsspra-

Die dritte sowol im Schreiben als Sprechen an die Stelle des Sie getretene Form ist die eben erwähnte Sitte, den konkreten Menschen als ein Abstraktum zu betrachten, und nicht ihn selbst, sondern seine Würde und seine Eigenschaften anzureden, wäre es auch allenfalls eine Weisheit, die man ihm erst durch die Anrede (Ew. Weisheit, Wohlweisheit, Hochweisheit, bekanntlich reichsstädtische Titel) leiht. Ja sogar die Zufälligkeiten des konkreten Subjekts, und vornehmlich die zufälligste aller Zufälligkeiten, die Geburt, wird statt der Person selbst angeredet, obgleich am Ende bei dem itzigen Gebrauch der Titel Wohlgeboren und Hochedelgeboren gar nicht mehr auf die Geburt, sondern bloß auf den auch ohne Wohlgeburt und Hochedelgeburt erlangten Stand gesehen wird.

Diese Form der Anrede ist indessen nicht die neueste, sondern sie ist an sich selbst sehr alt. Wir finden sie schon im Alterthum. Schon die Kaiser der ersten Jahrhunderte werden von den spätern lateinischen Autoren mit Serenitas, Tranquillitas, Mansuetudo Tua angeredet. Diese Form ward also ursprünglich für die höchste Landesobrigkeit, für den Regenten selbst, bestimmt. Aber im Mittelalter ward diese Form auch überhaupt auf die höhere Klasse ausgedehnt, und dies nicht bloß bei der deutschen Nation, sondern

---

che die seltsame, noch itzt öfters vorkommende Mode, das Ihro statt aller Fallendungen zu gebrauchen. Z. B. Es mußte Ihro sehr empfindlich sein.

überhaupt bei allen Nationen, wo das Feudalsystem Wurzel schlug; nur daß eine Nation mehr, eine andre weniger, diese Form einführte, und sie mehr oder weniger gemein werden ließ. Die französische, englische, portugiesische, spanische, italiänische Sprache kennen und brauchen diese Form. Letztere ist in Ansehung ihrer gar so weit gegangen, daß sie das Abstraktum verschweigt, und es sich bloß denkt, und daher selbst den Mann durch eine weibliche Form (Ella) anzureden scheint. Am weitesten haben jedoch die Deutschen diese Form der Anrede getrieben, indem keine einzige Nation so viel Abwechselungen und Modifikationen nach Stand und Würden darin angebracht hat. Man erinnere sich nur an die lange Litanei dieser Höflichkeitsform, so fern sie sich auf Geburt bezieht, oder zu beziehen scheint. Welche Kluft von der Anrede: Ew. Edlen bis zu der Ew. Hochgeboren, eine Kluft, die durch acht Abstrakta Ew. Wohledlen, Hochwohledlen, Hochedlen, Wohledelgeboren, Hochwohledelgeboren, Hochedelgeboren, Wohlgeboren, Hochwohlgeboren ausgefüllt wird, wiewol die untersten Sprossen dieser Stuffenleiter durch die Zeit schon zu morsch geworden sind, als daß sie noch viel gebraucht werden könnten, indem die Besitzer der untern Stuffen sich immer allmälig eine Stuffe höher hinaufgedrängt haben, so daß itzt nur noch die vier obersten Sprossen im Gebrauch sind, obwol der Werth und Sinn von ihnen allen um einige Grade tiefer gesunken ist. Denn so war z. B. das gräfliche Prädikat Hochgeboren ursprünglich ein fürstlicher Titel. Dies zu sein hörte es erst in der zweiten Hälfte des siebzehnten Jahrhunderts auf, und selbst noch damals sahen sich verschiedene deutsche Reichsfürsten genöthigt, ihren Unterthanen den Gebrauch des Prädikats Hochgeboren gegen ihre Person förmlich zu verbieten. Nun fiel dieser Titel den gräflichen Familien anheim, und itzt wird er bekanntlich außer den Grafen auch schon größtentheils den Freiherrn gegeben. Das itzt ganz gemein gewordene Prädikat Hochedelgeboren war auch noch in der zweiten Hälfte des siebzehnten Jahrhunderts ein Prädikat des Adels. Eben so ist der Kurs bei der geistlichen Titulatur nach und nach gesunken. Von dem Würdigen bis zum Hochwürdigsten Herrn, welche Kluft! Zwischen jenen beiden Extremen lagen sonst die Mittelstuffen Ew. Ehrwürden, Ew. Wohlerwürden, Hochwohlehrwürden, Hochehrwürden, Hochwürden. Aber freilich hat auch hier die zunehmende Höflichkeit die untern Sprossen abgebrochen, und die, welche sonst darauf standen, eine oder gar mehrere Stuffen hinaufgerükt. Es ist ein Glük für die Umgangssprache, daß wenigstens der größte Theil von diesen Formen der Anrede durch das Abstraktum der Geborenheit oder Würdigkeit im mündlichen Gespräch nicht mehr gebräuchlich ist, und daß auch von den im Schreiben üblichen vielen Formen der Art nur wenige sich im Sprechen behauptet haben. Vielleicht darf man daher hoffen, daß sie sich auch im Schreiben nicht immer und nicht alle behaupten werden. Bemerkenswerth ist übrigens die Seltsamkeit, daß, wo diese Form sowol im Sprechen als im Schreiben üblich ist, sie dennoch im Sprechen anders modifizirt wird, als im Schreiben. Wir sprechen Ihro Gnaden, Ihro Excellenz, und schreiben doch Ew. Gnaden, Ew. Excellenz. Sollte dies nicht ein Beweis sein, daß ein dunkles Gefühl in der Form Ihr mit seinen Zweigen Euer u. s. w. nicht nur mehr Natur, sondern auch mehr Würde gefunden hat, als in der Form Sie? weil die Observanz dem Sprecher das Sie erlaubt, dem Schreibenden hingegen, von dem man mit Recht noch mehr Würde und Höflichkeit als von dem Sprechenden erwartet, das Euer zur Pflicht macht. — —

Und nun das Resultat von allen diesen Bemerkungen? — Es ist freilich leider kein anderes, als daß die deutsche Sprache nicht eben höflicher, aber gewis in ihrer Höflichkeit steifer, pünktlicher, ängstlicher und überhaupt ceremoniöser als irgend eine andere Sprache ist. Wer fühlt es nicht, daß alle diese ängstlichen Formen der Höflichkeit, zwischen denen man dennoch, Troz allen Formularbüchern, und Troz allem sogar im deutschen Staatsrecht durch Reichstagsschlüsse und kaiserliche Wahlkapitulationen festgesetzten Kanzelleiceremoniell, nur zu oft einen Fehlgriff zu thun Gefahr läuft, unserm gesellschaftlichen Ton ein ängstliches Wesen geben, und daß auch hierin der Grund von dem unsrer Muttersprache im Vergleich mit andern häufig und nicht mit Unrecht vorgeworfenen Mangel der Konversationssprache mit zu suchen ist. Das Uebel ist indessen nicht unheilbar. Nur wäre es Thorheit, plözlich und auf einmal diese Fesseln der Sprache zerbrechen zu wollen. Die Arzenei liegt in dem Uebel selbst, und man kann ihre Wirkung ruhig und sicher von der Hand der Zeit erwarten. Unsere Sprache hat alle möglichen Formen der Höflichkeit in der Anrede erschöpft, und es läßt sich durchaus keine neue mehr denken. Es wird also auch hier gehen, wie es bei allen Moden geht. Wenn die Erfindungskraft sich erschöpft hat, so wird, um nur etwas neues zu haben, eine alte vergessene Mode wieder hervorgesucht, und wirklich bemerkt man schon itzt ein allmäliges Zurükschreiten von dem erreichten Nonplusultra der Höflichkeitsformen. Man erlaubt sich schon öfter als vor zwanzig Jahren, wo dies noch für eine unverzeihliche Grobheit gegolten hätte, auch in Briefen und Anreden an vornehmere, ja an die höchsten Personen, statt des Abstraktums Ew. oder Dieselben, Dero und Denselben mit seinen Anhängseln, das einfachere Sie und Ihnen, zur Abwechselung. Eben so erlaubt man sich itzt schon öfters im mündlichen Gespräch die Weglassung des Amtstitels, wenn gleich nur noch vornehmlich alsdann, wenn von einem Mann die Rede ist. Die Sitte, daß selbst Eheleute in den höhern Klassen, statt des zutraulichen, herzlichen und die Herzen gegenseitig nähernden Du sich der kalten, entfernenden, zurükstoßenden Form des Sie bedienen, leidet in unserm Zeitalter selbst bei den höchsten Ständen schon immer mehrere Ausnahmen. Warum sollten wir also nicht hoffen dürfen, daß so allmälig immer mehr unsere Sprache sich von einigen dieser Fesseln, die ihren Gang schwerfällig und hinkend machen, loswinden, und in das Geleise der Natur und Simplicität stuffenweis zurükkehren werde? Ob es darum zu wünschen sein dürfte, daß unsere Sprache alle übrigen Formen der Anrede ausstoßen, und sich, wie das Neufranzösische, bloß auf das Du einschränken möchte, ist eine andere Frage, die ich wenigstens nicht bejahen mag. Vielmehr halte ich es für vortheilhaft, wenn eine Sprache mehrere Formen der Anrede hat; nur muß sie deren nicht so viele haben, als bisher die deutsche hatte. Freilich scheint man bis itzt geglaubt zu haben, daß die Zahl dieser Formen sich nach der Zahl der Verhältnisse im bürgerlichen Leben, oder gar nach der Zahl der Stände, gleichsam wie bei dem Indischen Kastensystem, richten müsse. Wenn dies der ursprüngliche Zwek von der Mehrheit der Formen wäre, so würden wir im Deutschen bei allem unserm Reichthum dennoch dieser Formen noch immer zu wenige haben, und dieser Zwek würde am Ende dennoch durch das unausbleibliche Hinaufdrängen der niedern Klassen in die Prädikate der höhern vereitelt. Ich glaube vielmehr, daß die Mehrheit dieser Formen weniger zur Bezeichnung der zu vielfachen bürgerlichen Verhältnisse, als vielmehr zur genauern Bezeichnung des weniger mannichfaltigen Gemüthszustandes, worin sich der Redende gegen den Angeredeten befindet, bestimmt war, oder doch bestimmt sein sollte. Ich glaube daher, daß es vortheilhaft für eine Sprache ist, wenn sie wenigstens zwei solcher Formen hat; die eine als Sprache des Herzens, die andere als Sprache des Verstandes; die eine als Sprache der — sei es freundschaftlichen oder feindlichen — Annäherung, die andere als Sprache der Entfernung und Zurükhaltung; die eine als Ausdruk der Empfindung, die andere als Ausdruk der Ueberlegung; die eine als Resultat der Leidenschaft, die andre als Ausdruk der kältern vom Verstande vorgeschriebenen Höflichkeit.

In der That hat noch bis itzt bei aller Herabwürdigung unser Du alle Eigenschaften der ersten Form, und es ist ein wahres Glük, daß unsere Sprache die Form des Du nicht gänzlich ausgestoßen hat, wie ihre Tochter, die Holländische, die diese Form ursprünglich hatte, aber sie so gänzlich verlohren hat, daß sie nun sogar Hund und Pferd und jedes Thier mit der zweiten Person des Plurals (gy ihr) anredet obwol sie mehrere Personen nicht durch das einfache gy, sondern durch gy lieden (ihr Leute) anzureden pflegt. Dieses Monopol der gy in der holländischen Sprache scheint mir ein Beweis zu sein, daß schon damals, als sie sich zu bilden begann, die Form des Du in der deutschen Sprache herabgewürdigt war, weil sie sonst unfehlbar aus dem Deutschen ins Holländische übergegangen sein, und sich darin erhalten haben würde. Wie dem auch sei, es ist ein Glük für die deutsche Sprache, daß nicht auch sie das Du hat untergehen lassen. Es ist herabgewürdigt, aber es kann sehr leicht veredelt werden, oder vielmehr, es ist noch itzt nicht unedel. Es ist die Sprache der Freundschaft, der Liebe, der Zärtlichkeit, des Zornes, der Bewunderung, der Anbetung, mit einem Worte, unser Du ist noch itzt Sprache des Herzens und der Leidenschaft. Daher kömmt es eben, daß wir diejenigen Personen, die unserm Herzen am nächsten sind, Weib und Kind, und den enger verbundenen Freund, vornehmlich den Freund unserer noch nicht ängstlich wählenden, sondern leidenschaftlich zugreifenden Jugendjahre mit Du begrüßen; daher kömmt es, daß unsre Redner und Dichter in ihrer Begeisterung die höchsten Personen, selbst Könige und Fürsten, würdiger mit diesem Du als mit jeder andern Form anreden; daher kömmt es, daß wenn wir personifizirte Abstrakta und die Geister der Verstorbenen anreden, wir jene andere Form der Anrede lächerlich finden würden. Wer würde z. B., wenn er als Redner den Geist des großen Königs, dessen Andenken wir heute*) feiern, oder wenn er die Tugend oder irgend ein anderes Abstraktum anredete, eine andere Form als das Du dazu wählen? Ja wer würde es wagen, die Gottheit im Deutschen anders als mit Du anzureden? — Nur allein im Französischen beteten sonst die katholischen Christen durch Vous, die protestantischen hingegen immer durch Tu, obwohl doch vor etwa dreißig Jahren selbst in Geneve ein theologisch grammatischer Streit entstand, ob man in einer neuen Bibelübersetzung bei dem Vaterunser das Vous oder Tu gebrauchen wollte, welches letztere doch zur Ehre des guten Geschmaks den Vorzug behielt.

So wie indessen das Du das Gepräge der Sprache des Herzens und der Leidenschaft hat, so hat unser Sie das Gepräge der Sprache des Verstandes und der Ueberlegung. Und so könnten wir mit diesen

*) Die Akademie hält noch itzt immer eine öffentliche Sitzung zur Feier des Geburtstags des großen Königs.

beiden Formen alle Zwekke erreichen, die durch die Mehrheit der Formen erreicht werden können und müssen. Vielleicht daß selbst das Sie noch einmal von dem unstreitig natürlichern Ihr wieder verdrängt wird. Wenigstens hat das Ihr, ob es gleich in der Hierarchie der Höflichkeit um eine Stufe tiefer als das Er steht, dennoch unendlich mehr Würde, und kann weit leichter veredelt werden, als das unwiederbringlich verlorne Er, daß auf keinem Schmelztiegel mehr geläutert und verfeinert werden kann. Aber möchte es immerhin ganz in Rauch verfliegen; die Sprache verliert nichts. Sie würde, auch wenn sie weiter keine Formen der Anrede als das Du und Ihr hätte, durch diese beiden Formen jede mögliche Empfindung, jedes mögliche psychologische Verhältnis des Redenden zu dem Angeredeten auszudrükken im Stande sein.

Sprache Germaniens, du bist reich und stark, und in deinem Schooße schlummert noch so mancher unentwikkelte Keim, der vielleicht nur einen günstigen Zufall erwartet, um sich zu entwikkeln und schön empor zu reifen. Söhne Germaniens, seid stolz auf eure Sprache und laßt euch nicht durch ihre wirklichen oder nur scheinbaren Mängel zu einer ungerechten Verachtung derselben verleiten. Sagt nicht zu eurer Entschuldigung, daß selbst der unsterbliche Friedrich sie verschmähte und gering schätzte. Als Friedrich zuerst an unserm Horizont erschien, war die deutsche Sprache nicht, was sie ist. Sie lag und lallte gleichsam noch in der Wiege; sie war damals ein zu enges kleinliches Gewand für seinen Riesengeist, und ihre damaligen Schriftsteller konnten seiner von Natur mit dem Gefühl des Großen und Schönen durchdrungenen Seele nicht befriedigende Nahrung gewähren. Aber sollte es bloßer Zufall sein, daß gerade in dem halben Jahrhundert, während dessen er, gleich der belebenden Sonne, sein Zeitalter erleuchtete und alle schlafenden Kräfte wekte, auch die deutsche Sprache aus ihrem Schlummer erwachte, und mit einer fast unbegreiflichen Schwungkraft dem Ziele der ihr möglichen Vollkommenheit entgegen flog? Oder war nicht auch dies vielleicht ein wohlthätiger Ausfluß seines Geistes, von dem er selbst nichts wußte, nichts ahnete? Vielleicht war gerade seine Geringschätzung der deutschen Sprache mit eine Triebfeder zu ihrer Ausbildung. Und welcher Deutsche wird es vergessen, daß er als Greis noch zu ahnen begann, daß er, der Gerechte, doch vielleicht gegen die deutsche Sprache nicht gerecht gewesen war? Nein, nie werden es Zeitgenossen und Nachwelt vergessen, daß er im späten Alter noch es für keine Entehrung jener Feder, welche die Geschichte seiner Zeit für die Ewigkeit geschrieben, hielt, sich selbst zu grammatischen Untersuchungen über die deutsche Sprache herabzulassen. Nein, die gerechte Nachwelt wird auch, wenn sie in ihm den König und den Grammatiker unterscheidet, dennoch nie diesen Zug der letzten Jahre seines glorreichen Lebens vergessen, so wenig sie je es vergessen wird, daß einer der ersten aufmunternden Blikke seines Nachfolgers die deutsche Sprache, deutsche Dichtkunst und deutsche Gelehrsamkeit traf.

V.

Wenn sind deutsche Inschriften den lateinischen vorzuziehen?

Eine Vorlesung in der Königlichen Akademie der Künste bei der öffentlichen Sitzung zur Feier des Geburtstages König Friedrich Wilhelms II. am 25ten Sept. 1796.

Es ist ein alter und bekannter Streit, ob bei den Denkmälern der bildenden Künste, besonders der Bildhauerei, ein anderes Kostum als das antike zulässig sei. Die Berlinischen Künstler selbst waren vor einigen Jahren nicht einig, ob der große König in antiker Tracht, oder in neuerm, nur nach dem Ideal der Kunst verschönertem, Kostum abgebildet werden müsse. Unser Wilhelmsplatz, mit seinen Statuen, befriedigt beide Parteien, und wenn man aus dem Beifall, den die zuletzt dort aufgestellten Bildsäulen *) erhalten haben, mit Sicherheit schließen kann, so scheint bei weitem der größere Theil des Publikums sich für das neuere Kostum entschieden zu haben, und seine Helden lieber in neuerer Tracht ähnlich und kenntlich, als durch das, wenn gleich schönere, antike Kostum verlarvt und eben dadurch unkenntlich sehen zu wollen.

*) Die Generale Seidliz und Zieten.

Ein ähnlicher oder vielmehr ein genau damit zusammenhängender Streit ist schon lange über die Frage geführt worden: ob Aufschriften und Inschriften auf den Werken der Architektur und der bildenden Künste in lateinischer oder in der Nationalsprache abgefaßt werden müssen? Als vor mehr als hundert Jahren in Frankreich in jener berühmten Periode, wo Ludwig XIV. von Gelehrten und Künstlern in die Wette vergöttert wurde, eine eigne Academie des Inscriptions errichtet wurde, deren erste und ursprüngliche Bestimmung die war, Aufschriften für die unzähligen Denkmäler der Baukunst und der Bildnerei zu erfinden, mit welchen damals die Hauptstadt und die Provinzen Frankreichs angefüllt wurden: so ward schon damals mit vieler Lebhaftigkeit darüber gestritten, ob man zu diesen Inschriften bloß die lateinische Sprache gebrauchen könne und müsse, oder ob es nicht zwekmäßiger, selbst zur Vergötterung des damals selbst in seinen Dragonaden bewunderten Hugenotten-Bekehrers beförderlicher sei, die französische Sprache zum Organ des Ruhms zu machen. Die lateinische Sprache behielt den Preis, obwol die Inschriften der Academie des Inscriptions nur selten Muster einer guten Latinität, noch weniger Muster eines guten Lapidarstils waren, und obwol man, als keine Siege mehr zu prahlenden Denkmälern Anlaß gaben, als vielmehr unter blutigen Niederlagen die theuer erkauften Lorbeern Ludwigs zu welken begannen, der nunmehr unnöthigen Academie des Inscriptions eine andere Richtung gab, indem man ihr den ganzen Kreis der humanistischen Wissenschaften eröffnete. Auch hat im Ganzen genommen die lateinische Sprache sich fast überall in ihrem Besitz behauptet. Nur erst in neuern Zeiten hat man beinahe mit einer ängstlichen Schüchternheit Eingriffe in diese verjährten Rechte zu machen versucht. Vielleicht ist es der Feier dieses Tages nnd dieser Versammlung nicht unangemessen, auf die Beurtheilung jenes Streits einige Augenblikke zu verwenden.

»Die lateinische Sprache,« kann man sagen, ist doch nun einmal im Besitz. Warum wollte man sie verdrängen, da man doch nicht läugnen kann, daß sie durch ihre Würde, durch ihre Simplicität, durch ihre Kürze und selbst durch die ehrwürdige Miene des Alterthums vorzüglich geschikt zu Inschriften ist, deren wesentliches Erforderniß Kürze, edle Simplicität und Würde ist. Sie ist die allgemeine Sprache der Wissenschaften. Sie ist das Organ, mit welchem wir zu allen gebildeten Nationen, zu allen Jahrhunderten sprechen. Eine Inschrift in der Nationalsprache ist häufig auch dem gebildeten Ausländer unverständlich, sie wird es selbst dem Einländer nach einigen Jahrhunderten. Denn nur die todte Sprache ist einmal fixirt und vor jeder Veränderung sicher. Aber eine lebende Sprache ist unausbleiblich der Veränderung ausgesetzt. Ueberdies ist es nicht möglich in einer neuern Sprache die Gedrängtheit und Kürze der lateinischen zu erreichen. Das Geschleppe der Artikel, der Personenwörter, der Hülfswörter, die geringe Anzahl der Participien, die engen Fesseln der Konstruktion in allen neuern Sprachen — dies und so manche andre Eigenheiten, durch die sich die neuern Sprachen zu ihrem Nachtheil von der lateinischen unterscheiden, geben der leztern einen unverkennbaren Vorzug bei Inschriften, deren Wesen die kürzeste, reinste, freieste Darstellung eines einfachen edlen Gedankens erfordert, der in dem gothischen Gewande der neuern Sprache oft verhüllt, oft erdrükt wird.«

So ohngefähr sprechen die Vertheidiger des römischen Kostums der Inschriften, und es ist nicht zu leugnen, daß in dieser Vertheidigung viel Wahres liegt. Aber es läßt sich auch umgekehrt sehr vieles zu Gunsten der neuern Sprachen, besonders der unsrigen, auf die ich mich hier absichtlich einschränke, sagen.

Unmöglich kann das Alterthum allein entscheiden. Sonst müßte die griechische Sprache der lateinischen noch vorgezogen werden. Sie hat in so mancher andern Rüksicht entschiedene Vorzüge vor ihr. Sie übertrift sie an Kürze, an Wohlklang, an Bestimmtheit, lauter Eigenschaften, die auf die Vollkommenheit einer Inschrift großen Einfluß haben. Auffallend ist es, daß die Römer zu ihren Inschriften nicht selbst die griechische Sprache wählten, deren Kenntnis doch zur Zeit der Kultur Roms allgemein verbreitet war, wenigstens in weit höherm Grade, als es izt bei uns die lateinische Sprache ist. Die griechische Sprache war in Rom ohngefehr eben das, was izt in Deutschland

land die französische Sprache ist. Die Kenntnis derselben war ein wesentliches Stük der feinern Erziehung. Und dennoch brauchten die Römer in der Regel zu ihren Inschriften auf Gebäuden und Münzen nicht die so allgemein bekannte, nicht die offenbar vollkommnere Sprache, sondern ihre eigne Nationalsprache. Und warum? Unstreitig darum, weil sie es ihrer selbst unwürdig, und überhaupt zwekwidrig fanden, in Denkmälern, die nicht bloß für die Gelehrten, nicht bloß für die feinere Klasse der Nation, sondern für das gesammte Volk bestimmt waren, eine andre Sprache zu brauchen, als ihre eigne. Und gerade dies ist der Grund, der auch uns bewegen sollte, dem Beispiel der Römer zu folgen. Und wir folgen diesem Beispiel, nicht durch den Gebrauch der lateinischen Sprache in unsern Inschriften, sondern vielmehr durch Nachahmung ihrer Achtung für unsre eigne Sprache, durch das Zutrauen zu ihrer Würde und Kraft. Wir haben in der That viel mehr Grund, uns in unsern Inschriften einer todten Sprache zu enthalten, als die Römer hatten, einer damals lebenden und allgemein unter den gesitteten Ständen verbreiteten Sprache bei öffentlichen Denkmälern zu entsagen.

»Aber die Inschriften unsrer Denkmäler werden dann dem Ausländer unverständlich?« Sind denn unsre Denkmäler für den Ausländer bestimmt? Oder kann die kleine Zahl der reisenden Ausländer, für welche die Inschriften unsrer Denkmäler einen Reiz haben können, und die doch wahrlich auch nicht alle mit der lateinischen Sprache hinlänglich bekannt sind, wohl gegen die große Zahl der Landeseinwohner in Betrachtung kommen? Und für diese sind doch eigentlich alle Denkmäler bestimmt; auf ihren Verstand, auf ihre Einbildungskraft, auf ihr Gedächtnis, auf ihren Charakter, soll durch unsre Denkmäler gewirkt werden. Es ist freilich nicht zu verwundern, daß der große Hause unsers Volks so wenig Sinn für die Denkmäler der Kunst hat, da wir es fast in jeder Rüksicht darauf anzulegen scheinen, ihnen die Werke der Kunst unzugänglich und unverständlich zu machen. Selbst unter den gebildeten Klassen sind immer eine Menge Menschen, die eine lateinische Inschrift nicht achten, weil sie sie nicht verstehen, und eben darum die ihnen unverständliche Inschrift gewissermaßen als eine Warnungstafel betrachten, sich nicht um die nähere Kenntnis und Beurtheilung des mit ihr versehenen Denkmals zu bekümmern. Und häufig liegt bei denen, die nur lateinische Inschriften ihrer Aufmerksamkeit werth halten, die deutschen hingegen verachten, vielleicht ohne daß sie sich selbst dessen bewußt sind, eine Art von Eitelkeit im Hinterhalt. Sollten wir nicht in der That durch die lateinischen Inschriften oder durch die Vertheidigung derselben zuweilen bloß uusre Bekanntschaft mit den alten Sprachen zur Schau tragen, oder uns vor dem großen Haufen unsrer Landsleute gleichsam auszeichnen wollen?

»Aber die deutschen Inschriften werden bald der Nachwelt unverständlich werden, weil die Sprache sich immer ändert.« Allerdings ist jede lebende Sprache nie ganz fixirt. Doch wenn sie einmal bis zu einem solchen Grade verfeinert, bereichert und überhaupt gebildet ist, wie wir es gegenwärtig von unsrer Muttersprache behaupten können, so sind die Veränderungen nicht so beträchtlich, daß selbst nach Jahrhunderten eine Inschrift, die gerade sich durch die Wahl des einfachsten Ausdruks auszeichnen muß, unverständlich werden sollte. Zuverläßig würden noch itzt deutsche Inschriften aus dem 15ten und 16ten Jahrhundert jedem Deutschen verständlich sein, ohngeachtet gerade seit dieser Periode die deutsche Sprache fast ganz umgeschmelzt worden.

Wahr ist es übrigens, daß bis itzt gegen hundert gute lateinische Inschriften kaum eine einzige zwekmäßige deutsche aufgewiesen werden kann. Es fehlt allerdings auch in Berlin, wenigstens auf seinen Kirchhöfen nicht an deutschen Inschriften. Aber wer es je der Mühe werth gehalten hat, sie einiger Aufmerksamkeit zu würdigen, der weiß, wie ungereimt, geschmaklos und sogar sprachwidrig die meisten sind. Und dieser Vorwurf trift nicht etwa bloß jene hölzernen Monumente, die irgend ein gutmüthiger Ehemann seinem verstorbenen Weibe, oder ein eitler Vater seinem zweijährigen Kinde errichtet, und die der nächste Winter zerstört. Selbst die Inschriften mancher Häuser, ja selbst mancher öffentlichen Gebäude sind Denkmäler der Geschmaklosigkeit oder Unwissenheit. Wenn über einer unsrer hiesigen Kasernen noch vor Kurzem die Inschrift stand: Vor das : : : : Regiment Seine Beweibte — wenn über einem andern gar nicht zu religiösem Gebrauch bestimmten Hause die Inschrift steht: »drei Wesen in einem Gott, glaube mir, es ist kein Spott« — oder über einem andern:

Durch den Adler stell ich hier
Gottes Schutz und Beistand für,
Er wirds ferner also machen,
Ihm befehl ich meine Sachen —

Wer würde da nicht auf einen Augenblik vergessen, daß er sich in Berlin, in diesem Sitze des guten Geschmaks, befände? — Freilich sind auch unsere lateinischen Inschriften nicht immer musterhaft. Sie gefallen uns oft nur, weil sie lateinisch sind, wir dürfen sie aber nur ins Deutsche wörtlich übersetzen, um das unbestimmte, zweideutige, halbwahre in ihrem Ausdruke zu fühlen. Die Aufschrift unsers Schauspielhauses ist davon ein auffallendes Beispiel. Wird nun aber vollends dem Genius der lateinischen Sprache zuwider unsere deutsche Eitelkeit und unsre kleinliche Titelsucht in die lateinischen Inschriften übertragen, wie dies nur zu häufig der Fall ist, so kann es kaum etwas geschmakloseres geben. Aber eben jene Eitelkeit ist es, die so oft die deutschen Inschriften mit dem Schellengeläute unsrer schleppenden Titel verdirbt. Allerdings wird nicht eher an gute deutsche Inschriften zu denken sein, bis unsre Denkungsart sich von den Fesseln dieser oft kindischen Eitelkeit losreißt, und sich zu jener edeln Simplicität gewöhnt, die den Charakter der alten Welt auszeichnete, und aus diesem auch in ihre Inschriften überging. Die deutsche Sprache hat wahrlich in sich selbst Kraft und Würde genug, nur muß man sie zu gebrauchen verstehn, muß dem, was sie öfters schleppend und weitschweifend macht, auf eine geschikte Art auszuweichen wissen. So kann selbst die Kürze des lateinischen Ausdrucks oft eben so glüklich im Deutschen erreicht werden. Cäsars berühmtes Veni, vidi, vici, würde elend klingen, wenn man es übersetzte: ich bin gekommen, ich habe gesehen, ich habe gesiegt. Aber man übersetze: ich kam, sah, siegte — und man wird nicht Ursache haben, der deutschen Sprache einen Vorwurf zu machen. Es ist wahr, durch Weglassung der Personenwörter kann öfters die lateinische Inschrift an Kürze vor der deutschen gewinnen; aber von einer andern Seite verliert sie öfters an Deutlichkeit dadurch, daß die lateinische Sprache keinen Artikel hat, obgleich manche vermeinte Sprachkenner ihr wohl gar selbst den Mangel des Artikels als einen Vorzug anrechnen, ohne zu bedenken, daß auch die griechische Sprache einen Artikel hat, und dadurch, wie dies überhaupt der Zwek des Artikels ist, den unvollständigen Abstraktionen Selbstständigkeit und Individualität verleiht. Ich will nur ein Beispiel anführen, wie eben der Mangel des Artikels eine lateinische Inschrift zweideutig machen kann. Ueber einem öffentlichen Gebäude in Dessau steht: Miseris et malis. Man erräth aus der Inschrift, daß dies Gebäude einen doppelten, vielleicht politisch nicht gut verbundenen, Zwek hat, und sowohl zum Armen, als zum Zuchthause bestimmt ist. Aber könnte man die Inschrift nicht auch so verstehen, als wenn nur von Einer Klasse von Menschen die Rede wäre, die zugleich mali und eben darum auch miseri waren, so daß die Inschrift übersetzt werden müßte: den Elenden und Bösen? Aber man verwandle diese Inschrift, die gerade bei einem solchem Gebäude, das für die niedrigen Volksklassen bestimmt ist, vielleicht am wenigsten lateinisch sein sollte, in die deutsche: den Unglüklichen und den Bösen, — so fällt eben durch den Gebrauch des hier absichtlich wiederhohlten Artikels alle Zweideutigkeit weg. —

Es giebt indessen Denkmäler, die nicht eigentlich für das Volk, die bloß für die feineren und gebildetern Klassen, und zugleich für das Ausland und für die spätere Nachwelt bestimmt sind. Bei Denkmälern der Art ist allerdings der Gebrauch der lateinischen Sprache sehr zwekmäßig und empfehlungswerth. Wenn daher für die unbeweglichen Werke der Baukunst, die zunächst dem Anblik des Einländers und des gesammten Volks ausgestellt sind, die deutsche Inschrift am schiklichsten ist, so muß man doch zugestehen, daß für die beweglichen Denkmäler der Kunst, die nur in den Sammlungen der gebildetern Klassen ihren Platz finden, und leichter aus einem Lande in das andre übergehen, ich meine vornehmlich die Münzen, eine lateinische Inschrift häufig am zwekmäßigsten ist. Doch auch hier werden häufig Fälle eintreten, wo die deutsche Inschrift augenscheinlich den Vorzug verdient. Bei den eigentlich als Geld kursirenden Münzen kann gar keine Frage sein, ob unser ehemaliges Fridericus Rex Borussorum, oder unser jetziges Friedrich Wilhelm, König von Preußen, zwekmäßiger sei. Aber auch für eigentliche Medaillen giebt es Fälle, wo die lateinische Inschrift unzwekmäßig ist. Dies gilt nicht nur alsdann, wenn neuere Begriffe, für welche die lateinische Sprache kein Wort hat, weil die Römer den Begrif selbst nicht hatten oder haben konnten, ausgedrükt werden sollen, sondern vornehmlich, wenn die Medaille bestimmt ist, auch in die Hände der ungelehrten Volksklassen zu kommen. Dies würde z. B. bei allen Huldigungsmedaillen der Fall sein, noch mehr aber bei solchen Medaillen, die zur Aufmunterung und Belohnung auch an Mitglieder der niedern Klassen vertheilt werden.

Eine dergleichen Medaillen ist z. B. die, welche bisher in unserm Staate zur Aufmunterung des Seidenbaues gedient hat. Die bisherige Medaille hatte eine lateinische Inschrift, auf der Vorderseite: Fridericus Restaurator, auf der Rükseite: Industriae sericae Borussicae. Wer fühlt nicht, daß Industria serica nicht eigentlich den Seidenbau ausdrükken könne, daß es höchstens der seidene Fleiß heißen würde, und wer müßte nicht überhaupt verzweifeln, diesen Zweig der Industrie mit der zu einer Inschrift erforderlichen Kürze und Einfachheit gut lateinisch ausdrükken zu können, da die Römer noch keinen Begrif vom Seidenbau hatten, sondern höchstens seidene Zeuge kannten, und sie nach dem östlichsten Volk Asiens, den Serern, benannten, von denen durch weite Handlungswege diese Zeuge zu ihnen gelangten. Da aber diese Medaille vornehmlich bestimmt ist, die Küster auf dem Lande und andre Seidenbauer aufzumuntern, so fällt es wohl in die Augen, daß eine deutsche Inschrift nirgends zwekmäßiger angebracht sein könnte. Wirklich arbeitet unser Herr Abramson gegenwärtig nach dem Auftrage des itzigen Chefs des Seidenbaudepartements an einer solchen Medaille, deren Modell mit der von mir vorgeschlagenen deutschen Inschrift bereits den Beifall des Monarchen, dessen Geburtsfest wir heute feiern, erhalten hat*). Auf der Vorderseite steht um das Bild des Königs die Umschrift: Friedrich Wilhelm, Belohner des Fleisses. — Auf der Rükseite, wo die Industrie des Seidenbaues personifizirt in einer edlen weiblichen Figur dargestellt ist, die in dem Schooße ihres Gewandes rohe Seide trägt, und neben sich einen Korb mit Kokons und einen andern mit schon bearbeiteter Seide stehen hat, steht die Inschrift:

SIE KLEIDET DEN REICHEN,
SIE NAEHRET DEN ARMEN.

Möchten doch bald unsre Künstler einen andern von ganz Deutschland, von ganz Europa gewünschten Anlaß finden, das Andenken unsers Monarchen einer dankbaren Mitwelt und Nachwelt zu empfehlen. In

*) Diese Münze ist nunmehr seit dem erschienen, und im Sommer 1797 zur Aufmunterung des Seidenbaues benutzt worden.

der That, welcher Wunsch kann an einem Tage, wie der heutige, natürlicher sein, als daß der Monarch, dem wir im vorigen Jahre für den seinem Volke geschenkten Frieden das Opfer unsrer Dankbarkeit brachten, bald der Friedensstifter für ganz Europa oder doch für unser gesammtes zerfleischtes deutsches Vaterland werden möge; und wenn dann Münzen und andre Denkmähler ihn als Deutschlands Friedensstifter verewigen, — o, so wird diese Benennung auf jeden Bewohner Deutschlands, von der Spree bis zur Donau, von der Oder bis zum Rhein, einen tiefern Eindruk machen, und die Empfindung der Ehrfurcht und Dankbarkeit stärker, inniger und dauernder wekken, als die, einen großen Theil der Deutschen kalt lassende, Inschrift: Germaniae pacificator.

VI.

Ueber Dialekte, besonders die Griechischen.

(1782.)

Jede Sprache hat Dialekte, nur ist ihre Zahl und gegenseitiger Unterschied bei der einen größer und auffallender als bei der andern. Im Grunde waren ehmals alle Sprachen nur Dialekte. Verbreitung der Menschen, Unterschied des Klima und Bodens, schnellerer oder langsamerer Fortschritt der Kultur, mußten nothwendig Dialekte bilden, und mit der Zeit ward, zumal wenn große politische Revolutionen und

Völkermischungen hinzukamen, der Unterschied so groß, und Abstammung und Verschwisterung vor den Augen eines die Sprache mehr gebrauchenden als vorsätzlich bearbeitenden Volks so verstekt, daß endlich Dialekt nothwendig zur Sprache aufwachsen mußte, und wieder selbst Mutter von neuen Dialekten ward.

So nothwendig für jeden Menschen, der nicht zu dem ungebildeteren Theil der Nation gehören oder wenigstens sich rechnen lassen will, die Erlernung mehrerer Sprachen ist, so selten trit doch der Fall ein, daß die Erlernung mehrerer Dialekte für den, der nicht recht eigentlich Sprachforscher sein und werden will, nothwendig wird, wenn sie gleich immer zur deutlichern oder doch gelehrtern Kenntnis der Sprache nützlich ist.

In so viele und verschiedne Dialekte sich auch eine Sprache zertheilen mag, so hat sie dennoch gemeinlich einen Hauptdialekt, der die Sprache des Hofes, der feinen Welt, der Hauptstadt ist, und mithin auch Sprache der Schriftsteller wird. Wenn der Sprachforscher sich auch um die Dialekte der Provinz und des Pöbels bekümmert, so thut der Sprachmeister und Sprachschüler doch wohl, sich bloß auf jenen feinern gebildetern Dialekt, oder die Büchersprache, einzuschränken. Diese allein dauert fort, auch wenn die Nation selbst schon längst gestorben ist, oder doch durch Vermischung ihre Eigenthümlichkeit oder ehmalige Sprache verloren hat.

Die griechische Sprache unterscheidet sich darin beinahe von allen ihren gestorbnen und lebenden

Schwestern, daß sie mehr als Einen Dialekt zur Büchersprache werden lassen. Die lateinische Sprache hatte gewis auch mehrere Dialekte, welches schon aus der dem Livius vorgeworfnen Patavinität erhellen würde, wenn es auch keine andern Beweise dafür gebe: allein nur der Dialekt der Hauptstadt und Gebieterin von Latium ward Büchersprache. Denn die wenigen Provinzialismen, die ein und der andre Schriftsteller nicht völlig und überall verleugnen konnte, können bei dem lateinischen Schriftsteller eben so wenig in Betrachtung kommen, als bei einem deutschen, wenn von den Dialekten überhaupt die Rede ist. Aber alle andern Dialekte der lateinischen Sprache sind verloschen, nur der römische lebt, weil er nicht bloß geredet, sondern auch geschrieben ward.

Daß die griechische Sprache gleich jeder andern mehrere Dialekte hatte, ist nicht zu verwundern. Vielmehr hätte man Ursache sich zu wundern, wenn dis nicht wäre. Aber daß in Griechenland nicht bloß mehrere Dialekte geredet, sondern auch geschrieben wurden, könnte sonderbar scheinen, wenn man nicht grade daran denkt, daß Griechenland lange schon kultivirt war, und alle Wissenschaften und Künste in seinem Schooße aufblühen und zu Früchten für die Nachwelt reifen sah, da es noch immer ein unzusammenhängendes Ganze von vielen kleinen für sich bestehenden Nationen und Staaten ausmachte, die zusammen kein politisches System, sondern nichts als ein Aggregat waren. Jeder Schriftsteller schrieb daher im Dialekte seines Staats, so lange noch kein Staat einen solchen politischen oder litterarischen Vorsprung und Vorzug erhalten hatte, daß sein Dialekt alle andere aus der Büchersprache hätte verdrängen können. Ganz anders verhält es sich mit der lateinischen Sprache und Litteratur. Damals, als nach beinahe sieben unter dem Geräusche eines fast ununterbrochnen Krieges und mit einem nie gestillten Eroberungshunger verlebten Jahrhunderten zuerst die Wissenschaften nach Latium verpflanzt wurden, hatte sich Rom schon durch Größe, Volksmenge, Furchtbarkeit, ja selbst durch Kultur über alle andre Städte Latiums hinweggeschwungen. Doch sie war nicht bloß die älteste oder doch wichtigste unter den Schwestern, sie war ihre Gebieterin. Natürlich ward also auch ihr Dialekt der herrschende, und verdrängte die übrigen aus der sich bildenden, und noch mehr aus der gebildeten Büchersprache.

Es ist nicht zu leugnen, daß das Studium der griechischen Litteratur durch die mehrern Dialekte der Büchersprache erschwert wird. Indessen ist diese Schwierigkeit bei weitem so groß nicht, als mancher träge Knabe oder knabenähnliche Mann sich und andre überredet. Und sie würde es noch weit weniger sein, wenn nicht alte und neue Grammatiker die Lehre von den griechischen Dialekten unglaublich verwirrt und verdunkelt hätten. Man schlage alle Grammatiken nach, und kein einziges Kapitel wird man so dürftig, verworren, widersprechend behandelt finden, als das von den Dialekten. Man hat eigne Schriften über die griechischen Dialekte. Aber alle sind ein dunkles

Chaos aufgehäufter Exempel, nirgends ein philosophischer Blik über das Ganze, nirgends eine leicht zu übersehende Geschichte der Dialekte, aus der die mancherlei zum Theil sonderbaren Phänomene in Ansehung dieses Punkts sich nur einigermaßen erklären ließen.

Meine Absicht ist, wenigstens für itzt, nicht, diese in die Augen fallende Lükke auszufüllen, und eine ausführliche räsonnirte Geschichte der griechischen Dialekte zu liefern. Ich begnüge mich itzt bloß mit einigen allgemeinen Betrachtungen und Beantwortung verschiedener Fragen, die jedem, der die griechische Sprache studiert, bald einfallen müssen, und deren Beantwortung er in den bisherigen Sprachlehren vergeblich suchen dürfte.

Man braucht mit der Geschichte, und Geographie Griechenlands nur einigermaßen bekannt zu sein, um das Entstehen und Dauren mehrerer und so verschiedner Dialekte in einem doch nicht gar großen Lande begreiflich zu finden.

1. In je mehr von einander unabhängige Staaten ein Volk, das im Ganzen eine und dieselbe Sprache redet, zerfällt, desto mehr Dialekte muß es natürlicher Weise bei ihm geben. Dis war mit Griechenland der Fall, und ist's noch mit Deutschland. Keins von beiden kann man als ein zusammenhängendes politisches Ganze betrachten, doch immer Deutschland noch eher als Griechenland.

2. Je vielfacher und verschiedner der Ursprung der verschiednen Stämme und Staaten eines dieselbe

Sprache redenden Volks ist, aus je mehrern und verschiednerern Gegenden ein Land bevölkert ward, desto mehr und verschiednere Dialekte. Nirgends trift dis mehr zu als bei Griechenland. Kolonieen aus allen Theilen der Welt, aus Kleinasien und Phönicien, aus Aegypten, aus Thracien u. s. w. bevölkerten Griechenland. Und diese Kolonieen waren nicht nur in Ansehung ihres Vaterlands und dessen natürlicher Beschaffenheit, sondern noch mehr in Ansehung des Grades von Kultur unterschieden, mit dem sie nach Griechenland kamen und sich mit den schon vorgefundnen früher oder später eingewanderten Kolonieen mehr oder weniger vermischten. Eben diese Quelle mehrerer Dialekte rieselte für Deutschland, das von Norden und Osten aus bevölkert, von Westen und Süden wenigstens kultivirt ward.

3. Je mehr Kolonieen ein Volk zu verschiednen Zeiten ausschikt, die sich späterhin mehr oder weniger mit den Eingebornen oder andern Kolonieen mischen, desto mehr unausbleibliche Verschiedenheit in Ansehung der Dialekte. Die griechische Nation war nicht nur selbst ein Zusammenfluß von Kolonien aus den entlegensten und verschiedensten Gegenden; die fruchtbare Tochter sandte selbst nachher eine Menge Kolonieen aus, und zum Theil grade in dieselben Gegenden, aus denen ehemals ihre Ahnherrn gekommen. Asien und Afrika hatte durch auswandernde Horden von Barbaren und Halbbarbaren Griechenland zuerst bevölkert und bebaut; nach Verlauf mehrerer Jahrhunderte sandte das kultivirte Griechenland in beide

Welttheile gebildete Kolonieen. Kleinasien und nicht bloß die Küste ward von Griechen angebaut und verschönert. In Afrika erbauten sie nicht nur Kyrene, sondern machten sich auch durch ihre vielen Kolonieen um ihre alten Lehrer, die Aegyptier, verdient, die nun gern oder ungern von ihren schnell aufgereiften Schülern lernen mußten. Die griechischen Städte in Aegypten verdunkelten die einheimischen. Memphis stieg herab von seinen uralten Thron, und beugte sich vor dem jugendlichen Alexandria. Aber nirgends bauten sich die Griechen mehr an, als im untern Italien und in Sicilien. Die Ableitung des Namens Großgriechenlands sei so ungewis sie wolle, immer bleibt er ein Beweis, wie wichtig in den Augen des eigentlichen Griechenlands seine nach Italien verpflanzten Kolonieen in Ansehung der Menge und ihres blühenden Zustandes sein mußten.

Kolonieen behalten die Sprache des Mutterlandes so lange ziemlich rein, als sie mit diesem in genauer Verbindung stehen, obgleich einige Mischung, zumal wenn Kolonieen aus verschiednen Gegenden des Mutterlands sich nebeneinander anbauen, unvermeidlich ist. Selten pflegt indessen diese ungetrennte Verbindung mit dem Mutterlande lange zu bestehen. Nur zu bald werden sie des Leitbandes überdrüßig, sie werfen die Fesseln ab und regieren sich selbst. Dis geschah mit den griechischen Kolonieen sehr bald. Und in einem solchen Fall müssen sehr bald auffallende Verschiedenheiten der Sprache entstehen. Die brittischen Kolonieen in Nordamerika werden, da es ihnen gelungen, sich völlig von ihrem Mutterlande loszureißen, bald einen neuen Dialekt, und späterhin allmälig selbst eine neue Sprache bilden, der alsdann nur der Sprachforscher noch ihren Ursprung ansehen wird.

4. Je größer der Unterschied in Ansehung des Klima und Bodens unter den verschiednen Provinzen eines Volks ist, desto mehr und verschiednere Dialekte muß es geben. Und wie groß ist nicht in dieser Rüksicht der Unterschied zwischen den verschiednen Provinzen Griechenlands! Flache und gebirgige Gegenden, Sandebnen und fruchtbare Kornländer, die rauhesten und heitersten Striche wechselten in auffallender Mannigfaltigkeit ab. Ueberall ward griechisch gesprochen; aber die Natur hätte ihren mächtigen Einfluß auf die Sprachwerkzeuge und selbst auf die Vorstellungsart verleugnen müssen, wenn die griechische Sprache überall dieselbe geblieben wäre. Das platte Attika und der gebirgige Peloponnes, das heitere sanfte Jonien und das rauhe Arkadien mußten nothwendig die allgemeine Nationalsprache auf ganz verschiedne und entgegengesetzte Art modificiren. Attika und Böotien waren Nachbarn, aber ihr Dialekt war äußerst verschieden. Dort fein und sanft, hier grob und rauh. Kein Wunder, da Attika einen heitern Himmel über sich sah, Böotien hingegen den Einfluß einer dikken Luft und eines umnebelten Horizonts in Geistesbildung und Sprache fühlte. In Deutschland herrscht dieselbe Verschiedenheit in Ansehung des Klima und Bodens, die auch hier ihren Ein-

Einfluß auf Sprache und Dialekt deutlich genug zeigt. Das flache nördliche und das mehr gebirgige südliche Deutschland sind durch ihre Dialekte eben so unterschieden, als durch ihre natürliche Beschaffenheit, nach der sich jene richten.

5. Verschiedenheit des Nationalgeistes und der allgemeinen Volksneigung muß nothwendig auch zur Verschiedenheit der Dialekte mitwürken. Eine bloß kriegerische Völkerschaft, die Künste und Wissenschaften verschmäht, muß die Sprache nothwendig anders biegen und modificiren, als die von den sanftern Musen geliebte. In der That wäre es ein Wunder gewesen, wenn das wilde trotzige Sparta, das nur Krieg liebte, das üppige wollüstige Jonien, wo Luxus und Geschmak blühten, und das zwischen beiden in der Mitte stehende Athen, das beide Charaktere in sich vereinte, Tapferkeit ohne Wildheit und Abneigung vor den sanfteren Künsten der Musen, und Geschmak und Wissenschaftsliebe ohne Weichlichkeit, es wäre, sag ich, ein Wunder gewesen, wenn diese drei durch ihren Nationalgeist so verschiednen Staaten denselben Dialekt geredet, oder ihre Sprache nicht gerade so gebildet hätten, wie wir sie wirklich bei ihnen finden. Sparta's rauher und harter dorische Dialekt entsprach dem Geist und Charakter der Nation, Joniens weiche auseinander fließende Sprache kündigte ein heiteres fröhliches üppiges Volk an. Der attische Dialekt stand wie der Nationalcharakter der Athener in der Mitte, weniger hart als der dorische, und weniger weich als der ionische.

Man zählt, wie bekannt, gewöhnlich 4 griechische Dialekte, den ionischen, attischen, dorischen und äolischen. Dis ist indessen bloß von den Hauptdialetten zu verstehen, die auch in die Büchersprache übergingen. Allein außer diesen gab es viele Nebendialekte. Jeder noch so kleine Staat Griechenlands hatte doch in diesem oder jenem Stük seine Eigenheiten und Provinzialismen, von denen sich auch dann und wann einer und der andre in die Büchersprache des vaterländischen oder des gereiseten Schriftstellers mit einschlich. Indessen waren diese Nebendialekte immer eins von beiden, entweder bloße Unterarten jener Hauptklassen mit einigen auszeichnenden Eigenthümlichkeiten, oder Mischungen. Noch itzt findet man bei den neuen Griechen eine Menge Dialekte, von denen der Athenische grade der schlechteste sein soll.

In Ansehung der Dialekte herrscht seit jeher viel Ungewisheit, vornehmlich wenn von einzelnen Eigenheiten und Abweichungen die Rede ist, und bestimmt werden soll, zu welchem Dialekt sie gehören. Daher soviele Verwirrung in den neuern Grammatiken. Daran sind größtentheils die alten Grammatiker und Scholiasten Schuld, die sehr oft selbst es nicht wußten, zu welchem Dialekt dis und das gehöre, es oft auch nicht mehr wissen konnten, wegen der vorgegangnen Veränderungen, und dennoch gewöhnlich mit eben dem zuversichtlichen Ton auch hier als gewis behaupten, was bloße Muthmaßung oder auch gradezu Irrthum war, mit dem sie öfters, um eine dunkle Stelle eines von ihnen kommentirten Schriftstellers aufzuhellen, Fakta ersinnen, von welchen kein andrer Schriftsteller etwas weiß, die vielmehr öfters mit andern ausgemachten historischen oder chronologischen Wahrheiten in Widerspruch sind, und sehr oft keinen andern Grund für sich haben, als daß sie in den Zusammenhang der dadurch aufzuhellenden Stelle mehr oder weniger gut passen, wiewol sie zuweilen auch durch eben diesen innern Zusammenhang bei genauerer Betrachtung als Lügen und Träume dargestellt werden. Ich könnte, wenn hier der Ort dazu wäre, diese Gewohnheit der Scholiasten, hinterher Fakta zu ersinnen, mit mehrern auffallenden Exempeln, besonders aus den Kommentatoren der Dichter, beweisen. Bei dieser oft verzeihlichen Unwissenheit der alten Grammatiker in Ansehung der Dialekte, und bei dieser stets unverzeihlichen Dreistigkeit, zu entscheiden, wo sie höchstens nur rathen konnten und durften, ist es nicht zu verwundern, daß man bei Untersuchung und Bestimmung des Einzelnen in den Dialekten häufig auf Schwierigkeiten und Widersprüche stößt. So soll z. B. die Genitivendung οιο ionisch sein, aber sie findet sich nicht beim Herodot und Hippokrates, deren ionische Schreibart allgemein anerkannt ist, und doch findet sie sich wieder bei unionischen Dichtern, daher sie andre für dorisch ausgeben.

Diese Ungewisheit in Ansehung der Dialekte hat noch mehrere Ursachen, vornehmlich die durch Zeit und Ort bewürkten Veränderungen. Es bedarf keines Beweises, wie sehr sich Sprachen, mithin auch Dialekte, in dem Verlauf von Jahrhunderten ändern können. Und die Blüthe der griechischen Litteratur war nicht auf ein Jahrhundert eingeschränkt. Die griechische Nation war damals noch kein stillstehender in sich faulender See: sie war ein Strom, immer in Bewegung, immer im rauschenden Drang der Wogen. Die oben schwimmende Sprache fuhr bald vor grünen Ufern bald vor nakten Felsen vorbei. Frieden und Krieg, Sinken und Steigen der Handlung, des Wohlstandes, der Litteratur, der Moralität bei einer Nation haben seit jeher mehr oder weniger merklich auf die Sprache gewürkt. Sie würkten auch bei der griechischen.

Eben so begreiflich sind die Modifikationen der Dialekte, die durch Veränderung des Ortes bewürkt wurden. Ein und derselbe Dialekt ward in ganz verschiednen entlegnen Ländern geredet, vornehmlich der dorische, der im Peloponnes und in Sicilien zu Hause war. Griechenland sandte überall hin Kolonien aus. Die Völker wanderten und mit ihnen die Dialekte; so wenig sich jene rein und unvermischt erhielten, so wenig konnten's auch diese. Die Geschichte der griechischen Kolonien ist noch zu wenig bearbeitet. Dis hat natürlich auch auf die Kenntnis der Dialekte Einfluß. Gegenseitig aber kann das Nachdenken und Forschen über die Dialekte viel zur Aufklärung in der ältern Geschichte der griechischen Staaten und ihrer Verpflanzungen beitragen.

Ich kann mich hier nicht auf eine genaue Entwikkelung der Unterschiede der 4 griechischen Hauptdialekte einlassen. Sie bestehen, wie bei allen andern

Sprachen, theils in eignen Wörtern, theils in Veränderung der Bedeutungen, in Vertauschung und Versetzung der Buchstaben, sowol der Konsonanten als der Vokalen, vornehmlich aber in der Beugung sowol der Nenn- als Zeitwörter. Mir ist es sogar wahrscheinlich, daß auch in Ansehung der gemeinschaftlich geschriebnen Vokale noch eine größere Verschiedenheit in der Aussprache geherrscht. Die Aussprache einer todten Sprache mit Zuversichtlichkeit bestimmen zu wollen, ist lächerliche Anmaßung und pedantischer Dünkel. Die Aussprache lebt nur in dem Munde und dem lebendigen Hauche der Nation; die Schrift ist viel zu kränkeind und unbehülflich, um diesen lebendigen immer beweglichen Hauch der Aussprache getreu nachzumalen; es ist widersinnig s e h e n zu wollen, was man vor Jahrhunderten h ö r t e. Daher wird denn die ehmalige griechische Aussprache wol immer ein Problem bleiben. Mag sie's! Der Schade — denn das ist's freilich — läßt sich verschmerzen. Man hat bekanntlich zwei Aussprachen des Griechischen, den sanften beinahe pipenden Jotacismus und den rauheren schmetternden Etacismus. Für beide lassen sich Gründe anführen. Noch hat niemand daran gedacht, die streitenden Parteien durch einen Vergleich zu vereinigen. Und doch ist er so leicht. Denn wie wenn beide Aussprachen richtig wären, beide nichts anders als Dialekte, und zwar die beiden Extreme, zwischen denen in der Mitte sich noch andre Modifikationen der Aussprache denken ließen, die denn aber auch nichts weiter als Dialekte wären.

Ich gebe dis für weiter nichts aus als was es ist — Muthmaßung, aber was können wir bei einem Gegenstande der Art anders als muthmaßen? Hier Gewisheit haben zu wollen ist eben so lächerlich, als um Mitternacht sich zu ereifern, daß die Sonne nicht scheint.

Der Jonische Dialekt war eine Pflanze des sanftesten mildesten Himmelsstrichs auf der lachenden Küste von Kleinasien. Jonien war die Wiege der griechischen Litteratur. Hier keimten und blühten die Wissenschaften zuerst auf, und erst von hier wurden sie, als der Despotismus der Perser ihnen hier den Sonnenschein der Freiheit verschattete, nach dem eigentlichen Griechenlande hin verpflanzt. Darum war der Jonische Dialekt die älteste Büchersprache. In ihm sang Homer, ob sich gleich noch immer fragen läßt, ob wir Homers Sprache und Dialekt noch ganz in ihrer ursprünglichen Beschaffenheit haben. In eben diesem Dialekte sang Anakreon, dessen jonische Herkunft keinem Zweifel unterworfen ist. Aber ältere und neuere Grammatiker haben an seinen Liedern soviel geschnitzelt und geflickt, daß die jonischen Eigenthümlichkeiten ziemlich dabei verloren gegangen. — Da die Laune zuweilen ein Vergnügen daran findet, einen fremden Dialekt nachzubilden, so ist es begreiflich, wie, nachdem der jonische Dialekt längst aus der Büchersprache verbannt war, Lucian noch in seiner Abhandlung von der Syrischen Göttin den jonischen Dialekt kopirt. Weniger begreiflich ist es, wie Arrian dazu kam, seine Indica in diesem Dialekt zu schreiben. Vermuthlich wollte er den Herodot auch hierin kopiren. Denn daß dieser Vater der Griechischen Geschichte im ionischen Dialekt geschrieben, ist bekannt. Aber so bekannt dis ist, so sonderbar ist es doch, da Herodot kein geborner Jonier war. Eben so auffallend ist es beim Hippokrates, daß er, kein Jonier von Geburt, dennoch im ionischen Dialekt schrieb. Beide, Herodot und Hippokrates, waren von dorischer Abkunft. *) Denn sowol Halikarnas, das Vaterland des erstern, als die Insel Kos, das Vaterland des letztern, waren, nachdem schon die äolischen und ionischen Pflanzstädte iu Kleinasien Wurzel geschlagen, von den vornehmlich aus Megara auswandernden Doriern angebaut worden und gehörten zu der Dorischen Hexapolis in dem südlichsten Winkel von Kleinasien. Warum schrieben also beide nicht dorisch? Warum grade ionisch, da der ionische Dialekt das grade Gegentheil von dem dorischen ist. Ich kann dis Phänomen nicht anders erklären, als durch die Hypothese, daß der sonst rauhe und harte dorische Dialekt in Kleinasien durch den Einfluß des sanften mildern Klimas und durch die Nachbarschaft und genaue Verbindung mit den Joniern allmälig verwandelt, und dem sanften ionischen Dialekt näher gebracht worden. Auch könnten, da der Dialekt von Karien, wozu man gewöhnlich das asiatische Doris mit zu rechnen pflegt, (wenigstens hatten die Dorier sich auf Karischen Grund und Boden angebaut) uns

*) Δωριεις εισι Ἁλικαρνασσεις και Κωοι. Strabo l. 14. p. 965.

als ein sehr ausgeartetes Griechisch beschrieben wird, (vid. Strabo l. 14. p. 976 sqq.) Herodot und Hippokrates den feinern ausgebildetern ionischen Dialekt auch darum vorgezogen haben, weil er vielleicht auch in ihrem unionischen Vaterlande die Sprache der feineren Welt war.

Der attische Dialekt bildete sich vermuthlich am spätesten, und wahrscheinlich nicht eher, als nach den kleinasiatischen Auswanderungen. Als die Wissenschaften aus Jonien vor dem Schwerte der Perser entflohen, ward Athen ihr Hauptsitz. Allmälig ward diese Stadt die allgemeine Schule Griechenlands, die sich daher auch den Vorsitz in der gelehrten Republick anmaßte, und in allem, was die griechische Litteratur betraf, den Ton angab. So kam es, daß späterhin dieser Dialekt nicht nur der herrschende Dialekt der feinern Welt ward, sondern auch alle andern Dialekte aus der Büchersprache völlig verdrängte. Unter der großen Anzahl von Schriftstellern, die in diesem Dialekt geschrieben, ist für die Kenntnis der Eigenthümlichkeiten desselben keiner wichtiger, als Aristophanes. Sehr natürlich, weil unter allen litterarischen Produkten die Komödie die meisten Idiotismen und eigentlichen Provinzialismen nicht nur erlaubt, sondern gebietet.

Die Geschichte des dorischen Dialekts und seiner Wanderungen ist sehr dunkel und verwirrt. Die Dorier wohnten ursprünglich in dem gebirgigten Thessalien, jenseit des Pindus und Oeta, in dem nachmaligen Hestiäotis (Strabo l. 10. p. 729.) Sie wurden von andern Stämmen verdrängt, und wohnten nachher auf der andern Seite des Pindus und Oeta in dem nach ihnen benannten Doris, einer durchaus rauhen und bergigten Landschaft, bis an den Parnas. Unter Anführung der Herakliden wanderten sie nachher in den Peloponnes und verjagten die alten Bewohner desselben. Nun ward der dorische Dialekt Sprache des Peloponneses, vornehmlich der Lacedämonier. Er blieb auch in diesem neuen Sitze so rauh und hart, als er vorher gewesen war, weil er ziemlich einerlei Klima und Beschaffenheit des Bodens wieder fand. Wir haben indes keinen peloponesischen Schriftsteller, daher wir von dem dorischen Dialekte des Peloponneses nicht genaue Kenntnis haben. Doch finden sich in den Geschichten des Thucydides, Xenophon, Plutarch mehrere Staatsschriften und Briefe der Lacedämonier im dorischen Dialekt. So z. E. beim Thucydides ein Traktat zwischen den Lacedämoniern und Argivern (l. 5. c. 77 sqq.). Aus dem Peloponnes gingen sehr viele Kolonieen nach Italien, theils nach dem untern Theil des festen Landes, der daher Großgriechenland hieß, theils nach Sicilien. Lacedämon und Korinth waren die vornehmsten Stämme dorischer Kolonieen in Italien. So war z. E. Tarent eine Kolonie von Sparta, und Heraklea wieder Kolonie von Tarent. Die glänzendste Pflanzstadt Korinths war Syrakus, die wieder selbst viele Kolonieen aussandte. Allein nicht bloß dorische Kolonieen hatten sich in Italien und Sicilien angebaut, sondern beide hatten außerdem noch theils aus andern Gegenden des eigentlichen Griechenlands, vornehmlich aus der Insel Euböa und ihrer Hauptstadt Chalcis, theils auch aus Asien Kolonieen ionischen und äolischen Ursprungs bekommen. So war z. B. Velia oder Elea in Lukanien eine ionische Kolonie von Phocäa, Kumä eine halb äolische, halb euböische (Strabo l. 5. p. 372.) Auch gab es asiatisch-dorische Kolonien in Italien, von den Rhodiern, die zu den asiatischen Doriern gehörten. Dergleichen war die Stadt Gela in Sicilien, und von Gela war die noch berühmtere Stadt Agrigent wieder eine Kolonie. Bei diesem Zusammenfluß von so mancherlei Kolonieen aus den verschiedensten Gegenden war es ganz unausbleiblich, daß sich die Dialekte in Italien und Sicilien außerordentlich vermischen mußten. Doch blieb die Grundfarbe dorisch. Daher darf man sich denn auch nicht über die auffallenden Verschiedenheiten der dorischen Schriftsteller wundern. Dergleichen sind Pindar, Theokrit, Archimedes, der Lokrier Timäus, und die übrigen pythagorischen Philosophen, von deren Schriften sich einige Fragmente erhalten haben, die alle im dorischen Dialekte abgefaßt sind, weil Unteritalien oder Großgriechenland recht eigentlich der Sitz der pythagorischen Philosophie war. Der Unterschied zwischen der Sprache der beiden Dichter, Pindar und Theokrit, ist am auffallendsten. Natürlich, wenn jeder im Dialekt seines Vaterlands schrieb. Die Böotier waren zwar ursprünglich ein Zweig des äolischen Stamms (Pausan. Phoc. c. 8.); sie scheinen sich aber nachmals mit den Doriern vermischt zu haben, da diese sich, wie Strabo berichtet, bis an den Parnas (l. 8. p. 513.) ausbreiteten, selbst Megara in der Nachbarschaft von Böotien anbauten, und ihren Dialekt daselbst einführten. (Μεγαρεις εϑη και φωνην μεταβαλοντες Δωριεις γεγονασι. Pausan. Att. 39.) Daher neunt Pindar seine Gesänge bald dorisch bald äolisch. Noch könnte man fragen, wie es zuging, daß, wenn nach meiner obigen Hypothese in Kleinasien der dorische Dialekt ausartete oder vielmehr sich verfeinerte, und die Natur des ionischen Dialekts wegen des sanfteren Klimas annahm, nicht dasselbe auch in Italien geschah, da auch hier der Dialekt in ein weniger gebirgiges Land übergegangen war. Mich dünkt, diese Frage ist damit hinlänglich beantwortet, daß die dorischen Kolonieen in Asien zu einer Zeit auswanderten, da der Dialekt noch nicht seine völlige Konsistenz erhalten, vornehmlich noch gar nicht durch schriftliche Denkmäler gleichsam fixirt war. Dis war aber nachher der Fall bei spätern Auswanderungen der Dorier nach Italien.

Der ungewisseste Dialekt ist der äolische. Die Aeolier waren ursprünglich ein thessalisches Volk, breiteten sich aber bald wie ein Strom in viele Arme aus, theils in dem eigentlichen Griechenlande, da die Aetolier, Lokrier, Phocenser, Böotier äolischen Ursprungs waren, theils auch im Peloponnes, wohin vornehmlich die Eleer und Achäer, welche, eh sie von den Doriern theils in das nachmalige Achaja theils nach Asien verscheucht wurden, Argos und Lacedämon besaßen, die äolische Mundart mitgebracht hatten In

Asien bauten sie sich noch eher an, als ihre nachmaligen Nachbarn daselbst, die Jonier, hatten indeß ein weniger fruchtbares und anmuthiges Land, als diese. Der Theil der Küste Kleinasiens, den sie bewohnten, ward nach ihnen Aeolien benannt, wozu auch die Insel Lesbos gerechnet ward. Auch in Italien gab es mehrere äolische Kolonien, und endlich in Sicilien, wenigstens so lange, bis hier die dorischen Kolonien die Oberhand bekamen.

Die Aeolier und Dorier waren fast überall Nachbarn, und beide Stämme mußten natürlich sich vielfältig vermischen. In den ältesten Zeiten wohnten beide in Thessalien, nachher beide diesseits des Pindus im eigentlichen Griechenlande. Späterhin trafen sie auch im Peloponnes auf einander. Zwar floh ein Theil der Aeolier vor den einwandernden Doriern nach Asien, aber ein Theil blieb in Achaja zurück. In Italien fanden sich beide Stämme und Dialekte wieder neben einander. Bei dieser vielfältigan Nachbarschaft und dabei unvermeidlichen Vermischung ist es kein Wunder, daß beide Dialekte endlich gewissermaßen zu Einem zusammenschmolzen, aber natürlich mußte nun auch die dorisch-äolische Mischung im Peloponnes etwas anders sein, als in Sicilien und Großgriechenland, weil in diesen letztern Ländern sich auch ionische Kolonieen niedergelassen hatten. Daher finden wir beim Theokrit viele wirkliche Jonismen, und die Verschiedenheit seines dorischen Dialekts von dem gleichfalls dorischen Dialekte Pindars wird nun begreiflicher. In Kleinasien, vornehmlich in Lesbos, blieb der äolische Dialekt am reinsten, weil hier die verschiednen Stämme griechischer Kolonieen jeder ein eignes Staatssystem bildeten, das sein besondres Interesse und besondre Verfassung hatte, daher selbst kleine Kriege zwischen ihnen entstanden, wie z. B. in Ansehung der Stadt Smyrna, die eigentlich von den Aeoliern angelegt war, aber nachher von den Joniern okkupirt ward. Hätten wir die Gedichte der Sappho und des Alcäus, und hätte nicht geschmaklose Dummheit späterer griechischer Mönche sie mit Feuer vertilgt, so würden wir besser über die Eigenheiten des asiatisch-äolischen Dialekts urtheilen können. Doch auch die wenigen Fragmente von beiden, die sich in den Anführnngen andrer Schriftsteller vor dem mönchischen Brandopfer gerettet, zeigen uns deutlich genug, daß wenigstens ursprünglich der äolische Dialekt ein andrer war, als der dorische, ob er gleich nachmals von diesem verschlungen ward, daher schon Strabo ausdrüklich sagt, der äolische Dialekt sei derselbe mit dem dorischen. (L. 8. p. 513.)

Aus dem gesagten ist nun auch begreiflich, wie es gekommen, daß die lateinische Sprache sich so ganz nach dem dorischen, oder, wie andre sagen, nach dem äolischen Dialekte gebildet, weil dieser Dialekt in den griechischen Kolonien Italiens, wenn gleich nicht der einzige, doch der herrschende war. Diese Bildung der lateinischen Sprache nach dem dorischen Dialekte verräth sich überall. Sogar in Ansehung einzelner Buchstaben. Der Dorier sagte τυ statt συ, τι statt σι, der Lateiner sagte es ihm nach. Von dem dorischen Dialekt borgte er das häufige a. Eben das gilt von der Formation, vornehmlich der Zeitwörter. Die Personalendungen in es, mus, unt, kommen von den dorischen Endungen ες, ομες, οντι.

Unter allen vier Hauptdialekten scheint mir der dorische schon darum der älteste zu sein, weil er überhaupt der rauheste und härteste war. Die Sprache des noch unkultivirten Volks ist immer härter, als die des kultivirtern. Die Kultur schleift auch die zu spitzen Ekken der Sprache ab, und giebt ihr mehr Ründung. Daher kömmt es, daß gewöhnlich auch in den unkultivirteren Gegenden eines Landes der rauhere Nationaldialekt zu Hause ist. Die schottische Sprache, die alle Buchstaben ausspricht, die der Engländer bloß schreibt, ist eben darum weit härter, als ihre Schwester, aber gewis auch älter, weil außerdem der Schotte in Ansehung der Kultur unstreitig weit hinter dem Engelländer steht, auch Sitten und Sprache reiner und unvermischter erhalten hat.

Die Grammatiker reden fast insgesammt noch von einem fünften Dialekte, nehmlich einem besondern poetischen. Allein diese Eintheilung macht ihrer Beurtheilungskraft wenig Ehre. Freilich haben die Poeten ihre Eigenheiten, die das Metrum nothwendig oder doch verzeihlich macht, wenn Bedürfnis oder Bequemlichkeit die lange Sylbe zur kurzen, die kurze zur langen umzuschaffen wünscht. Allein ist dis Bedürfnis oder diese Bequemlichkeit schon Dialekt? Diejenigen, die klüger sein wollen, sagen, die Poeten hätten alle Dialekte gemischt, vornehmlich Homer. Und freilich sollte man dis beinahe glauben, wenn man beim Homer meistentheils zwar ionische Eigenheiten, aber doch auch mitunter Dorismen, Atticismen u. s. w. antrift. Man hat daraus sogar allerlei schöne Folgerungen hergeleitet, z. E. daß Homer durch alle griechische Staaten müsse gereist sein, daß er allen griechischen Völkerschaften sich gefällig erweisen wollen u. s. w. Allein man darf sich nur, um das Ungereimte dieser Hypothese handgreiflich zu fühlen, ein deutsches Gedicht denken, das aus allen möglichen deutschen Dialekten zusammengeflikt wäre, wo bald Hochdeutsch, bald Plattdeutsch, bald Schwäbisch in bunter Abwechselung durch einander liefen. Was wäre ein solches Gemisch von Dialekten anders, als ein buntschäkkiges Harlekinskleid. — Die Wahrheit ist; Homers Zeitalter ist früher, als die Entstehung und Sonderung der nachherigen Dialekte. Bei aller Uneinigkeit über Homers Vaterland ist es doch beinahe gewis, daß er eigentlich ein Jonier von Geburt war, entweder von Chios, oder, wie wol am wahrscheinlichsten ist, aus Smyrna. Daher kömmt seine Sprache freilich dem nachherigen ionischen Dialekt am nächsten. Daß sich aber auch manches bei ihm findet, was späterhin zu andern Dialekten gerechnet ward, besonders so viele Atticismen, das kömmt daher, weil Jonien damals noch nicht gar lange von griechischen Kolonieen bevölkert war, und sich also ihre Sprache noch nicht zu der nachmaligen Eigenthümlichkeit ausgebildet hatte, da vornehmlich diese Kolonieen aus Attika ausgegangen waren, wo damals auch Dorier und Aeolier mit herumschwärmten, von welche manche mit den eigentlichen Joniern zugleich auswanderten. (vid. Herodot. l. 1. C. 146.)

Noch viel weniger kann man von andern spätern Dichtern behaupten, sie hätten die Dialekte gemischt, und nach Gutbefinden bald aus diesem bald aus jenem geborgt. Sie schrieben, wie natürlich, meistentheils im Dialekt ihres Vaterlandes. Wenn nun aber in ihrem Vaterlande sich mehrere Dialekte gemischt hatten, so mußte natürlich diese Michung auch in ihre Gedichte übergehen. Dis gilt also von keinem mehr, als vom Theokrit, weil in Sicilien ein Zusammenfluß so vieler Kolonieen von ganz verschiednem Ursprung war, unter denen denn aber freilich die dorischen Kolonieen die Oberhand hatten.

Was die wesentlichen Unterschiede der drei Hauptdialekte betrift, weil doch der äolische, theils wegen würklicher Aehnlichkeit mit dem dorischen, theils weil er mit diesem allmälig fast überall zusammenfloß, nicht besonders gezählt werden kann, so habe ich schon vor einger Zeit in meiner Abhandlung über Purismus und Sprachbereicherung gezeigt, daß die griechischen Dialekte eine auffallende bewundernswürdige Aehnlichkeit mit den drei Hauptdialekten unsrer Sprache, dem Oberdeutschen, Plattdeutschen und Hochdeutschen, haben, und ich freue mich, daß diese Bemerkung den Beifall unsers scharfsinnigsten Sprachforschers, des Herrn Adelung, erhalten, (s. dessen Lehrgebäude der deutschen Sprache S. 80 u. f. Der dorische Dialekt gleicht

gleicht unserm Oberdeutschen, und war, wie dieser, die Sprache der mehr gebirgigen Gegenden. Er liebte, wie dieser, die hohe breite Sprache; daher der Scholiast des Theokrit von den Doriern sagt πλατυστομουσι, und Theokrit selbst nennt die dorischen Weiber πλατειασδοισαι ἁπαντα. Dahin gehört vornehmlich das lange und gedehnte α. Ueberhaupt sprachen die Dorier, wie die Oberdeutschen, mit vollem Munde; beide Dialekte haben viele zischende und rasselnde Laute, viele Aspirationen, viele rauhe und aus der Gurgel gesprochene Diphthongen. Daher kömmt's, daß der dorische Dialekt im Griechischen, wie der Oberdeutsche bei uns, der feierlichste und volltönendste, wenn gleich nicht eben der wohlklingendste, ist. Daher schikt er sich vornehmlich zur höhern lyrischen Poesie, und nur allein in dieser Bemerkung muß man den Grund jener besondern Erscheinung suchen, daß alle drei Tragiker, ja selbst Aristophanes, zwar nie im Dialog, aber sehr häufig in ihren lyrischen Stükken oder in den Chören eine Menge Dorismen mit einmischen.

Der ionische Dialekt war, wie unser plattdeutscher, die Sprache der flachen Gegenden am Meer. Seinem Klima gemäß war er der weichste und sanfteste, und kömmt darin überein mit dem plattdeutschen, vorausgesetzt, daß man diesen letztern nicht darnach beurtheilt, wie man ihn etwa aus dem Munde eines Meklenburgischen oder Pommerschen Bauers hört. Denn auch der sanfteste Dialekt wird in dem Munde des Pöbels rauh und verzerrt. Beide Dialekte sind Feinde von rauhen und breiten Diphthongen, die sie häufig durch Wegwerfung des einen Vokals simplificiren, Feinde von Aspirationen. Der ionische Dialekt sagt απαιρεομαι für αφαιρεομαι, δεκομαι für δεχομαι, κρεσσων für κρεισσων, eben so der plattdeutsche pipen für pfeifen, reken für reichen, riek für reich.

Der attische Dialekt stand zwischen dem dorischen und ionischen in der Mitte, weniger hart wie der dorische, weniger auseinander fließend und mehr konsistent als der ionische. Doch neigte er sich mehr zu dem dorischen hin. Grade so unser Hochdeutsch, das auch in der Mitte steht, doch mehr zum Oberdeutschen sich hinneigt. Auch darin hat der attische Dialekt Aehnlichkeit mit dem Hochdeutschen, daß er sich später bildete, als seine beiden ältern Brüder, und doch sie nachher aus der Büchersprache verdrängte, so daß nachmals spätere Grammatiker soweit gingen, ursprünglich ionische oder dorische Schriften in die neuere Form des attischen Dialekts umzugießen, und alle Jonismen oder Dorismen daraus zu vertilgen, von welcher Unbesonnenheit auch die deutsche Litteratur in ältern und neuern Zeiten Exempel aufweisen kann. Im Deutschen würden ehmals auch alle drei Dialekte als Büchersprache gebraucht. Aber wie von der Zeit an, da Athen die Lehrerin von dem übrigen Griechenland ward, der attische Dialekt den dorischen und ionischen verdrängte, so wurden auch der oberdeutsche und plattdeutsche aus der Büchersprache verdrängt, seitdem Obersachsen, oder der Sitz des Hochdeutschen, ohngefähr von Luthers Zeiten an und vornehmlich durch ihn, die Lehrerin des übrigen damals noch weniger gebildeten und verfeinerten Deutschlandes ward.

VII.

Vorschlag, den gangbaren Münzen zugleich die Einrichtung und Bestimmnng von historischen Denkmünzen zu geben.

Bei der Feier des Geburtstages des Königs, vorgelesen in der Akademie der Künste am 25. September 1790, nach dem Frieden zu Reichenbach.

Niemals hat in unsrer Stadt der Patriot das Geburtsfest des Königs mit innigerm und wärmerm Interesse, nie mit feurigern Wünschen und frohern Ahnungen gefeiert als diesmal, da eben dieser Tag Ihn mit der Palme des schönsten Siegs und dem Oelzweig des edelsten Friedens in unsre Stadt zurükbringt. Ehrenvoller als der blutigste Lorbeer ist dieser friedliche Oelzweig, an dem kein Tropfen Blutes klebt, auf den keine Thräne rann. Es ist ein großes glorreiches Geschäft, die Ruhe eines Welttheils wiederherzustellen, und die schwankende Schale der politischen Macht durch einen einzigen Druk wieder in ihr Gleichgewicht zu bringen. Friedrich Wilhelm der Friedensstifter, welch ein großer würdiger Gegenstand für den Geschichtschreiber, für den Redner, für den Dichter. Aber nur für diese? Nicht auch eben so sehr für den Künstler, der es noch mehr als der Geschichtschreiber und Redner in seiner Gewalt hat, auf Sinne und Phantasie zu wirken? — —

Vielleicht hat man bisher zu wenig daran gedacht, wie viel der Künstler wirken kann, wenn er, selbst vom Geiste des Patriotismus belebt, selbst voll edlen Stolzes auf sein Vaterland, die ganze Zauberkraft seiner Kunst gebraucht, um seine Empfindungen den Herzen seiner Mitbürger mitzutheilen. Es ist bekannt, wie sehr bei den Griechen und Römern auch die Kunst sich mit so vielen andern Triebfedern vereinigte, um der Seele des Bürgers eine Spannkraft zu geben, die ihn der erhabensten Gesinnungen und Thaten fähig machte.

Man hat oft die Bemerkung gemacht, daß die Religion der Griechen und Römer die Kunst weit mehr begünstigte und beförderte, als die erhabne Religion des Christenthums, insofern diese als Religion des reinen und nüchternen Verstandes dem Künstler weniger Stof und Form darbiete, als die mythologische Religion der schwelgenden berauschten Phantasie. Aber man hätte eben so leicht bemerken können, daß nicht bloß die Religion, sondern auch die Politik der alten Welt die Magie der Kunst zu nutzen verstand, um in die Seele des Bürgers große edle Gesinnungen und lebendigen Enthusiasmus hineinzuzaubern. Welchen Eindruk mußten nicht die Monumente der Kunst, womit man im Alterthum das Andenken großer Thaten und großer Männer feierte, auf die Sinne des Knaben, noch mehr auf die Seele des Jünglings machen; wie mußten sie in ihm den schlummernden Funken jeder patriotischen Tugend zur Flamme anfachen helfen! — —

Bei uns hingegen ist die Kunst mehr eine Dienerin des Luxus, höchstens des Geschmaks, als eine Priesterin des Patriotismus und der Bürgertugend. Wir haben Künstler und Kunstwerke genug. Aber es fehlt den Werken unserer Kunst jene Publicität, die bei den Alten von so großer Wirkung war. Unsre schönsten Kunstwerke sind dem Auge des Publikums entzogen, sie zieren die Kabinette der Fürsten und Reichen, und wie klein ist die Zahl derer, denen auch nur ein vorübergehender Genuß ihrer Schönheit zu Theil wird, gegen die große Zahl derer, vor deren Augen sie auf immer versperrt sind! Wenn der Athenische Jüngling, gleichviel ob der Sohn eines Archonten, oder eines Mannes vom niedrigsten Pöbel, in öffentlichen Hallen, wie die Pökile, die jedem offen standen, unter den Denkmälern der großen Thaten seiner Mitbürger wandelte; wenn der römische Jüngling, gleichviel ob Patricier oder Plebejer, auf dem öffentlichen Forum durch die Ehrensäulen der großen Männer seines Volks an die glorreichen Thaten seiner Nation erinnert ward — o wie ganz anders mußte da bei einem solchen anschauenden Studium seiner Vaterlandsgeschichte seine Phantasie erwärmt und seine ganze Seele begeistert werden, als wenn dagegen unsre Knaben im dumpfigen engen Schulzimmer aus dem dürftigen Kompendium oder aus dem trokkenen mündlichen Unterricht eines Pedanten die Brandenburgische Historie studiren! Man klagt, daß die reine Flamme der Vaterlandsliebe, die noch itzt aus den fernen Ruinen des Alterthums zu uns herüber lodert, in den Menschen unsers Zeitalters immer schwächer glimme und dem Erlöschen nahe sei. Aber man bedenkt nicht, daß Vaterlandsliebe nicht ein bloßes Resultat des abstrahirenden Verstandes sein kann, daß nur der Mann von gebildetem Geist einer durch den bloßen Verstand gewürkten Begeisterung fähig ist, die alsdann doch immer nur mehr hellen als warmen Patriotismus würken kann — man vergißt, daß um auf den großeu Haufen und auf die Jugend zu würken, man auch Sinne und Phantasie ins Spiel zu ziehen suchen müsse. Kurz man denkt zu wenig daran, nach dem Beispiel der Alten auch die bildenden Künste als ein Triebwerk der Poitik zu gebrauchen.

Es giebt unter den schönen Künsten eine, die gerade durch die Publicität ihrer Werke, worin keine ihrer Schwestern ihr gleich kommt, mehr als alle andre geschikt ist, diesen Zwek zu befördern und die doch weniger als alle andre dazu genutzt wird; eine Kunst, deren Werke täglich durch die Hände des Königs wie des Bauern gehen, die aber gerade diese öffentlichen Werke am nachläßigsten bearbeitet und in Ansehung derselben mehr mechanische als schöne Kunst ist, dagegen sie ihre schönsten geschmakvollesten Werke nur für die Raritätensammlungen der Großen und Reichen bestimmt; — eine Kunst, die schon darum um so mehr zur Beförderung des Patriotismus und zur

Verewigung großer Thaten und Männer genutzt werden könnte und sollte, da ihre Werke so leicht ins unendliche vervielfältigt werden können, und nicht etwa bloß wie die Werke andrer Künste ein bloßer Gegenstand des Vergnügens und des Geschmaks, sondern ein tägliches unentbehrliches Bedürfnis sind. Ich brauche kaum erst zu sagen, daß ich von keiner andern Kunst rede, als von der Kunst des Medailleurs.

Es ist wahr, man hat seit jeher Denkmünzen zur Verewigung großer und kleiner Begebenheiten, großer und kleiner Menschen geprägt, und unser Zeitalter ist fruchtbarer als irgend ein andres an historischen und allegorischen Schaumünzen. Aber für wen werden sie geprägt? Entweder für den, der sie aus den Händen eines Fürsten zum Geschenk erhält, oder der mit seinem eigenen Gelde sie theuer erkauft. Sie bleiben daher bloß in den Händen derer, die ihrer zur Belebung des Patriotismus gerade am wenigsten bedürfen, sie werden als Seltenheiten in Münzkabinetten verwahrt, und so geht alle Publicität dieser Denkmünzen und alle Wirkung, die sie bei einer zwekmäßigen Einrichtung haben könnten, gänzlich verloren. Dem größten Theile des Volkes bleibt sogar ihre Existenz völlig unbekannt. In wie wenigen Händen befindet sich z. B. die Denkmünze auf den tapfern, ruhmvollen Vertheidiger Kolbergs im siebenjährigen Kriege! Und wie selten sind überhaupt Denkmünzen, durch die das Verdienst des Unterthanen vom Staat anerkannt und zur Nachahmung empfohlen wird!

Selbst die eben erwähnte Denkmünze auf den tapfern Heyden war der Tribut der Ehrfurcht, den nicht der Staat und der Monarch, sondern eine kleine Anzahl patriotischer Privatmänner dem unerschroknen Helden zollte. Und noch seltner sind jene Denkmünzen, durch die das Andenken des stilleren Verdienstes in den Geschäften und Künsten des Friedens verewigt wird. Wenigstens hat man von Seiten des Staates noch nie daran gedacht, das Verdienst des Geschäftsmanns oder des Gelehrten auf solche Art zu belohnen.

Wie leicht wäre es, die schönsten Werke der Kunst, von der ich rede, zur allgemeinen Kenntnis zu bringen, und diese Kunst zum lautesten Herold des Verdienstes, ja zur allgemeinen Lehrerin der Nationalgeschichte zu machen, wenn man — gar keine besondere nur für Kabinette bestimmte Denkmünzen mehr prägen ließe, sondern dagegen unsere täglich kursirenden Münzen zugleich zu historischen Denkmünzen machte.

Wenn daher die Vorderseite jeder gangbaren Münze, vornehmlich der größern Sorten, nach wie vor das Bild des jedesmaligen Regenten darstellte, die Rükseite aber statt des Wapens, das doch im Grunde gar keinen belehrenden Sinn enthält, nach und nach die merkwürdigsten Begebenheiten und Thaten seiner Regierung abbildete, wenn jeder neue Stempel zugleich ein neues Faktum verewigte, — und zur Ersparung der Kosten brauchte die Rükseite ja nicht nothwendig jedesmal ein Bild, sie könnte zuweilen auch nur eine Inschrift in der Nationalsprache oder eine kurze belehrende Nachricht von der zu verewigenden Begebenheit enthalten — — in der That, wie wirksam müßte eine solche Einrichtung unsrer gewöhnlichen Geldmünzen nicht nur zur Kenntnis der Nationalgeschichte, sondern zugleich zur Beförderung wahrer, auf Thatsachen gegründeter Vaterlandsliebe und eines vernünftigen Nationalstolzes sein! Und wenn der Regent das ausgezeichnete Verdienst irgend eines Unterthanen dadurch belohnte, daß er dasselbe auf einer in den Umlauf kommenden Münze öffentlich anerkennte, und dadurch, daß er dem Bildnisse eines großen Mannes dem seinigen gegenüber auf der Rükseite einen Platz vergönnte, öffentlich erklärte: das ist der Mann, den der König ehren will — so wäre das wahrlich eine Ehre und Belohnung, die jedes Ordensband und jedes Prädikat unendlich überwöge, und der verdiente Ruhm eines so belohnten Mannes pflanzte sich von Generation zu Generation fort. Jede andre Art von Denkmälern, womit der Staat einen verdienten Mann belohnen könnte, würde nicht ohne große Kosten möglich sein. Aber keine Art von Monument kostete im Grunde dem Staat weniger als diese, da er doch einmal Münzen schlagen muß, und es nun gleichviel ist, ob auf der Rükseite der Münze die Figur eines Adlers, oder das Bild irgend eines edlen großen Mannes stände. Und dennoch wäre ein solches Monument ungleich schätzbarer, als ein Denkmal von Marmor oder Erz, das nur an einen einzigen Ort gefesselt ist, dagegen jenes Monument aus Hand in Hand ginge, und das Andenken großer Begebenheiten und großer Männer unter allen Ständen in allen Provinzen des Vaterlandes erhielte. Wenn dann unsre Kinder mit dem Werthe der Münzen (für dessen Bezeichnung noch immer in der Exergue Platz genug bleiben würde), zugleich die Geschichte ihres Vaterlandes studierten, wenn dann jeder Vater seinem neugierig nach dem Sinn der Abbildung fragenden Sohne die von ihm selbst erlebten, oder aus dem Munde seines eigenen Vaters gehörten Thaten der Nation und die Verdienste dieses oder jenen einzelnen Mannes erzählte — wie sehr müßte dadurch der schlummernde Funke des Patriotismus belebt und immer heller angefacht werden!

In der That, was kann es viel helfen, wenn Friedrich Wilhelms neueste That, wenn der durch das Schrekken vor seinem gezukten Schwert ohne einen Tropfen Menschenbluts gewonnene Friede auf einer gewöhnlichen Denkmünze für wenige Kenner und noch wenigere Sammler dargestellt wird? Aber wenn eben dieser Monarch auf einer gewöhnlichen kursirenden Münze, als Friedensstifter Europas dargestellt würde — wie würksam müßte eine solche aus Hand in Hand gehende Münze nicht sein, um dem Patriotismus neue Nahrung zu geben, und allen seinen Unterthanen, auch den geringsten, auch den ärmsten, einen hohen Begrif von der Friedensliebe ihres Monarchen einzuflößen!

Dieser Vorschlag, unsern gangbaren Münzen noch durch ihre Verwandlung in historische Denkmünzen einen neuen moralischen und politischen Werth zu geben, und sie dadurch gewissermaßen zu veredeln, scheint mir um so weniger den Namen einer bloßen müßigen Spekulation zu verdienen, da wir diese Idee wirklich bei den Alten in gewisser Rüksicht realisirt finden, wenigstens insofern als alle ihre umlaufenden Münzen auch gewissermaßen zugleich historische Denkmünzen, und ihre Medaillen zugleich wirkliches Geld waren; daher mehrere gelehrte Münzkundige der Meinung gewesen, daß die Alten dergleichen Medaillen, als wir itzt haben, und die nicht zugleich zum bürgerlichen Verkehr, sondern als wahre Schaustükke bloß für Kabinette bestimmt gewesen wären, gar nicht gehabt haben. Wie dem auch sei, ich werfe meinen Vorschlag als ein Scherflein meines Patriotismus hin, und ich freue mich, daß der verehrungswürdige Kurator unsrer Akademie, [der Staatsminister Freiherr von Heiniz] als Chef des Münzwesens gerade mehr als irgend jemand im Stande ist, zu beurtheilen, ob mein Vorschlag einer nähern Beherzigung und eines Versuches werth ist *).

*) Der Vorschlag fand Beifall, und es war würklich im Werke, einen Anfang zur Ausführung desselben zu machen.

VIII.

Ueber die Verschließung des Janustempels als Symbol des Friedens.

Am Geburtstage des Königs den 25. Sept. 1795, nach dem Baseler Frieden vorgelesen in der Akademie der Künste.

Bei einer Feier, wie die heutige, die dem frohen Gedanken an den wiederhergestellten Frieden und an den Wiederhersteller desselben gewidmet ist, kann es besonders hier im Heiligthum der bildenden Künste, nicht unzwekmäßig scheinen, an die symbolische Darstellung des Friedens unter den Völkern, die den unverwelklichen Kranz der Kunst auch auf uns vererbten, zu erinnern. Griechen und Römer opferten nicht bloß dem furchtbaren Gotte des Krieges. Auch die sanfte holde Göttin des Friedens, Irene, eine Tochter der Gerechtigkeit, hatte bei ihnen Tempel und Altäre.

Ueberdies ward Krieg und Frieden auf eine feierliche Art, die auf Sinne und Einbildungskraft würkte, angekündigt. Unter diesen Feierlichkeiten ist die bei den Römern übliche Verschließung und Eröffnung des Janustempels zwar eine der bekanntesten, aber doch eine der räthselhaftesten.

Denken wir uns einen Augenblik zurük in das alte Rom. Schon an der Wiege dieses kriegerischen Staats ertönte das Geklirr der Waffen, und unter dem Getümmel des Krieges wuchs er zu der furchtbaren Größe und Macht empor, durch die er eine Reihe von Jahrhunderten hindurch das Schrekken aller damals bekannten Völker ward. Nur selten hörte das blutige Schauspiel des Krieges auf eine kurze Zeit auf. Welch einen Eindruk mußte es dann auf das Volk machen, wenn an einem feierlichen Tage der bisher Jahrhunderte hindurch offen gestandene Tempel unter lautem Frohlokken der Bürger von dem Consul in feierlicher Tracht geschlossen ward! Aber wenn nun die Flamme des Krieges aufs neue ausbrach, nnd vor den Augen des Volks die bisher verschlossenen eisernen Pforten des Janustempels mit fürchterlichem Rasseln aufsprangen — welch einen schauerlichen Eindruk mußte alsdann eben diese Feierlichkeit auf die versammelte Menge machen! Seit dem friedlichen Könige Numa, der diese Feierlichkeit einführte, und selbst zum erstenmal den Janustempel schloß, waren beinahe fünf Jahrhunderte verflossen, in welchen Rom einen ununterbrochenen Krieg, erst mit seinen Nachbaren, dann mit den entlegenern Völkerschaften Italiens, endlich auch außer Italiens Grenzen geführt hatte. Itzt war der erste Punische Krieg geendigt. Die Römer hatten das stolze Karthago gedemüthigt, und die furchtbare Nebenbuhlerin entwafnet. Ueberall war das Feuer gelöscht. Es schien, als sollte die bisher zerfleischte Welt nun endlich Zeit zur Heilung ihrer Wunden erhalten. Wer mag sich die Freude denken, mit der damals der fünf Jahrhunderte hindurch offen gestandene Tempel geschlossen ward! Aber ach! noch war kein Jahr vergangen, als schon wieder die furchtbaren Pforten aufsprangen, um wieder zwei Jahrhunderte offen zu stehen, und erst wieder vom Augustus, nachdem er durch den Sieg bei Actium allen bürgerlichen und auswärtigen Kriegen ein Ende gemacht, zum drittenmal binnen sieben Jahrhunderten geschlossen zu werden. Mit welchen Vorstellungen, mit welchen Erinnerungen an Siege und Niederlagen, an Lorbeern und Cypressen, mit welchen Erwartungen, mit welchen Hofnungen und Besorgnissen mußte da die Seele der Zuschauer erfüllt werden! Als der zwischen dem ersten und zweiten Punischen Kriege zum zweiten mal geschlossene Tempel bald darauf zum zweiten mal geöffnet ward — da drängte sich vielleicht unwillkührlich in die stolze Seele des sieggewohnten Römers die Ahnung der bevorstehenden Niederlagen beim See Thrasimen und bei Cannä, und unsichtbar schwebte vielleicht schon als ein Gespenst der Geist des Hannibal vor ihren Augen. Aber als Karthago vertilgt, als Griechenland unterjocht, Asien überwältigt, Gallien besiegt war, als die Bürgerkriege beinahe ein volles Jahrhundert hindurch das Blut der Römer in Strömen vergossen hatten, und nun August durch den Sieg bei Actium den lang entbehrten Frieden wiederbrachte — o mit welchem Jubelgeschrei empfing das Volk unstreitig damals den triumphirenden Verschließer des Janustempels! —

Aber wie kam es, daß die Oefnung dieses Tempels ein Symbol des Kriegs, die Verschließung ein Symbol des Friedens war? Diese Frage ist nicht leicht zu beantworten, da kein einziger alter Schriftsteller darüber eine befriedigende Auskunft giebt. Ueberhaupt waren den spätern Römern die Ursachen und Veranlassungen vieler ihrer, vornehmlich religiösen, Gebräuche unbekannt. Sie schrieben sich fast alle aus dem grauen Alterthum her, so wie der Gebrauch, von dem wir reden, bis zum Numa hinanreicht. Um ihn zu erklären, behalf man sich gemeiniglich mit einer Legende: beim Kriege des Romulus gegen die Sabiner habe sich hier auf einmal ein Strom siedenden Wassers gegen die Feinde ergossen, und darum sei nachher immer dieser Tempel im Kriege offen geblieben, um damit die Hofnung ähnlicher wunderthätiger Hülfe anzudeuten. Es leuchtet in die Augen, wie wenig diese Legende erklärt, was sie erklären soll. Daher sind neuere Alterthumsforscher auf mancherlei Einfälle gerathen. Janus, sagen die meisten, war die älteste, war gewissermaßen die oberste Gottheit Italiens: darum stand sein Tempel vor andern im Kriege offen, um dort zu ihm um Herstellung der Ruhe zu flehen. Aber gesetzt, was sich nicht beweisen läßt, Janus sei wirklich auch von den späteren Römern noch über den Jupiter hinweggesetzt worden, wie ist es bei einem so religiösen Volke, als die Römer waren, begreiflich, daß sie zu ihrem höchsten Gott nur dann zu beten geneigt waren, wenn sie Krieg hatten: hingegen, sobald der

Friede wiederkehrte, seinen Tempel verschlossen, gleichsam als bedürfe es nun des fernern Gebets nicht mehr? — Andere sehen, um den seltsamen Gebrauch zu erklären, den Janustempel als einen Kerker des Friedens an. Steht er offen, so ist der Friede aus seinem Tempel entflohn: wird er verschlossen, so soll der Friede dadurch gleichsam festgehalten werden. Andere, und unter ihnen ist schon Virgil, sehen gerade umgekehrt den Janus als den Gott des Kriegs, und seinen Tempel als sein Gefängnis an. Die Verschließung des Tempels, sagen sie, bedeutet: die Furie des Kriegs liegt gefesselt; seine Eröfnung bedeutet: sie hat ihre Bande zerrissen und wüthet aufs neue. Wie schwach beide Erklärungen sind, fällt sogleich in die Augen. Und wie kam es denn, kann man fragen, daß, wenn Janus der Gott des Friedens, oder, was noch unendlich unwahrscheinlcher ist, der Gott des Kriegs war, wie kam es denn, daß beide, Frieden und Krieg, unter ganz andern und zwar sehr deutlichen Symbolen in mehr als einem Tempel verehrt, aber in keinem eigentlich eingekerkert wurden?

Ich wage es, zur Erklärung jenes uralten Gebrauchs, eine neue Hypothese aufzustellen, die, wenn sie auch wirklich nicht richtiger als die angeführten Erklärungen sein sollte, sich dennoch vielleicht durch eine größere Wahrscheinlichkeit empfiehlt.

Es ist bekannt, daß die Tradition den Janus als den ältesten König Italiens nannte, und daß man in ihm einen Erfinder vieler gemeinnützigen Künste, einen weisen Gesetzgeber, einen glüklichen Beförderer

der

der Kultur verehrte. Er entwöhnte, heißt es, die verwilderten Menschen von ihrer thierischen Lebensart, und knüpfte die bisher schwachen Bande der Geselligkeit durch seine Einrichtungen fester. Seine Regierung war eine glükliche Periode, um so glüklicher, da unter ihm sogar Saturn, aus Kreta verjagt, nach Italien kam. Unter ihrem gemeinschaftlichen Zepter blühete nun auch hier das sogenannte goldene Zeitalter. Die Idee eines ehemaligen bessern Zustandes der Menschheit, eines Zustandes, wo die Menschen, unschuldig wie Kinder, noch frei von allem dem physischen und moralischen Verderben waren, durch das spätere Generationen verpestet wurden, diese Idee findet sich in den Traditionen und schriftlichen Denkmälern vieler alten Völker. Aber keine Nation hat diese Idee so schön ausgebildet, als Griechen und Römer.

Die charakteristischen Züge in dem Gemälde jener verlornen Zeit sind immer Unschuld, Gerechtigkeit, Treue, und vor allen andern Friede, völlige Unbekanntschaft mit den Zwekken, Mitteln und Greueln des Kriegs. So heißt es z. B. in Ovids Beschreibung des goldnen Zeitalters:

Willig und ohne Gesetzzwang übten damals die Menschen
Treu und Redlichkeit, ohne vor Richter und Strafe zu zittern.
Noch umgaben nicht steile Graben und Wälle die Städte.

Damals kannte man nicht des Krieges grause Drommete,
Kannte nicht schmetternde Hörner, kannte nicht Helme noch Schwerter.
Sicher und glüklich, von keinen bewafneten Kriegern beschützet,
Lebten damals die Menschen in ungestöreter Ruhe.

Aber ach! diese goldene Zeit verlor sich in dem dunkeln Alterthum. Sie war längst verschwunden, war längst stufenweise immer mehr ausgeartet, bis an ihre Stelle das eiserne Zeitalter getreten war, das den Krieg gebar.

So wie der Grieche bei dem goldenen Zeitalter an seinen Kronos dachte, unter dessen Zepter es blühete, so wie er eben darum den Kronos sich als den Regenten der Inseln der Seligen dachte, wo die von der Erde verschwundene goldene Frucht zum zweitenmale reifte — so knüpfte sich bei den Römern die nehmliche Idee an den Namen des ältesten durch die Tradition genannten Italienischen Königs, des Janus. Als daher der weise Numa, der friedliche Nachfolger eines kriegerischen Königs, die Ruhe von Aussen und Innen, jene durch Verbannung des Eroberungsgeistes, diese durch weise Gesetze, gegründet hatte — da erbauete er dem Janus einen Tempel, um damit anzudeuten, daß itzt vielleicht jene selige Periode wiederkommen werde, die einst die Regierung des Janus verherrlichte. Und da die Tempel der Alten nicht wie unsre Kirchen bloße Hörsäle waren, und eben darum sich auch durchaus in ihrer

Bauart von diesen unterschieden — da man sich jeden Tempel vielmehr als den Pallast des Gottes, dem er gewidmet war, dachte — so schloß Numa den Tempel des Janus, um damit anzudeuten, er sei wirklich vom Janus bewohnt. Der verschlossene Tempel des Janus rief also gleichsam jedem zu: es ist Friede; Friede wie einst im goldenen Zeitalter des Janus. Wenn hingegen eben dieser Tempel offen stand, so hieß dies in der allegorischen Sprache des Alterthums: es ist Krieg, der Tempel des Janus ist öde und von seinem Bewohner verlassen; Janus und mit ihm die Hofnung eines neuen goldenen Zeitalters ist verschwunden.

Es würde dem Zwek der heutigen Feier zuwider sein, wenn ich diese Hypothese itzt weitläuftig mit Stellen aus den alten Schriftstellern ausschmükken wollte, obgleich sich leicht zeigen ließe, daß manchem von ihnen diese Idee dunkel vorschwebte. Vielleicht verdient indessen wenigstens noch eine Vermuthung erwähnt zu werden. Janus wird bekanntlich mit zwei Gesichtern, wovon nur das eine vorwärts, das andere rükwärts blikt, abgebildet. Es ist unglaublich, was man alles über diese beiden Gesichter geträumt hat. Meine Hypothese giebt indessen zugleich einen Schlüssel zur Erklärung dieser Abbildung. Es ist der Blik der Erinnerung, und der Blik der Hofnung. Mit dem einen gewöhnlich ernstern Gesicht scheint Janus zurük zu blikken in die ehemalige goldene Zeit; mit dem andern heitern Gesicht blikt er vor sich in eine frohe Zukunft, in das künftig einmal wieder aufs neue zu erwartende goldene Zeitalter.

Und so war denn diese Abbildung und jene feierliche Ceremonie eines weisen, menschenfreundlichen Königs, wie Numa, vollkommen würdig. Zwar sind seine Ahnungen nicht eingetroffen. Der Tempel des Janus blieb immer nur auf kurze Zeit verschlossen, immer sprengte aufs neue der Krieg die eisernen Pforten, und hielt sie Jahrhunderte hindurch eröfnet. Aber trennt uns vom Numa gleich ein Zeitraum von drittehalb Jahrtausenden — o so sei uns dennoch das Andenken des weisen Königs heilig, der an der Menschheit nicht verzweifelte, der der kühnen menschenfreundlichen Hofnung fähig war, daß einst eine goldene Zeit kommen würde, wo der Friede ein unauflösliches Band um alle Nationen schlingt, wo alle Menschen sich als Brüder betrachten, und voll Abscheu und Mitleid auf die Zeiten zurükblikken werden, wo die Furie des Krieges auf ihren blutigen Altären Hekatomben von Menschenopfern würgte. O es ist ein süßer, menschenfreundlicher Traum, die Idee eines ununterbrochenen Friedens! Freilich sind St. Pierre und Rousseau, die ein solches künftiges Glük der Menschheit träumten, häufig deshalb als Schwärmer verhöhnt worden; aber man vergaß, daß eben diese Idee, schon lange vor ihnen, selbst in die Seele eines Königs und eines Helden, in die Seele Heinrichs IV., gekommen war. Sollte denn wirklich diese Idee nichts weiter als eine Chimäre sein? Sollte das menschliche Geschlecht, sei der Zeitpunkt auch noch so fern, nicht endlich einmal hoffen dürfen, vor der Geißel des Krieges wenigstens eben so sicher zu werden, als es nach und nach vor der Geißel der Pest geworden? Sollten wenigstens uicht alle, die dazu auch nur von weitem mitwürken können, alle ihre Kräfte aufbieten, diese glükliche Periode der Menschheit zu beschleunigen? Leider haben bisher zwei Klassen von Menschen, die doch nur im Schatten des Oelbaums gedeihen, Gelehrte und Künstler, gerade das Gegentheil gethan. Die Geschichtschreiber haben durch ihre einseitige Behandlung der Geschichte unendlichen Schaden gestiftet. Die Geschichte war bisher mit Blut gefärbt; nur der kriegerische Regent allein ward von dem Griffel der Geschichte verewigt; hingegen ward der friedliche, ruhige Wohlthäter seiner Nation in die Nacht der Vergessenheit gestürzt. Wie beredt war bisher die Geschichte von den Länderverwüstern; wie einsylbig und stumm dagegen von den ruhigen Wohlthätern der Menschheit! Es schien, als wenn ein Fürst nur allein durch Kriege sich einen Namen in der Geschichte machen könnte. Freilich war es viel leichter und bequemer für den Geschichtschreiber, gewaltsame Explosionen zu bemerken und zu zeichnen, als den ruhigen festen Gang einer friedlichen und durch Friedlichkeit wohlthätigen Regierung. Der Name des Großen ward zum Theil an Ungeheuer verschwendet, die einst mit der Fakkel des Krieges die Erde verheerten, oder auch nur verheeren ließen. Aber schon hat die Geschichte einen neuen Schwung genommen, und scheint immer ge rechter und menschlicher werden zu wollen; schon hat sie so manche Idole der Vorwelt von ihren Altären gestürzt, und sicherlich wird sie ihre große Bestimmung immer mehr erreichen, je mehr sie es sich zur Pflicht machen wird, die Verdienste des Erhalters, des Retters, des Vertheidigers, des Beglükkers, des Friedensstifters, dankbarer als die von Blut und Thränen nassen Thaten des Weltenverwüsters mit ihrem Griffel zu verewigen. Es kann nicht fehlen, daß diese Veränderung im Geist und Ton der Geschichte der Vorwelt immer mehr auch einen wohlthätigen Einfluß auf die Nachwelt äußern wird, und daß der fürstliche Jüngling, der dann forthin die Geschichte studiert, in ihr weniger, als bisher, den Zunder zu verheerenden und zerstörenden Leidenschaften finden wird. Auch die Dichter sind mit Schuld daran, daß der unfruchtbare Lorbeer einen höhern Werth erhalten hat, als der nährende Oelzweig, und ihre Posaune schien ihnen seit jeher besser zum Getümmel des Krieges, als zu dem friedlichen Geräusch bürgerlicher Geschäftigkeit, zu stimmen. Aber vielleicht werden auch sie einst ihre Phantasie über die Abgenutztheit des Heldenlobes hinweg zu den bisher von den Dichtern minder betretenen Regionen der Künste des Friedens erheben, und so die Phantasie der Fürstensöhne mehr für das Verdienst der Erhaltung und Verbesserung, als für die unselige Kunst der Zerstörung, entflammen. Auch die Künste haben bisher dem Frieden unendlich wenigere und schlechtere Opfer gebracht, als dem Kriege. Freilich hebt ein feuerspeiender Vesuv die

Phantasie des Künstlers leichter empor, als ein in ruhiger Größe dastehender Berg, dessen Schooß die edelsten Metalle enthält. Aber warum sollte den edlen Künstler, der Kraft und Muth hat, neue Wege zu betreten, der Gedanke des Menschenbeglükkers, des Erhalters und Schöpfers nicht eben so lebhaft begeistern können, als der Gedanke an die Künste der Zerstörung?

Wohl uns! Vielleicht kommt bald die Zeit, wo der menschenfreundliche Traum eines Numa, eines Heinrichs IV., eines Rousseau sich seiner Erfüllung nähert. Vielleicht ist Preußens Monarchen jener unsterbliche, alle Heldenglorie überwiegende Ruhm vorbehalten, den Grundstein zu einem daurenden Frieden in Europa zu legen. Wir nähern uns dem Ende eines blutbespritzten Jahrhunderts. Ach! nur zu klein ist die Anzahl der Jahre desselben, wo Europa die Früchte des Friedens genoß. Die Wiege dieses Jahrhunderts triefte von Blut; aber vielleicht sinkt es nur darum in ein blutiges Grab, damit aus seiner Asche ein besseres Jahrhundert hervorgehe, ein Jahrhundert des Friedens. Schon oft hat Friedrich Wilhelm den glorreichen Oelzweig um seine Krone geschlungen; schon oft hat er Gewitterwolken, die den politischen Horizont bezogen, glüklich abgeleitet. O möge er bald die Freude haben, für unser gesammtes deutsches Vaterland, das von den Ufern des Rheins her seine weinenden Augen zu ihm erhebt, den Janustempel zu schließen! und o möge er, Gesetzgeber wie Numa, Friedensstifter wie Numa, glüklicher als

Numa sein! möge die von ihm verschlossene eiserne Pforte des Kriegs auf ewig verschlossen bleiben!

IX.

Ueber den Ursprung der Weihnachtsgeschenke.

Manche in der That sonderbare und auffallende Gebräuche haben ihr Sonderbares und Auffallendes für uns fast ganz verloren, weil wir von der frühesten Kindheit an daran gewöhnt sind, und ihre Allgemeinheit uns hindert, das Sonderbare darin aus dem Gesichtspunkte anzusehn, woraus sie ein ganz Fremder nothwendig ansehen müßte. In Reisebeschreibungen von entlegenen Ländern ist die Schilderung der Gebräuche und Sitten einer fremden Nation für jeden Leser gewis immer der interessanteste und unterhaltendste Theil. Aber, es fällt uns dabei nur selten ein, daß wir selbst eine Menge Gebräuche im Gottesdienste und im bürgerlichen Leben haben, die die Neugier und Verwunderung andrer Völker und andrer Zeiten gewis eben so stark und stärker zu reizen im Stande wären. Dem Ursprunge solcher Gebräuche, sollten sie auch, dem ersten Anblik nach, noch so unbedeutend scheinen, nachzuspüren, ist vielleicht nicht immer bloß eine unschuldige Beschäftigung einer müßigen Spekulation und zweklosen Neugierde. Ich bin vielmehr überzeugt, daß Untersuchungen der Art den denkenden Kopf oft zu ganz unerwarteten Resultaten und Aufschlüssen führen können, die über eine Menge andrer Ideen Licht verbreiten.

Der Gebrauch der Weihnachtsgeschenke ist eben so alt, als allgemein. Gemeiniglich erklärt man ihn aus der Gewohnheit, bei der Geburt eines neuen Kindes den schon vorhandnen ältern Kindern gleichsam im Namen des neuen Ankömmlings kleine Geschenke zu machen, um sie dadurch gleich vom Anfang an desto fester an ihn zu knüpfen, und die brüderliche und schwesterliche Liebe früher, als sonst vielleicht geschehen würde, allmählig aufkeimen zu lassen. Eben so, meint man, sei der Gebrauch der Weihnachtsgeschenke unter den Christen durch den frommen Gedanken veranlaßt worden, die Kinder dadurch desto früher zur Liebe Jesu zu gewöhnen. Ich will von dem Werth oder Unwerth dieser pädagogisch-religiösen Tändelei itzt weiter nichts sagen, als daß es mir für das menschliche Herz erniedrigend scheint, durch dergleichen armselige Kunstgriffe gute Empfindungen und Gesinnungen hervorzubringen, und Kinder so früh zu der eigennützigen Denkungsart zu gewöhnen, sich ihre Liebe durch Geschenke gleichsam abkaufen zu lassen. Dies, dünkt mich, ist für jeden vernünftigen Menschen so auffallend, daß jene tändelnde Methode wol schwerlich so allgemein werden konnte, um die nun allmälig vergessene Quelle eines allgemeinen Gebrauchs zu werden; und dies um so weniger, da dieser Gebrauch sich nicht bloß über Kinder erstrekt, auf die allein doch jene pädagogische Tändelei anwendbar war.

Noch unzulänglicher ist die Herleitung dieses Gebrauchs aus den Geschenken, die die sogenannten Weisen oder Könige des Morgenlands dem neugebornen Messias gebracht haben sollen. Ohne mich itzt darauf einzulassen, ob diese ganze Tradition, die freilich den Geographen sowohl als den Astronomen in einige Verlegenheit sezt, historische Wahrheit, oder, wie selbst manche kritische Theologen glauben, ein frommer Mythos sei — so läßt sich doch die Kombination der Ideen nicht wohl begreifen, durch die man von Geschenken, die jene Weisen dem vermeinten neugebornen König der Juden nach der Sitte des Orients als ein Zeichen der Unterthänigkeit und Huldigung brachten, zu Geschenken übergegangen sein könnte, die nachher bei der Geburtsfeier ebendesselben an Kinder und andre Personen gleichsam im Namen des Christkindes gemacht wurden.

Wenn ich behaupte, daß dieser Gebrauch nichts mehr und nichts weniger als ein Ueberrest einer heidnischen römischen Gewohnheit, und namentlich der Saturnalien sei, bloß unter einem andern Namen; so kann dies nur dem anstößig und befremdend scheinen, der, unbekannt mit dem Alterthum, überall nicht weiß, wie viel Einrichtungen und Gebräuche in unsrer bürgerlichen und gerichtlichen und vornehmlich gottesdienstlichen Verfassung, aus dieser Quelle als ein Erbtheil auf uns gekommen. Sind doch sogar viele Ideen, die dem reinen Urchristenthum fremd waren, aus der römischen und griechischen Religion, besonders aber aus der Religionsphilosophie der Alexandrinischen Schule, in das theologische System des Christenthums übergegangen. Wie viel leichter war die Forterbung von Gebräuchen, von welchen der sinnliche Mensch überhaupt sich noch weit schwerer als von Ideen losreißen läßt.

In der That findet sich eine überaus auffallende Aehnlichkeit zwischen der Feier der römischen Saturnalien und unserm Weihnachtsfest, eine Aehnlichkeit, die sogar in Kleinigkeiten zutrift. Die Saturnalien der Römer fielen in dieselbe Zeit. Sie wurden vom 17ten bis 24sten Dezember gefeiert, also sieben Tage *). Eben so lange währte anfänglich das Weihnachtsfest, bis es auf vier, und vermuthlich erst im 11ten Jahrhundert auf drei Tage verkürzt wurde **). — Man theilte an diesem Fest allerlei kleine

---

*) Anfänglich zwar nur Einen Tag; durch Julius Cäsar kamen zwei hinzu, seit dem Kaligula noch zwei, und zu diesen fünf rechnete man noch die zwei Tage des Festes Sigillaria. Doch sagt Makrobius, der diese Veränderungen umständlich erzählt (Saturn. l. 1 c. 10) apud veteres jam opinio fuit, *septem* diebus peragi Saturnalia; si opinio vocanda est, quae idoneis firmatur auctoribus etc. Und in Lucians Saturnalien sagt Saturn selbst: ἑπτὰ μὲν ἡμερῶν ἡ πᾶσα βασιλεία. vid. Lipsii Saturn.

**) S. Wildvogelii Chronoscopia legalis p. 286.

Geschenke aus, vornehmlich auch an die Sklaven. Man beeiferte sich zu keiner Zeit so sehr, dem Hausgesinde milde und freundlich zu begegnen, und ihnen wenigstens ein Paar vergnügte Tage im Jahr zu verschaffen. Sie genossen während dieses Festes eine Art von Freiheit, und wurden zu keiner Arbeit angehalten. Eben so machten es die ältesten Christen mit ihren Sklaven beim Weihnachtsfest. (Constitutt. apostol. l. 8. c. 33.) Und noch itzt freut sich das Gesinde auf keinen Tag im Jahr so sehr, als auf Weihnachten. Unter den Geschenken, die man sich zu machen pflegte, war gewöhnlich ein Wachsstok*); noch itzt ein überall gewöhnliches Zubehör der Weihnachtsgeschenke für Kinder und Gesinde. — Zu den gewöhnlichen Speisen an diesem Feste gehörte Honig, als ein Sinnbild des goldnen Zeitalters, da es noch Bäche voll Milch und Honig gab **), und weil man den Saturn für den Erfinder des Honigbaus hielt ***). Auch auf diesen Gebrauch wird noch itzt

*) Macrob. Sat. l. 7. inde mos per Saturnalia missitandis *cereis* coepit. Alii cereos non ob aliud mitti putant, quam quod hoc principe a tenebrosa vita quasi ad *lucem* editi sumus.

**) Beim Lucian (Saturn. c. 7.) sagt Saturn selbst: ὀλίγας ταύτας ἡμέρας ἀναλαμβάνω τὴν ἀρχὴν, ὡς ὑπομνήσαιμι τοὺς ἀνθρώπους, οἷος ἦν ὁ ἐμοῦ βίος, ὁπότε ὁ οἶνος ἔρρει ποταμηδὸν καὶ πηγαὶ μέλιτος καὶ γάλακτος. id. c. 20.

***) Macrob. Saturn. I, c. 7. Placentas mutuo missitant, mellis et fructuum repertorem Saturnum affirmantes.

beim Weihnachtsfest in vielen Provinzen strenge gehalten; und auf ihn bezieht sich die zu keiner Zeit so häufige Verfertigung und Verkaufung der sogenannten Honig- oder Pfefferkuchen. Und eben so hatten auch bei den Saturnalien die Kuchenbäkker ihre volle Arbeit. (Lucian. Sat. c. 13.) In den letzten Tagen derselben war ein öffentlicher Jahrmarkt (Sigillaria), wo allerlei Puppenwerk und Bilderchen, vornehmlich von Wachs (Sigilla), die zu kleinen Geschenken bestimmt waren, verkauft wurden *). Gerade wie auf dem in vielen Städten gewöhnlichen Christmarkt. — Zur Zeit der Saturnalien waren überall nicht nur Schulfeiertage **), sondern auch Gerichtsferien ***). Beide noch itzt zur Weihnachtszeit. Die Gerichtsferien zur Weihnachtszeit wurden schon vom Kaiser Theodosius geboten, (Cod. Theod. l. 2. c. de feriis) nachher vom Valentinian, wie auch von dem griechischen Kaiser Manuel Comnenus, und späterhin nicht nur in dem kanonischen Recht, sondern auch in der Reichskammergerichtsordnung bestätigt ****).

Noch auffallender ist die Aehnlichkeit zwischen beiden Festen, wenn man weiß, auf welche Art in den

*) Macrob. Saturn. l. 10. et 11. — Sueton. in Claud. c. 5. — Spartian, Anton. Carac. 1. id, in Adrian. c. 17.

**) Plin. Ep. 6. 7. Tu in scholam revocas, ego adhuc Saturnalia extendo. Martial. 5. epigr. 84.

***) Martial. l. 7. Ep. 28, 7.

****) S. Wildvogelii Chronoscopia legalis p. 279 und 298.

mittlern Zeiten das Weihnachtsfest gefeiert ward. Das berühmte Narrenfest, das ohngeachtet aller dagegen von Regenten, Concilien und Päbsten gemachten Verordnungen sich bis gegen das Ende des 16ten Jahrhunderts erhielt *), und wovon noch itzt, vorzüglich zwar in katholischen Ländern, aber doch auch hie und da noch unter den Protestanten, Ueberreste sind **), ward gewöhnlich in den Weihnachtstagen gefeiert; wenigstens fiel es immer zwischen Weihnachten und dem Fest Epiphanias. Die Ausgelassenheiten und Ausschweifungen, die dabei vorgingen, waren denen an den Saturnalien sehr ähnlich. Wie an diesen die Sklaven die Rolle des Herrn spielten, und die Herrn sich auf diese kurze Zeit wol gar gefallen ließen, den Befehlen ihrer Sklaven zu gehorchen — eben so legten selbst Bischöfe an dem Narrenfest ihre Würde ab, und ließen sich ganz zu ihren Untergebnen herab. Und wie bei den Saturnalien unter den Sklaven ein Gastmalskönig durchs Loos erwählt ward ***), so ward auch ein Narrenbischof, oder wol gar ein Narrenpabst aus den niedrigern Kir-

*) Dufresne Glossar. v. Kalendae.

**) Z. B. die in der Christnacht gewöhnlichen Verkleidungen in Engel, Hirten u. s. w.; die Besuche, die das sogenannte Christkind und der Knecht Ruprecht in Häusern, wo Kinder sind, machen; eine Gewohnheit, die auch in unsern Gegenden, vornehmlich auf dem Lande (ja selbst in Berlin) noch sehr im Gange ist.

***) Lucian. Saturn. c. 2. et 4.

chenbedienten erwählt, der alle geistliche Funktionen eines förmlichen Bischofs verrichtete *). Die Mummereien, Tänze, Schwänke, Possen und Ausschweifungen, die bei diesem Fest vorfielen, stimmen genau mit der Feier der Saturnalien überein, bei denen ebenfalls alle Arten von Narrheit und Ausgelassenheit gleichsam privilegirt waren, wie vornehmlich aus Lucians Saturnalien erhellt.

Selbst in der Absicht und Bedeutung der Feier fand sich zwischen beiden Festen eine Aehnlichkeit, die der Beibehaltung der saturnalischen Gebräuche bei den Christen sehr das Wort reden muste. Die Saturnalien waren ein Bild des ehmaligen goldnen Zeitalters, da noch keine Verschiedenheit der Stände Menschen von Menschen trennte, da noch völlige Gleichheit und Freiheit unter den Menschen herrschte, und es eben so wenig einen Herrn als einen Sklaven gab. Eine süße Phantasie, deren Abbildung wol eines siebentägigen Festes werth war! — Die Geburt Jesu sah man von den frühsten Zeiten der Kirche ebenfalls als den Anfang eines neuen goldnen Zeitalters an, und man deutete daher mehrere poetische Stellen der

---

*) Mitten in der Feier der Saturnalien fiel das Fest der Laren, nehmlich (Macrob. Sat. I, 10.) XI. Kal. Ian. d. i. den 22. Dez. An diesem Feste pontifizirten die Sklaven. (Dionys. Hal. l. iv. p. m. 219.) grade wie bei dem Narrenfeste die untern Kirchendiener. Auch zogen die Sklaven bei den Saturnalien die Kleider ihrer Herren an. Dio Cass. l. 60. p. 957. (ed. Reim.)

hebräischen Dichter darauf als Weißagungen. Man erwartete von Jesus eine Wiederherstellung des paradisischen Standes der Unschuld (der doch, einige besondre orientalische Modifikationen abgerechnet, im Grunde einerlei mit dem goldnen Saturnischen Zeitalter der Griechen und Römer, und, so gut als dieses, ein süßer poetischer Traum ist). Und da man nicht beweisen konnte, daß durch das Christenthum die leibliche Knechtschaft aufgehoben worden (obgleich — seltsam genug! — viele neuere Schriftsteller uns die Aufhebung der Sklaverei als eine Wirkung des Christenthums nennen, ohne sich zu erinnern, daß es christliche Nationen sind, die in Amerika und Westindien ihre Negersklaven im Ganzen gewis mit mehr Härte und Barbarei behandeln, als ehemals Römer und Griechen die ihrigen) — so half man sich durch den Begrif einer geistlichen Knechtschaft. Denn die allegorisirende Mystik trug alle Verhältnisse und Situationen des bürgerlichen Lebens in die Religion über, und im Grunde ist doch der Begrif einer geistlichen Knechtschafr immer noch richtiger und verständlicher, als die Begriffe von geistlicher Zeugung, geistlichen Vermälungen, geistlichen Geburten und Wiedergeburten, geistlichem Tode u. s. w. Endlich, da man merkte, daß es vor der Hand mit dem goldnen Zeitalter doch nicht recht gehn wollte, träumte man eine künftige zweite Erscheinung Jesu, und ein tausendjähriges Reich, wo denn das goldne Zeitalter oder der Stand der Unschuld erst in völliger Reinheit und Schönheit wieder aufblühen sollte. Ob

sich

sich die römischen Sklaven, wenn's mit ihrer Saturnalienkomödie zu Ende ging, auch mit einem solchen künftigen tausendjährigen goldnen Zeitalter getröstet haben mögen, weiß ich nicht; aber wol mögt' ich den itzigen Negersklaven einen solchen süßen Traum wünschen, um sich damit bei der Grausamkeit ihrer christlichen Tyrannen zu beruhigen.

Eben diese mystische Aehnlichkeit beider Feste konnte vielleicht am ersten Anlaß geben, die Weihnachtsfeier in die Zeit der Saturnalien zu verlegen, wiewohl ich vermuthe, daß man doch, um zu verhüten, daß man beide Feste nicht ganz für einerlei hielte, das Weihnachtsfest erst grade den Tag angehen ließ, mit dem die Saturnalien aufhörten. Die gewöhnliche muthmaßliche Herausrechnung des 25sten Dezembers als des wirklichen Geburtstags Jesu fällt ins Lächerliche. Es ist bekannt, daß der eigentliche Geburtstag des wohlthätigen Stifters unsrer Religion durchaus ungewis ist *). Mehrere Jahrhunderte, wenigstens die beiden ersten, verstrichen, ohne daß dies Fest gefeiert wurde. Erst im dritten Jahrhundert scheint es aufgekommen zu sein. Aber die morgenländische Kirche, in deren Nähe keine Saturnalien gefeiert wurden, feierte es den 6ten Januar **), und nur die

*) Clemens Alexandr., ein Schriftsteller des zweiten Jahrhunderts, führt schon die zu seiner Zeit sehr widersprechenden Meinungen darüber an. Strom. I. p. m. 340.

**) s. Bingham origines ecclesiast. Vol. 9. p. 67. sqq.

abendländische den 25. December, bis zu Chrysostomus Zeit (also erst am Ende des 4ten Jahrhunderts) auch die morgenländische Kirche sich zu diesem Tage bequemte *).

Wem es unbegreiflich scheinen sollte, wie sich die ersten Christen entschließen konnten, die Gebräuche eines heidnischen Festes bloß mit Veränderung des Namens zu adoptiren, der muß die Anhänglichkeit des großen Haufens an alte hergebrachte Gebräuche nicht kennen. Es ist ja selbst aus dem neuen Testament bekannt, wie schwer es den aus den Juden bekehrten Christen, ja selbst den Aposteln, ward, ihre jüdischen Vorstellungen und Rituale ganz abzulegen. Sollte es denen, die aus dem Heidenthum zur christlichen Religion übergegangen waren, weniger schwer gewesen sein, allen ihren ehmaligen religiösen Gewohnheiten zu entsagen? Man sieht dies ja noch in unsern Tagen an den von neuern Missionarien, mögen es Jesuiten oder Zöglinge des hallischen Waisenhauses sein, gestifteten neuchristlichen Gemeinen in Asien und Amerika. Sie behalten ihre alten Begriffe und Gebräuche wenigstens zur Hälfte bei und vereinigen sie mit der neuen Ueberlieferung, so gut sie können, zu einem Ganzen. Eben so bei den ältesten Christen. Und die Bischöfe verstanden auch schon damals, so gut wie in neuern Zeiten die Jesuiten, die große Kunst, allen alles zu werden, und selbst die Vorurtheile und Misbräuche ihrer heidnischen Zeitgenossen zu ihren from-

*) Chrysost. homil. 31 de natali Christi.

men Absichten zu nutzen. Sie sahen ihnen daher gern in der Anhänglichkeit an ihre alten Gebräuche und Vorurtheile nach, und waren öfters zufrieden, nur einen neuen Namen an die Stelle des alten gepflanzt zu haben. Selbst der von schmeichelnden Priestern Groß gelogene Konstantin, der (wie selbst aus seinem kriechenden Lobredner, Eusebius, erhellt) gegen die Anhänger der römischen Religion eben so intolerant und intoleranter war, als es mehrere seiner Vorfahren gegen die Christen gewesen waren, hatte doch nach eben diesem Eusebius, um die christliche Religion den Heiden annehmlich zu machen, den Grundsatz, den äußern Pomp und Schmuk von diesen für jene zu borgen. So kam es denn, daß das ganze Rituale der römischheidnischen Religion in die römischchristliche überging und noch itzt darin, sogar bis auf manche äußerst unanständige Gebräuche, fortdauert *). Und selbst wir Protestanten richten uns in manchen an sich unschuldigen Kirchengebräuchen nach dem Beispiel der alten römischen und griechischen Religion **).

Es ist auch keine bloße aufs ungewisse gewagte

*) So sah noch 1780 der Ritter Hamilton zu Isagna in Abruzzo dem heiligen Cosmus unter dem züchtigen Namen großer Zehen wächserne Priapen opfern. s. Götting. Taschenbuch 1784. S. 47 f.

**) Um nur ein Beispiel anzuführen, warum stehn auch in unsern Kirchen die Altäre immer gegen Morgen? Aus keiner andern Ursache, als weil dis eine heilige Observanz bei den Römern war. s. Vitruv. L. IV. c. 5.

Vermuthung, daß die Christen in den ersten Jahrhunderten vor der Einführung des eigentlichen Weihnachtsfestes die römischen Saturnalien mitgefeiert. Es ist vielmehr ein aus den Kirchenvätern nnd namentlich dem Tertullian historisch erweisliches Faktum. Und ob gleich Tertullian (in seinem Buche vom Götzendienst) gegen die Anhänglichkeit der neuen Christen an ihre alten Feste und Gebräuche, und namentlich an die Saturnalien, sehr nachdrüklich eifert *), so scheint doch sein Eifer eben so fruchtlos gewesen zu sein, als es in den mittlern Zeiten der Eifer so vieler vernünftigen Geistlichen, gegen das sogenannte Narrenfest und Eselsfest, und andre zum Theil eben so schändliche als lächerliche Gebräuche war;

---

*) Tertvll. *de Idolatr.* c. 13. „Hoc loco retractari oportet de festis diebus et aliis extraordinariis solemnitatibus, quas interdum lasciviae, interdum timiditati nostrae subscribimus, adversus fidei disciplinam communicantes nationibus in idolicis rebus." Und c. 14. „Nobis *Saturnalia* et Januariae et Brumae et Matronales frequentantur? *munera commeant? strenae consonant?* lusus, convivia constrepunt?" O melior fides nationum in suam sectam, quae nullam solemnitatem Christianorum sibi vindicat! Non dominicum diem, non Pentecosten, etiam si nossent, nobiscum communicassent. timerent enim ne Christiani viderentur; nos ne ethnici pronuntiemur, non veremur. Beiläufig bemerke ich, daß, wenn zu Tertullians Zeiten schon das eigentliche Weihnachtsfest wäre gefeiert worden, er es hier gewis erwähnt haben würde und müßte.

und eben so fruchtlos, als noch itzt häufig der Eifer vieler aufgeklärter Prediger gegen die Misbräuche und Ausschweifungen der sogenannten Christnacht ist.

Wer aus dem bisher gesagten schließen wollte, daß ich das Weihnachtsfest für ein unnützes überflüssiges Fest hielte, der würde mir wahrlich sehr Unrecht thun. Das menschliche Geschlecht hat dem liebenswürdigen Stifter der christlichen Religion zu viel zu danken, als daß es nicht das Andenken dieses wolthätigen menschenfreundlichen Gesandten der Vorsehung auf alle mögliche Art zu verewigen verpflichtet wäre. Und ist gleich sein Geburtstag durchaus ungewis, so daß selbst einer der größten Chronologen, Jos. Skaliger *), gesteht, nur Gott allein könne ihn wissen, so muß doch auch der durch eine alte Tradition und Observanz angenommene Geburtstag desselben jedem Bekenner seiner reinen Vernunftsreligion gewis eben so heilig, und heiliger sein, als den Schülern und Nachfolgern des Sokrates und Plato noch viele Jahrhunderte nach ihrem Tode der Geburtstag dieser athenischen Weisen war *). Aber soviel ist und bleibt doch richtig, daß nie das Gedächtnisfest eines großen oder verdienstvollen Mannes seit den ältesten Zeiten her mit so vielen Tändeleien, Ungereimtheiten und zum Theil schändlichen Misbräuchen verunstaltet worden, als das Geburtsfest Jesu, und wer hiervon noch nicht genug überzeugt ist, darf ja nur die Weihnachtslieder

*) De emendat. temp. p. 545.

*) Plut. Symp. 8, 1. Porphyr. in vita Plot.

in dem ersten besten, ja selbst in manchem neuen Gesangbuche aufschlagen, um mit Staunen und Unwillen zu sehn, zu welchen die Gottheit und den gesunden Menschenverstand erniedrigenden Vorstellungen dies Fest Anlaß gegeben hat *), das, um jedem Christen ehrwürdig zu sein, wahrlich keines mystischen Unsinns bedarf.

*) Der unbefangene gesunde Menschenverstand muß es für wahre Gotteslästerung erkennen, zu singen, wie noch itzt eine Menge christlicher Gemeinden, sogar in Berlin, singen können: »Kleiner Knabe, großer Gott,« (s. Porst. Gesangb. Nr. 41. v. 1) oder (Nr. 37. v. 2.) »der allerhöchste Gott wird gar ein kleines Kind«. Bei Gott, wie ist es möglich, daß selbst Geistliche solche Gotteslästerungen — nicht dulden — nein als Gottesverehrungen mit andächtigem Eifer und heiliger Verschwärzung der andersdenkenden noch itzt vertheidigen können!!

X

Ueber die Begräbnisse in den Kirchen.

(1785)

Nichts ist schwerer als ungereimte Gewohnheiten, die ein Alter von mehrern Jahrhunderten ehrwürdig gemacht hat, mit bloßem Räsonnement auszuzurotten. Aber die Sache wird unendlich schwerer, wenn diese Gewohnheiten durch irgend ein Band mit religiösen Ideen zusammenhängen. Wie lange und wie oft hat man nun nicht schon vergebens gegen die schädliche Gewohnheit, Leichen nicht bloß innerhalb den Städten, sondern sogar in den Kirchen zu begraben, geeifert! Wie oft hat man auf die Gefahren aufmerksam gemacht, mit denen die wegen der Menge versammleter Menschen ohnehin schon nicht reine, nun aber gar durch die faulen Ausdünstungen modernder Körper verpestete Luft in der die meiste Zeit verschlossenen Kirche der Gesundheit drohet, und wobei der Andächtige gerade am meisten zu besorgen hat, je mehr er seine Aufmerksamkeit von äußern Gegenständen abzieht, und beim eifrigen Gesang jedesmal einen Strom unreiner Dünste in sich hineinsingt, oder bei einer frommen Rührung hineinseufzt.

Man sollte glauben, es sei auch dem einfältigsten Menschen begreiflich zu machen, daß es eine Ungereimtheit sei, das sogenannte G o t t e s h a u s zu einer T o d t e n g r u f t zu machen, sei's nun, daß man die Leichen unmittelbar in dem Fußboden der Kirche verscharrt, oder diese mit Gewölben unterminirt, oder wol gar (wie in Berlin bei mehrern Kirchen) mit den Sitzen der Gemeine parallel eigne Zimmer in der Kirche zur Aufbewahrung der hier übereinander gethürmten Leichen anlegt. Man sollte glauben, de gemeinste Mensch müsse begreifen, wie leicht durch die faulenden Ausdünstungen Krankheiten der gefährlichsten Art verursacht, und schnell und epidemisch verbreitet werden können, wovon man nur zu häufige Beispiele hat, und daß es widersinnig sei, dem Todten für baare Bezahlung das Privilegium zu tödten zu geben. Aber der Kampf gegen Gewohnheit, Eitelkeit und religiöse Vorurtheile, die hier verbündet streiten, ist schwerer als Herkules Kampf gegen die hundertköpfige Hydra. So lange vornehmlich so viele Prediger durch ihr eignes Beispiel diese abscheuliche Gewohnheit heiligen, und, sei es aus Stolz oder aus Mangel an Einsicht, die Beerdigung in der Kirche als anständiger für sich ansehen, und dadurch auch bei manchen schwachen aber eiteln Laien das Verlangen hervorbringen, lieber an der Seite ihres Beichtvaters, als mitten unter dem unheiligen Pöbel zu verwesen; so lange, sage ich, so viele Prediger diesen Luxus begünstigen, statt öffentlich als Lehrer des Volks gegen ihn zu eifern, welches er gewis mit weit mehrerm Rechte verdiente, als andre Arten des Luxus, gegen die öfters gepredigt worden, und durch welche der Eitle höchstens sich selbst schadet, dagegen die Folgen des Luxus, in der Kirche verwesen zu wollen, lediglich andre ganz schuldlose Menschen treffen — so lange wird freilich das Vorurtheil, daß ein Begräbnis in der Kirche ehrenvoller und vornehmer sei, fest bestehen, und der reiche Bösewicht, wenn er will, auch noch nach seinem Tode Gelegenheit erhalten, seinen Mitbürgern zu schaden, und was er ihnen lebend nicht nehmen konnte — die reine Luft — ihnen noch todt, wenigstens an einem Tage in der Woche zu rauben. Denn wenn diese Ehre, falls es eine Ehre ist, nur solchen Männern widerführe, die sich würklich um Staat und Kirche verdient gemacht, und für die ein Grab in der Kirche ein Zeichen der öffentlichen Dankbarkeit und Anerkennung ihrer Verdienste wäre: so könnte man zwar immer noch einwenden, daß es nicht nur ungereimt, sondern auch ungerecht sei, das Verdienst eines Verstorbenen auf Kosten der Gesundheit vieler Lebenden zu ehren, aber man würde sich doch diese übelverstandene Dankbarkeit immer eher gefallen lassen, als die Ungereimtheit, diese ehrenvollere Beerdigung an jeden, der Lust hat, für die Taxe zu verkaufen. Dies verräth genugsam den Ursprung dieser Gewohnheit, die nur in einer Kirche entstehen konnte, wo selbst Vergebung der Sünden und Erlösung von den Strafen des künftigen Lebens für klingende Münze feil ist. Wahrlich, Protestanten sollten sich schämen, diesen katholischen Misbrauch unter sich länger zu dulden.

Niemand kann, wenn es auf die Gründe zur Abschaffung dieses Misbrauchs ankömmt, eine gültigere Stimme haben, als der Arzt, der übrigens kein unmittelbares Interesse dabei hat, ob seine Todten auf dem Kirchhofe oder in der Kirche, in oder außer der Stadt, begraben werden. Aber fast alle Aerzte erklären einstimmig die Begräbnisse in den Kirchen, und die freilich weniger schädlichen, aber doch immer schädlichen Kirchhöfe in der Stadt für eine der Gesundheit ihrer Mitbürger höchstgefährliche Einrichtung. Ich verweise meine Leser hier auf das, was erst ganz neulich der Göttingische berühmte Arzt Gmelin hierüber in seinem Buche: Ueber die neuern Entdekkungen in der Lehre von der Luft und deren Anwendung auf die Arzneikunst geschrieben. Er beweist aus mehrern Beispielen überzeugend und einleuchtend, daß »die Gewohnheit, Todte in Kirchen zu begraben, nicht nur »einzelnen Menschen tödtlich, sondern auch »ganzen Gemeinen, welche diese Kirchen besuchen, »in Absicht auf ihre Gesundheit höchst nachtheilig »werden kann. Die Natur der Sache, sagt er, giebt »es, daß diese Gefahr bei heißer Jahreszeit, bei um»gehenden Krankheiten, an welchen viele Leute auf »einmal sterben, noch viel größer ist u. s. w.« Aber troz allen Gründen, womit bisher Physik und Arzneikunde und Menschenliebe gegen diese abscheuliche Gewohnheit gestritten, dauert sie überall fort, wo nicht die starke Hand der Regierung selbst sie vertilgt hat. Eben darum muß es wahrlich jedem Menschenfreunde eine erfreuliche Nachricht sein, daß gerade itzt*) auch unsre Regierung und Polizei, nament-

---

*) nehmlich 1785. Aber man ist seitdem in Berlin noch

lich in Berlin, aufs neue ernstlich darauf bedacht ist, diesen Misbrauch und Verunheiligung der Kirchen abzuschaffen, ohne sich durch die Schwierigkeiten, die sich diesem wohlthätigen Plan entgegensetzen, abschrekken zu lassen. Wenn dann in künftigen Jahren auf der Mortalitätsliste die Zahl der Gestorbnen sich merklich verringert zeigt, woran ich nicht zweifle — welches edle erhabne Gefühl muß dann den Patrioten bei dem Gedanken beleben, daß er durch seine Anstalten vielleicht mehrern Hunderten das Leben verlängerte! Dies Bewußtsein müsse ihm dann statt einer Bürgerkrone dienen, womit das alte Rom ihn belohnt hätte.

In der That wäre es ein Triumph der Aufklärung, wenn endlich in unserm nach dem Titel des aufgeklärten so begierigen Zeitalter diese Gewohnheit

---

um nichts weiter gekommen. Mehr als einmal hat das Generaldirektorium, als die Hauptlandespoliceibehörde, vereinigt mit dem Medicinaldepartement, mehr als einmal hat das Berlinische Policeidirektorium mit Einsicht und Eifer an der Abstellung des abscheulichen Misbrauchs der Kirchenbegräbnisse gearbeitet. Aber noch immer sind alle Versuche völlig fruchtlos geblieben, weil die Kirchen und Kirchendiener nichts an ihren Einkünften verlieren wollten, und die dafür geforderte Entschädigung sich so hoch belief, daß dazu kein angemessener Fonds gefunden werden konnte. Wie weit steht hier Berlin noch hinter vielen andern großen, ja kleinen Städten zurük, wo man jene menschenmörderische Entheiligung der Kirchen längst abgeschaft hat.

ganz abgeschaft würde, die ein Ueberrest eines barbarischen unaufgeklärten Zeitalters ist. Denn wenn wir die Geschichte fragen, so finden wir, daß sie in der christlichen Kirche in einem Zeitalter aufkam, wo die Andächtelei mehrere Gegenstände der Polizei in das Gebiet der Religion hineinzog, und frommer Aberglauben die Köpfe so umnebelt hatte, daß sie wol gar eine Heiligkeit in Dingen zu sehen glaubten, die der gesunde Menschenverstand früherer Zeiten für eben so unheilig als schädlich anerkannt hatte.

In den aufgeklärtesten Staaten Griechenlands war das Begraben in der Stadt durchaus verboten. Nur in dem paradoxen Sparta war es gesetzmäßig*). In andern Staaten war es theils nur in den Zeiten der Barbarei geschehen, theils erlaubte man sich nur zur Ehre eines verdienten Mannes eine seltene Ausnahme. So wurden die Erbauer der Städte in den ältesten Zeiten auf dem Marktplatz ihrer Stadt beerdigt. In den ältesten und rohesten Zeiten hatte man aber auch selbst in den Tempeln berühmten Männern ein Grab verstattet, oder vielmehr, man hatte über ihren Gräbern Tempel erbauet. Wie die Athener zu Ciceros Zeiten dachten, sieht man am deutlichsten aus folgender Stelle eines Briefes des Sulpicius an den Cicero (Epp. ad Fam. IV, 12.) Ab Atheniensibus locum sepulturae ut darent *intra urbem,* impetrare non potui, quod *religione ſe impediri* dicerent; neque tamen ante id cuiquam conceſſerant.

*) Plutarch im Lykurg.

Im alten Rom waren die Begräbnisse in der Stadt seit den ältesten Zeiten verboten. Unter den Gesetzen der 12 Tafeln war die ausdrükliche Verordnung: Die Leichen soll man in der Stadt weder begraben noch verbrennen. Man erlaubte sich freilich auch hier Ausnahmen, und diese wurden endlich so häufig, daß jene alte Verordnung unter dem Konsul Duillius mit Ernst erneuert ward. Eben dies geschah von den Kaisern Hadrian und Antonin dem Frommen u. s. w. (Ulpian in digest. l. 47. t. 12. l. 3. Iul. Capit. Ant. 12.) Der alte Jurist Paulus giebt davon den Grund an: Corpus *in civitatem* inferri non licet, ne *funestentur sacra* civitatis.

Auch die christlichen Kaiser wiederholten dies Verbot. Theosius II. untersagte ausdrüklich die Begräbnisse nicht uur in den Städten, sondern vornehmlich und namentlich in den Kirchen, die damals allmälig Mode zu werden anfingen (Cod. Thtodos. l. IX. t. 17 l. 6.). Justinian wiederholt bloß das leztere Verbot (Cod. Just. l. 1. t. 2. l. 2.). Leo der Weise, der aber hierin, wie in vielen andern Dingen, sich nichts weniger als weise zeigte, hob endlich alle alte Verordnungen gegen das Begraben in den Städten auf, und überließ es der Willkühr eines jeden, seine Todten in oder außer der Stadt zu begraben (Novell. LIII.)

Sonderbar ist es, daß verschiedene Kirchenväter den Heiden einen Vorwurf daraus machten, daß in ihren Tempeln Menschen begraben lägen, welcher doch nur von der Asche einzelner verdienter Männer oder solcher, die den Tempel erbaueten, zu verstehen war, indem weder Griechen noch Römer jemals ihre Tempel zu öffentlichen Leichengrüften für jedermann, der die Taxe bezahlen konnte, erniedrigten. Arnobius (adversus gentes l VI.) sagt: multa templa *auctorum* contegunt *cineres* atque ossa. Nonne patet *inexpiabilem* fieri *numinibus contumeliam*, quorum delubra et templa mortuornm superlata sunt bustis? Und beim Minucius Felix (c. 8) wird sogar den Christen von dem Heiden Cäcilius der Vorwurf gemacht: *Templa ut busta* despiciunt.

Und siehe eben diese Christen, die noch im dritten Jahrhundert die Tempel der Heiden verachteten, weil sie die Asche irgend eines verdienten Mannes aufbewahrten, die dies als eine unverzeihliche Beschimpfung der Gottheit ansahen, eben diese fingen schon im vierten Jahrhundert allmälig an, ihre Kirchen mit frischen Leichen zu entweihen.

Die erste Veranlassung dazu waren unstreitig die geheimen gottesdienstlichen Zusammenkünfte der ersten Christen in den unterirdischen Todtengewölben, oder den sogenannten Krypten und Katakumben, wozu die Furcht und der Druk, unter dem sie lebten, sie nöthigte. Sie machten also aus Noth die Todtengrüfte zu Kirchen. Wir machen aus Eitelkeit umgekehrt die Kirchen zu Todtengrüften.

Eine noch nähere Veranlassung zu den Begräbnissen in der Kirche gab die bei der allmälig für die

Christen wachsenden Religionsfreiheit aufkommende Gewohnheit, über den wirklichen oder vermeinten Gräbern der Heiligen und Märtyrer Kirchen zu erbauen, oder in die schon erbauten Kirchen ihre Ueberreste zu bringen. Im Grunde war dies, wie mehrere von den Christen theils beibehaltne theils angenommene Gewohnheiten, eine Nachahmung jenes schon oben angeführten heidnischen Gebrauchs, über den Gräbern verdienter Männer Tempel zu erbauen; wogegen Clemens von Alexandrien und Arnobius hitzig eifern. — Indessen war dies alles doch noch kein eigentliches Begraben in der Kirche. Aber nun entstand nach und nach bei vielen gutherzigen aber schwachen Menschen der Wahn von einer besondern Heiligkeit der Erde, worin ein Heiliger und Märtyrer verwese, und damit auch natürlich der Wunsch, an der Seite eines solchen Heiligen und gleichsam unter seinem unmittelbaren Schutze zu schlummern. Mancher glaubte wohl gar in frommer Einfalt, daß die Nähe eines heiligen Körpers und die Ausdünstungen desselben irgend einen wohlthätigen Einfluß auf ihn noch im Tode haben könnten, wenn auch nicht um dadurch wieder lebendig zu werden, wie es einst ein Todter durch die Berührung des Leichnams des Propheten Elisa ward, (2. B. d. Kön. 13, 21.), doch um vielleicht an seiner Heiligkeit auf irgend eine Art Theil zu nehmen. Denn schon in alten Zeiten schrieb der fromme Aberglaube selbst den Ausdünstungen verstorbner Heiligen eine wunderthätige Kraft zu, so wie er sie noch in den neuesten Zeiten an dem

Grabe des Abbé Paris und des Bettlers Labre zu empfinden wähnte.

Es vergingen indessen mehrere Jahrhunderte, ehe das Begraben in den Kirchen selbst gesetzmäßig erlaubt ward. Konstantin der Große ließ sich doch nur in dem Vorhofe der von ihm erbauten Apostelkirche begraben, und Chrysostomus triumphirt mächtig darüber, daß der große Kaiser im Grabe ein Thürhüter der Fischer sei, wie er sich ausdrükt (homil. 26.). Sonderbar ist es, daß Theodosius II, der in seinem Gesetzbuch das Verbot des Begrabens in den Städten erneuerte und das speciellere Verbot des Begrabens in den Kirchen ausdrüklich hinzufügte, dennoch sich selbst auf gleiche Art wie Konstantin im Vorhofe der Kirche begraben ließ, wo auch ehemals sein Vater Arkadius und sein Großvater, der ältere Theodosius, begraben worden *).

Im sechsten Jahrhundert ward auch schon dem Volke das Begräbnis vor der Kirche erlaubt. Aber das Begräbnis in der Kirche ward aufs neue ausdrüklich nicht nur von Justinian, sondern auch von dem ersten Koncilium zu Braga verboten. Dies Verbot ward auf mehrern Koncilien erneuert, vornehmlich auf dem zu Mainz unter Karl dem Großen (A. 813), der diesen Beschluß ausdrüklich in seinen Kapitularen bestätigte. Doch erlaubte man sich schon früh sehr beträchtliche Ausnahmen. Kaiser, Könige, Bi-

*) Niceph. l. XIV. C. LVIII.

Bischöfe, Priester und die Erbauer einer Kirche wurden ohne vieles Bedenken in den Kirchen begraben. Schon der Patriarch Chrysostomus ward in der Apostelkirche zu Konstantinopel begraben *), und der Kanon des oben erwähnten Mainzer Conciliums lautet also: Nullus mortuus intra ecclesiam sepeliatur nisi *episcopi* aut *abbates* aut digni *presbyteri* aut *fideles* laici.

Nun ward natürlich eine neue Triebfeder des Wunsches, in der Kirche begraben zu werden, in Bewegung gesetzt. Der Eitle mußte es allerdings für sich sehr wünschenswerth finden, in so vornehmer oder gläubiger Gesellschaft mitten unter Kaisern und Bischöfen zu verwesen. Die Sache ward nun meistens der Willkühr der Geistlichkeit überlassen. Alle noch selbst im 11ten Jahrhundert erneuerte Verbote waren umsonst. Endlich bestätigten die Päbste Leo III. und Gregorius IX. sogar die Erbbegräbnisse in den Kirchen. Der Geiz der Priester fand bei dem frommeiteln Wunsche der Laien, in der Kirche zu verwesen, seine gute Rechnung, und so kam es endlich dahin, daß die christlichen Kirchen allgemeine Herbergen der Todten wurden, in die jeder, der bezahlte, gutwillig aufgenommen ward. Und so stehen leider die Sachen noch itzt, selbst in vielen protestantischen Ländern, selbst in Berlin. Aber wahrlich es ist Zeit, daß wir endlich aufhören, die Gesundheit einer Menge Menschen der frommen Ei-

*) Socrat. l. VII. C. XLV.

telkeit einiger Schwachköpfe Preis zu geben, und diese letztere bloß darum zu schonen, weil die Kirchen eine sehr gute Einnahme davon haben.

Denn der Verlust der Kircheneinkünfte ist doch würklich nur der einzige Einwurf, den man dem Verbot der Kirchenbegräbnisse mit einigem Anschein entgegen setzen kann. Man könnte fragen: Sollen denn unsre Kirchen wie Vespasian denken: lucri bonus *odor* ex re qualibet? Aber in der That, der Einwurf verdient allerdings ernstliche Beherzigung. Unsere protestantischen Kirchen sind überall sehr arm im Vergleich mit den katholischen. Sie können sich durch keine Seelenmessen und durch keinen Handel mit heiligen Bilderchen und geweiheten Amuleten bereichern. Es wäre also hart und unweise zugleich, ihnen eine Quelle ihrer Einkünfte, deren sie zu ihrer eignen Erhaltung und zur Besoldung ihrer Prediger bedürfen, zu nehmen, ohne für den Ersatz derselben zu sorgen. Aber sollte denn diese Schwierigkeit unüberwindlich sein? Wir haben in Berlin ein eignes Leichenkommissariat. Man könnte fragen; wie kömmt's, daß dieses nicht zum Besten der Kirchen verwaltet wird? Wenn man doch einmal die Beerdigungsanstalt, so sehr sie ihrer Natur nach bloß Polizeisache ist, zur kirchlichen Sache gemacht hat, warum ist sie es nur halb? Da ferner die aus den Kirchenbegräbnissen gezognen Einkünfte doch eigentlich lediglich auf die Eitelkeit der Sterbenden und ihrer Angehörigen kalkulirt sind — sollte es denn kein Mittel geben, diese Eitelkeit ohne Gefahr der

Lebenden und zugleich ohne Nachtheil der Kircheneinkünfte in Kontribution zu setzen? Keine Auflagen sind gerechter als die auf Bedürfnisse und Wünsche der Eitelkeit, und keine Taxe ist ergiebiger als diese. Je höher sie ist — desto mehr Reiz für den Eiteln, so lange er sie irgends bezahlen kann. Könnte man also nicht zum Besten der Kirchen auf den Kirchhöfen eine eigne Abtheilung, die man allenfalls über den andern Raum erhöhen und besonders verzieren könnte, für die Klasse von Menschen anlegen, die gern auch im Tode sich nicht zu gemein machen mögten? Es versteht sich, daß sie diese Ehre bezahlen müßten, und eben darum würde kein Vernünftiger sie darum beneiden. Könnte man nicht ferner auf jede Art von Denkmahl, von dem schwarzen hölzernen Kreuz an bis zum pralenden Leichenstein und von diesem bis zum trotzenden Mausoleum, verhältnismäßige Abgaben legen, die den Kirchen zu Gute kämen? Ich sollte denken, diese würden dabei gar sehr gewinnen. Allenfalls könnte man ja auch Kenotaphia in der Kirche erlauben; oder auch in einer Urne die Asche dessen, der sich nach alter Sitte verbrennen lassen wollte, in der Kirche bewahren, wofern nicht jene Art der Bestattung in unsern Tagen der so nothwendig gewordnen Wissenschaft der Holzsparkunst zu Gefallen in Abscheu erhalten werden müßte, so wie sie ehmals den schiefen Begriffen von der Auferstehung zu Gefallen unter den ersten Christen verabscheut wurde.

Und wenn in Ansehung der Verlegung der Kirchhöfe außer der Stadt die Hauptschwierigkeit ist, woher die Kosten zur Anlegung derselben genommen werden sollten — könnte man nicht darauf rechnen, daß, wenn die Prediger von den Kanzeln herab ihre Gemeine von der Nützlichkeit dieser Einrichtung überzeugend belehrten, durch freiwillige Beiträge der Gemeine diese Hauptschwierigkeit würde gehoben werden, auf welche Art ehemals hier in Berlin der Kirchhof vor dem Hallischen Thore für die Friedrichsstädtischen Gemeinen angelegt worden? Oder, falls hierauf nicht zu rechnen wäre, sollte es ungerecht sein, wenn die Regierung zu einer so allgemein wohlthätigen Einrichtung ein für allemal von jedem Bürger und Einwohner eine verhältnismäßige Abgabe einforderte?

Doch Vorschläge sind leicht. Die Ausführung hat ihre Schwierigkeiten. Aber Heil und Segen dem, der, wo es auf Leben und Gesundheit seiner Mitbürger ankömmt, sich durch keine Schwierigkeit zurükschrekken läßt! Wenn vor der Hand auch nur die Kirchenbegräbnisse auf immer abgeschaft würden, so wäre schon viel gewonnen. Wenigstens sollte doch kein Geistlicher mehr darum, weil er selbst ein freies Begräbnis in der Kirche hat, diese abscheuliche Gewohnheit durch sein Beispiel begünstigen. Wir wollen nicht so unbillig sein, zu behaupten, daß diejenigen, die bisher nicht ausdrüklich ein solches Begräbnis für sich verbaten, es darum thaten, weil sie sich für eine höhere Menschenklasse hielten, gegen deren vermeinte Ehre die Gesundheit, oder, wenn man will, auch nur die Empfindsamkeit und Einbildung andrer nicht in Betrachtung kommen müsse. Wir wollen lieber sagen, sie thaten es aus Mangel an Einsicht. Sit illis terra levis. Die Unglüklichen sind zu bedauren, die lieber in den dumpfigen Tempeln der Menschen, als in dem freien offenen Tempel des Allmächtigen schlummern wollen. Der Samen der Unsterblichkeit reift auf ungeweihetem Boden eben so gut, als auf heiliger Stätte.

XI.

Ueber ißt und ist.

Ein Beitrag zur Erklärung des Ursprungs der Opfer.

Es ist sonderbar, daß im Lateinischen ein und dasselbe Wort (esse) zugleich seyn und essen bedeutet; und wenn gleich diese Uebereinstimmung nur in wenigen Beugungen des Zeitworts Statt findet, so ist sie doch oft genug da, um deutlich zu sehen, daß dies kein bloßes Spiel des Zufalls, oder nichts als eine grammatische Zusammenziehung sein könne, da sich ohnedies schwer begreifen ließe, wie aus edit und ederem durch Zusammenziehung est und essem werden konnte. Noch sonderbarer ist es, daß diese Uebereins stimmung sich sogar im Deutschen, wenn gleich nur in einer einzigen Beugung, wieder findet. Wenn ich das bloße Er ist höre, so weiß ich noch nicht, ob vom Sein oder vom Essen die Rede ist. Auch im Griechischen ist die Aehnlichkeit zwischen εστι und εσθιει nicht zu verkennen, und in ἔσιαω fällt sogar noch der kleine Unterschied mit dem θ weg.

Aber woher diese seltsame Uebereinstimmung? Wie gesagt, es läßt sich schwer begreifen, daß dies ein bloßes Spiel des Zufalls sein könne, so großen Einfluß auch sonst der Zufall bei Bildung aller Sprachen gehabt haben mag. Ich erkläre mir diese grammatische Erscheinung so: Der Begrif des Seyn war dem rohen noch ganz sinnlichen Menschen in den Zeiten des ersten Ursprungs der Sprache zu fein und abgezogen, um ihn sich sogleich deutlich zu denken und deutlich für sich zu bezeichnen, dagegen der Begrif des Essens gewis einer der ersten war, der sich bei ihm entwikkelte. Was bei allen intellektuellen Begriffen geschah, daß man zu ihrer Bezeichnung die Zeichen körperlicher Begriffe entlehnte; entweder nach dem Gesetz der Aehnlichkeit (Metapher), oder eines gewissen Kausalzusammenhangs (Metonymie), da das Zeichen der Würkung auch Zeichen der Ursache, das Zeichen des sichtbaren Merkmals auch Zeichen des unsinnlichen Objekts ward, das geschah auch hier. Kurz, der rohe Mensch schloß nicht, oder konnte vielmehr nicht wie Cartesius schließen: Cogito; ergo sum, sondern weit natürlicher: Edo; ergo sum. Oder vielmehr: Est; ergo — est. Er ißt; also —

ist er. Denn der rohe Mensch beobachtet zuerst die Dinge außer sich, später sich selbst; und das Bewußtsein der Dinge außer ihm kömmt weit früher zur Deutlichkeit, als das Bewußtsein seiner eignen Persönlichkeit. Daher denkt er sich selbst, wenn er sich selbst denkt, zuerst als Objekt, später erst auch als Subjekt. Kinder, die zu reden anfangen, sprechen von sich selbst in der dritten Person (Karl ißt, statt: ich esse). Wahrscheinlich war dies bei den Menschen überhaupt, als sie zu reden anfingen, derselbe Fall. Kein Wunder also, daß jene Uebereinstimmung sich besonders in der dritten Person, sowohl im Lateinischen, als Deutschen und Griechischen, und wer weiß in welchen Sprachen noch mehr, findet.

Diese bei dem sinnlichen Menschen so natürliche Ideenverbindung des Seyn und Essen scheint mir zugleich eine sehr einfache Erklärung des sonst nicht wohl begreiflichen Ursprungs der Opfer bei allen rohen Völkern zu enthalten. Nachdem ihnen erst der Schluß vom Essen auf das Seyn natürlich geworden war; so kamen sie, als sich ihre Denkungsart etwas mehr erweitert, und auch zur Vorstellung unsichtbarer Objekte (jedoch durch Wahrnehmung sichtbarer Aeußerungen derselben) gewöhnt hatte, auch natürlich auf den umgekehrten, den logischen Regeln weniger als ihrer noch ungeübten Vernunft angemessenen, Schluß vom Seyn aufs Essen. Sobald sie daher durch gewisse Würkungen in der Natur, deren Ursache sie nicht sahen, auf die Idee von Gott gekommen waren; schlossen sie, wie ein Kind nach sich selbst, nicht mehr bloß: er ißt; folglich ist er; sondern auch: er ist; folglich ißt er. Und so entstanden die Opfer; so die Legenden von Bewirthungen eines Gottes bei Griechen und Hebräern und allen andern Völkern in dem früheren Zeitalter ihrer lallenden und fabelnden Kindheit.

Und da es natürlich ist, den Gast um so weniger mit gewöhnlicher Hausmannskost zu bewirthen, für je vornehmer und erhabner über sich man ihn hält; so läßt sich begreifen, wie Völker gerade dann erst auf Menschenopfer verfielen, wenn man es am wenigsten mehr hätte erwarten sollen: wenn nehmlich ihre Begriffe von Gott schon etwas mehr verfeinert waren, wenn sie aufgehört hatten, sich die Gottheit als ihres gleichen zu denken, und nun anfingen, sie sich als ein über die Menschheit erhabnes Wesen zu denken, das man daher auch nicht mit gewöhnlicher menschlicher Kost, sondern mit ganz besondrer außerordentlicher Nahrung bewirthen müßte. Kurz die Menschenopfer entstanden in den Zeiten der Halbkultur, wo der Schluß ziemlich natürlich war, daß, da das Fleisch der Thiere die gewöhnliche Nahrung der Menschen sei, ihre Götter, wenn man sie recht ehren wollte, mit Menschenopfern bewirthet werden müßten. Das Unrichtige dieses Schlusses, und die Abscheulichkeit der Menschenopfer sah eine Nation erst dann ein, wenn sie sich ganz aus dem Sumpfe der Barbarei zur Kultur und Aufklärung erhoben hatte. In der That zeigt die Geschichte, daß Menschenopfer bei ganz wilden Nationen eben so wenig üblich sind, als bei aufgeklärten (einige Ausbrüche der Schwärmerei ausgenommen); sie sind ein Eigenthum der Halbkultur. So lange die Hebräer ein rohes Nomadenvolk waren, und sich den Jehovah als einen bloßen Familiengott dachten, wußten sie nichts von Menschenopfern. Abrahams Menschenopfer kann kein Einwurf sein, da Abraham gewis bessere und reinere Religionskenntnisse hatte, als nachher seine in der ägyptischen Sklaverei verwilderten Nachkommen. Erst in den Zeiten ihrer anfangenden Bildung verfielen diese darauf, verleitet durch das Beispiel ihrer Nachbarn, der Phönizier, denen sie einen großen Theil ihrer Bildung zu verdanken hatten, obgleich diese selbst nur halbkultivirt waren. Menschenopfer bei menschenfressenden Nationen sind im Grunde gar kein Einwurf gegen meine Hypothese. Denn bei diesen ist ein Menschenopfer nichts mehr, als was bei andern ein Stieropfer ist, — Bewirthung von ihrem eignen Tische.

XII.

Ueber den gegenseitigen Einfluß der Schrift auf die Kultur, und der Kultur auf die Schrift.

Erste Abhandlung.

Der wichtigste und auffallendste Unterschied des Menschen vom Thiere ist die Sprache, aber nur, sofern sie eine Sammlung artikulirter Töne ist. Je unartikulirter eine Sprache ist, je mehr sie sich eben dadurch dem thierischen Geschrei nähert — desto roher und thierähnlicher ist die Nation, die sie spricht. Dies beweisen die Sprachen der wilden Nationen in Afrika und Amerika, deren Laute großentheils durch kein Alphabet geschrieben werden können, wie dies z. B. mit keiner Sprache so sehr der Fall ist, als mit der durch ihre schnalzenden Zungenlaute sich auszeichnenden Sprache der Hottentotten. Daß die Gaumenlaute G und K in vielen Sprachen fehlen, wie z. B. in der kindlich melodischen Sprache der Einwohner von Tahiti, die daher den Weltumsegler Cook Tuti nannten, ist minder befremdend, da auch andern gebildeten Sprachen diese Laute fehlen. Aber daß selbst die Lippenbuchstaben, die leichtesten unter allen Artikulationen, von mehrern Nationen Amerika's nicht ausgesprochen werden können, namentlich den Huronen, von welchen einer nach einem viertägigen Unterricht von La Hontane nicht die Aussprache von b, p, m erlernen konnte — diese auffallende Mangelhaftigkeit der Artikulation ist gewis ein Nebenbeweis ihrer halbthierischen Rohheit.

Die Sprache macht den Menschen zur Gesellschaft fähig. Jede andre Art der unmittelbaren Mittheilung ist zu mangelhaft und zweideutig, um den Menschen in den vollen Genuß der aus der Vereinigung einer großen Anzahl zum gesellschaftlichen Leben entstehenden Vortheile zu setzen. Zwischen einzelnen Menschen ist allerdings eine tonlose Mittheilung möglich. Aber ein ganzes Volk ohne Sprache läßt sich nicht denken, obwol sich eine aus hörbaren und sichtbaren Zeichen, die sich gegenseitig einander erklären, zusammengesetzte Mittheilungs-Methode denken läßt.

Spät erst fühlte der Mensch das Bedürfnis der Mittheilung an Abwesende. Wenigstens entfernten sich Menschen, die zu einer Familie gehörten, in jenem patriarchalischen Zeitalter der Menschheit nicht weit genug von einander, um einer andern Mittheilung als durch die mündliche Rede des Boten zu bedürfen. Selbst noch das homerische Zeitalter kannte keine Mittheilung durch Briefe. Die Scheidewand der Zeit ward eher überstiegen, als die des Raums, und man lernte eher die Kunst, zur Nachwelt zu reden, als die, zu entfernten Zeitgenossen. Volkslieder vertraten die Stelle der Bücher, und das in den schriftlosen Zeitaltern der Menschheit treuere und lebhaftere Gedächtnis war der Kanal, der die Vorwelt mit der Nachwelt verband.

Aber mit den vermehrten Bedürfnissen der animalischen Existenz, mit der Erhebung der Seele über den Genuß des gegenwärtigen Augenbliks wuchsen zugleich die geistigen Bedürfnisse der Menschheit. Man fühlte die Unvollkommenheit und Unzulänglichkeit der Mittheilung durch hörbare Zeichen, und damit zugleich die Nothwendigkeit, ihr eine Mittheilung durch sichtbare Zeichen zur Seite zu setzen. So entstand die Kunst, zu den Augen eben so verständlich als zu den Ohren zu reden, die Kunst, dem Gesicht die hörbaren Gegenstände eben so deutlich darzustellen, als bisher die Sprache dem Gehör die sichtbaren Gegenstände dargestellt hatte, die Kunst, zu dem durch Gebirge und Meere getrennten Freunde, ja selbst zu dem noch nicht gebornen Enkel zu reden — mit einem Worte, die Kunst zu s c h r e i b e n.

Nächst der Erfindung der Sprache läßt sich keine für die Menschheit wichtigere Erfindung denken, als die Erfindung der Schrift. Sie unterscheidet nicht bloß den einzelnen kultivirten Menschen von dem ungebildeten, sondern sie ist zugleich das sicherste Merkmal der Kultur ganzer Nationen. Ein Volk ohne Schrift steht unfehlbar noch auf der Stufe der Kindheit, so wie ein Volk mit Schrift, sei sie auch noch so unvollkommen, eben dadurch beweist, daß es sich schon über die Bedürfnisse der animalischen Existenz emporgehoben hat. Die Wichtigkeit dieser großen Erfindung hat man im Alterthum wie in neuern Zeiten gefühlt, und daher dieselbe eben so wol als die Erfindung der Sprache für eine die Kraft des menschlichen

Verstandes übersteigende Würkung gehalten, die nothwendig einen übermenschlichen Ursprung haben und von der Gottheit unmittelbar der Menschheit mitgetheilt sein müßte. Sogar Plato macht den Erfinder der Schrift zu einem Gott, oder wenigstens zu einem von den Göttern begeisterten Mann. Aber diese Vergötterer des Schrifterfinders gingen von der Betrachtung der gegenwärtigen Ausbildung der Schrift aus, sie betrachteten den Strom bloß in seiner Mündung, und vergaßen im Staunen über sein Rauschen die unbedeutende Quelle, aus der er entsprang.

Schon vor Lavater gab es Physiognomen, die selbst aus der Handschrift eines Mannes auf seinen Charakter schließen zu können wähnten. Doch vielleicht ist dieser Glaube an die moralische Bedeutsamkeit der Schrift minder ungereimt, als er dem ersten Anblik nach scheint. Wenigstens scheint mir das an sich so trokkene Studium der Paläographie und des wichtigsten und weitläuftigsten Theils der Diplomatik (den man die Graphik nennt) auch von dem Beobachter der Menschheit genuzt werden zu können, insofern beide ihm zu Schlüssen auf die Kultur, die bei dieser oder jener Nation in diesem oder jenem gegebnen Zeitraum Statt fand, Data an die Hand geben. Es giebt noch itzt gleichsam Nationalphysiognomieen einer und derselben Schrift, so daß es einem nur halb geübten Beobachter nicht sehr schwer fällt, nach dem bloßen Anblik zu bestimmen, ob ein lateinischer Aufsatz aus der Feder eines Deutschen, Italieners, Franken, Engländers oder Polen geflossen sei. Wie viel mehr muß wesentliche Verschiedenheit der Nationalschrift in verschiednen Zeiträumen und bei verschiednen Völkern Gelegenheit zu Schlüssen wo nicht auf den Charakter doch auf die Kultur der Nationen, geben! In der That die Schrift ist ebensowol als die Sprache ein Spiegel für die geistige Gestalt ganzer Nationen, und kann so wie diese als eine, bisher nur zu wenig gebrauchte, Quelle zur Geschichte der Menschheit und ihrer fortschreitenden Ausbildung genutzt werden. Allenfalls mit dem Unterschiede, daß die Sprache mehr den Grad und Gang des Verstandes, die Schrift mehr den Gang des Geschmaks und der äußern Kultur charakterisirt. Und wenn bei einer solchen Betrachtung sich Misverhältnisse zeigen, so ist es der Mühe werth, zu fragen, wie sich diese Misverhältnisse nicht nur erklären, sondern auch zur Ehre einer oder der andern Nation heben lassen.

Es sei mir erlaubt, in meiner heutigen akademischen Vorlesung die Geschichte der Schrift aus diesem Gesichtspunkt zu betrachten, und da die vollständige Ausführung dieser Gedanken ein eignes großes Werk erfordern würde, hier nur die Grundlinien jener Charakteristik der Nationen aus der bei ihnen in verschiednen Zeiträumen üblichen Schriftart zu ziehn, um zuletzt mit minderer Unsicherheit die oft aufgeworfene Frage beantworten zu können, ob sich nicht gerade in unsrer deutschen Schrift ein auffallendes Misverhältnis zwischen derselben und unsrer gegenwärtigen Kultur finde, und wie dasselbe am zwekmäßigsten abzustellen sei?

Der erste Anfang der Gedankenmittheilung an Abwesende durch sichtbare Zeichen war die Bilderschrift, die dem Auge eine Abbildung der zu bezeichnenden Gegenstände darlegte. Clemens von Alexandrien (Strom. V, 4. p. 657) giebt zuerst dieser Schrift den Namen der kyriologischen, weil sie die eigenthümliche Gestalt der sichtbaren Gegenstände darstellt. So höchst unvollkommen diese Schrift ist, so setzt sie dennoch schon einen gewissen Grad der Verfeinerung voraus, so daß wir sie bei eigentlich ganz wilden Nationen entweder gar nicht oder doch als etwas sehr seltnes finden. Als Amerika entdekt ward, fand sich diese Schrift nur eigentlich bei einer einzigen Nation, den Mexikanern, aber es ist auch bekannt, welch einen großen Vorsprung dies Volk vor allen andern Nationen des neuentdekten Erdtheils hatte, die Peruaner selbst nicht ausgenommen. Zwar war ihre Religion bei weitem barbarischer als die der Peruaner, dies hinderte aber nicht, daß ihre Künste, Policei und gesammte gesellschaftliche Verfassung entschiedne und von den spanischen Geschichtschreibern selbst anerkannte Vorzüge vor den Einrichtungen Peru's hatten. Auch hatten die Peruaner nicht einmal jenen ersten Keim der Schreibekunst. Die Stelle derselben vertraten ihre bekannten Quipos, oder die durch Länge und Farbe verschiedenen und in mancherlei Knoten zusammengeschlungenen Schnüre. Aber daß diese Quipos nichts weiter als Erinnerungsmittel waren, wie noch häufig ein geschürzter Knoten zu sein pflegt, daß sie gleich den Kerbhölzern unsrer Bauern und gleich den Runenstäben des alten Norden höchstens Hülfsmittel des Zählens und Berechnens waren, daß übrigens auch bei manchen viel weniger kultivirten Völkern eine ähnliche Bezeichnungsmethode durch Schnüre Statt gefunden hat und noch Statt findet — dies alles braucht hier um so weniger ausgeführt zu werden, da, wenn würklich auch, wie die ersten spanischen Berichte versicherten, diese Quipos die Stelle der Annalen vertraten, sie ihrer Natur nach doch wenig mehr leisten konnten, als die ehedem zum Andenken irgend einer Begebenheit errichteten Steinhaufen. — Die gänzliche Unbekanntschaft der Peruaner selbst mit der Bilderschrift ist in der That um so auffallender, da ihre allerdings bewundernswerthe Kultur kein einheimisches Produkt sondern eine exotische Pflanze war, indem die Familie ihrer Ynka's nach aller historischen Wahrscheinlichkeit aus irgend einem fremden Lande dorthin gekommen war. Daß jedoch Manko Kapak von keinem in der Kultur sehr weit vorgeschrittenen Volke sein konnte, beweist schon allein seine Unkunde jeder Art von Schrift, die er, falls er sie gekannt hätte, gewis eben so wol als andre Künste und Einrichtungen bei den vor ihm ganz wilden Peruanern eingeführt haben würde.

Die Bilderschrift konnte nur sichtbare Gegenstände bezeichnen, und eigentlich nur neben einander existirende, nicht auch auf einander folgende Dinge — daher konnte sie in ihrem rohen Zustand nicht eigentlich Handlungen darstellen, sondern entweder nur das handelnde Subjekt, oder irgend

gend einen Moment der Handlung, in dessen Auswahl der unkultivirte Mensch natürlich unendlich öfter fehlen mußte als irgend ein noch so ungeschikter Historienmaler der neuern Zeit. Wie unvollständig und unzusammenhängend mußten daher nicht alle Begriffe sein, die diese Schrift dem, der sie betrachtete, darbieten konnte, und wie vieldeutig mußte jedes Bild sein! —

Daher mußte man bald das Bedürfnis fühlen, auch hörbare Gegenstände zu bezeichnen. So wie die Sprache, ursprünglich nur zum Ausdruk hörbarer Gegenstände bestimmt und geeignet, bald auch sichtbare Gegenstände zu bezeichnen anfing, so mußte man die Bilderschrift auch bald dahin ausdehnen, nicht bloß das sichtbare, sondern auch das hörbare zu bezeichnen, und Empfindungen des einen Sinns unter die Wahrnehmung eines andern zu bringen. Beides geschah nach gleichen Gesetzen. — Hier fängt das Gebiet der hieroglyphischen Schrift an, die jedoch eine Menge Stuffen hindurchging.

Der Name der Hieroglyphenschrift wird häufig sehr unbestimmt gebraucht, und man giebt ihm bald eine zu weite Ausdehnung, wenn man auch die Schrift durch unbildliche Charaktere, wie die Chinesische Schrift, mit dahin rechnet, bald schränkt man diese Benennung zu sehr ein, wenn man dabei bloß an allegorische Figuren für unsinnliche Begriffe denkt.

Die erste Stuffe der Hieroglyphenschrift ist die Bezeichnung der durch andre Sinne als durch das Gesicht empfindbaren, besonders der hörbaren Gegenstände. Wie konnten diese bezeichnet werden? Unmöglich anders als nach dem Gesetze der Ideenassociation, vornehmlich aber durch eine Metonymie, so daß entweder die sichtbare Ursach oder die sichtbare Würkung des hörbaren, oder doch durch einen andern Sinn als das Gesicht empfundenen Gegenstandes dargestellt wurde. Durch diese Schrift kam man auch dahin, nicht bloß einzelne Gegenstände, sondern auch eine zusammenhängende Folge derselben, Veränderungen, Handlungen darzustellen. So ward eine Schlacht durch zwei gegen einander über stehende Hände abgebildet, wovon die eine einen Bogen, die andre einen Schild hielt.

Der menschliche Verstand schwang sich noch höher. Es ward ihm Bedürfnis, nicht bloß Empfindungen, sondern auch Gedanken mitzutheilen, und daher nicht bloß das Konkretum, sondern auch das Abstraktum zu bezeichnen, nicht bloß die Gegenstände der äußern, sondern auch der innern Empfindung, überhaupt unsinnliche Begriffe. Zur Bezeichnung derselben gab es keinen andern Weg, als den man in der Sprache gewählt hatte. Das unsinnliche ward in der Sprache durch solche Ausdrükke bezeichnet, die von ähnlichen oder für ähnlich gehaltenen sinnlichen Gegenständen entlehnt waren, mit einem Wort, durch Metaphern. Auch in der Schrift nahm man zur Metapher seine Zuflucht. Der unsinnliche Begrif erhielt das Zeichen eines ihm verwandten oder durch lebhafte Phantasie als ähnlich vorgespiegelten sinnlichen Gegenstandes. So wie es also für die Schrift eben so gut als für die Sprache Metonymieen und Synekdochen gab — so mußten noch natürlicher Metaphern und Allegorieen in der Schrift entstehen, die aber freilich oft sehr weit hergeholt waren, welches aber am allerwenigsten im Orient zu verwundern ist, wo auch die Metaphern und Vergleichungen im mündlichen Ausdruk dem kältern Europäer oft gezwungen und unnatürlich dünken, dessen schon durch die Natur mehr gezügelte Phantasie minder ungestüm fliegt.

Gewöhnlich denkt man, wenn von Hieroglyphen die Rede ist, nur an ein einziges Volk, und freilich hat die Zeit uns nur allein einige Reliquien der Aegyptischen Hieroglyphen erhalten. Aber dennoch beweist auch die Geschichte, daß sie nicht im ausschließenden Besitz dieser Schrift waren. Wenigstens wissen wir aus den Zeugnissen mehrerer griechischen Schriftsteller, besonders des Diodor, daß die Aethiopier eben so gut wie die Aegyptier eine Hieroglyphenschrift besaßen, sich aber nicht wie diese bis zur Buchstabenschrift emporgearbeitet hatten. Die Aethiopier rühmten sich sogar, die Lehrer der Aegyptier auch von dieser Seite zu sein, und obwol neuere Geschichtsforscher lieber die Hieroglyphenschrift aus Aegypten nach Aethiopien wandern lassen, so würde sich doch die entgegengesetzte Behauptung der Aethiopier selbst leicht zu einer hohen historischen Wahrscheinlichkeit erheben lassen, wenn es nicht noch glaublicher wäre, daß beide Völker gleich unabhängig von einander diese Schrift erfunden und jedes für sich ausgebildet hätten. Aber gewis würden wir auch bei mehrern Völkern Asiens Spuren der Hieroglyphenschrift finden, hätte dort nicht die früh erfundene Buchstabenschrift die Hieroglyphen schon in zu frühen Zeiten verdrängt. Und doch ist die Frage: ob nicht manche Ruineninschriften, an denen bisher alle Gelehrsamkeit der Antiquare scheiterte, und die sie entweder ganz unenträthselt lassen mußten, oder doch höchst widersprechend enträthselten, richtiger als Hieroplyphen angesehen werden könnten.

Herodot selbst will in Palästina Inschriften gesehen haben, die seiner Meinung nach vom Sesostris herrührten; das heißt wohl nicht anders, als, sie hatten eine Aehnlichkeit mit den von ihm in Aegypten beobachteten hieroglyphischen Inschriften der Obelisken. (Lib. II. 125, 136.) Buchstaben können es nicht gewesen sein, da auf keinem alten ägyptischen Denkmal von Stein Buchstaben vorkommen, wenn gleich Tacitus bei dem Obelisk, den Germanikus sich erklären ließ, das Wort littera der Kürze wegen gebraucht.

Als in Aegypten die Kultur tiefere Wurzel schlug, und sich in mehrere Aeste verbreitete, als die Priester dieses Landes anfingen über Religion, Moral und Politik nachzudenken, mußten sie bald gewahr werden, daß die bisherige metaphorische oder allegorische Hieroglyphenschrift theils zu mangelhaft, theils zur schnellern Aufzeichnung viel zu mühsam war, um nicht einer Abkürzung zu bedürfen. Und nun entstand eine aus den noch vorhandenen Denkmälern bekannte Schrift in Charakteren, die wenigstens nur noch zum

Theil Figuren aus der belebten Natur, aber auch diese nur im rohen Umriß, enthält, dagegen offenbar in größerer Anzahl eine Menge sehr verschiedener und dem ersten Anschein nach durchaus willkühr-licher Charaktere. Aber der unmittelbare Uebergang von natürlichen Zeichen zu willkührlichen widerspricht dem Stuffengang des menschlichen Geistes. Diese Charaktere entstanden vielmehr aus Abkürzung der ehemaligen Bilder, die Stelle der ganzen Figur vertraten allmälig Theile derselben, und der Abriß derselben verlohr nach und nach unter den Händen des Geschwindschreibers immer mehr an seiner ursprünglichen Bildlichkeit, bis es zuletzt bloße Charaktere wurden, gleich unsern chemischen Zeichen, von denen mehrere noch itzt ein abgekürztes Bild enthalten, während andere bloß willkührliche Charaktere zu sein scheinen. Diese Charakterschrift war die Schrift, deren sich die Priester in ihren nur für ihre Kaste bestimmten heiligen Schriften bedienten, nachdem nicht mehr bloß in harte Massen, in Stein und Metall, gegraben ward, (wovon eben der griechische Name der Hieroglyphen herrührt), sondern nachdem die Bearbeitung eines Landesprodukts, des Papyrus, einen bequemern und zur Aufbewahrung aller ihrer würklichen und vermeinten Weisheit geschiktern Schreibestoff an die Hand gab. Völlige Zeichenschrift, wie die Chinesische, ward jedoch diese Priester- oder Gelehrtenschrift nie. Immer ward sie mit bildlichen Figuren, besonders aus dem Thierreiche, also mit eigenthümlichen und ursprünglichen Hieroglyphen, untermischt. Die Vieldeutigkeit dieser Schrift, und die Schwierigkeit sie zu lesen, ist ohne Zweifel die Hauptursache von der chaotischen Finsternis, die in der ältesten ägyptischen Geschichte herrscht *). Die unausbleibliche Mangelhaftigkeit und Unvollständigkeit dieser Schrift, verstattete nur Hauptfakta anzudeuten, und Namen konnten eigentlich gar nicht mit Sicherheit geschrieben werden. Hätten die Aegyptier früh eine alphabetische Schrift gehabt, so würde ihre Geschichte eine ganz andere Gestalt haben.

Späterhin hatten die Aegyptier allerdings auch Buchstabenschrift, und ohne Zweifel schon zu den Zeiten des Herodot, da dieser schon einen Unterschied zwischen ihrer heiligen oder Priesterschrift und zwischen der Volksschrift macht (γραμματα ἱερα, γραμματα δημοτικα). Auch Diodor macht einen Unterschied zwischen der, wie er sagt, bloß unter den Priestern gebräuchlichen heiligen Schrift, deren Kenntnis von den Vätern auf die Söhne vererbt ward, und zwischen der Volksschrift (γραμματα δημοτικα), die von allen Aegyptiern erlernt ward. Am ausführlichsten und deutlichsten unter allen alten Schriftstellern drükt

*) Auf gleiche Art erklärt auch Tychsen die Dunkelheit der ältesten ägyptischen Geschichte in seiner lehrreichen Abhandlung über die Buchstabenschrift der alten Aegyptier (in der Götting. Bibl. der Litteratur, St. 6, S. 64), in welcher er dem ziemlich späten Ursprung der Buchstabenschrift bei den Aegyptiern mit eben so vielem Scharfsinn als Gelehrsamkeit nachspürt.

sich ein in Aegypten selbst, wahrscheinlich geborner, wenigstens gewis erzogener Kirchenvater, Clemens von Alexandrien, über die verschiedenen theils nach, theils neben einander in Aegypten üblichen Schriftsysteme aus. »Diejenigen, sagt er, die bei den Aegyptiern einer sorgfältigern Bildung genießen, lernen zuerst das System der ägyptischen Buchstaben, das man die Briefschrift nennt (επιστολογραφικην, unstreitig einerlei mit der δημοτικη des Herodot), hierauf die Priesterschrift (ἱερατικην), zuletzt die hieroglyphische, die in zwei Arten zerfällt. Die eine bezeichnet die Gegenstände selbst durch rohe Umrisse (κυριολογικη δια των πρωτων στοιχειων), die andere ist Zeichenschrift (συμβολικη). Diese ist wiederum mehrfach. Die eine stellt noch die Gegenstände selbst dar, durch Nachahmung (d. i. unstreitig durch abgekürzte Bilder derselben). So, wenn die Sonne angedeutet werden soll, zeichnen sie einen bloßen Kreis, und zur Bezeichnung des Mondes eine mondförmige Gestalt (also wahrscheinlich einen Halbzirkel, wie noch itzt die Chineser). Die andere Art der Zeichenschrift ist tropisch, wobei mit Rüksicht auf irgend eine Eigenschaft das Bild des einen Gegenstandes auf den andern mit allerlei Veränderungen und Vertauschungen übergetragen wird. (Hieher würde also nicht bloß die hieroglyphische Metapher gehören, sondern auch die hieroglyphische Metonymie und Synekdoche, wovon jene das Zeichen der Ursache zur Bezeichnung der Würkung, und umgekehrt, gebraucht, diese dagegen, um das Ganze anzudeuten, einen Theil bezeichnet). Die dritte Art der Zeichenschrift ist allegorisch, oder änigmatisch (die sich also auf verstekte Aehnlichkeiten bezieht). So werden die Sterne wegen ihrer schiefen Laufbahn durch Schlangenfiguren bezeichnet, die Sonne dagegen durch das Bild eines Käfers.« — Daß Clemens nicht von der zuerst genannten Briefschrift und von der Priesterschrift eine eben so ausführliche Beschreibung macht, ist ein Beweis, daß zu seiner Zeit oder wenigstens zur Zeit des Schriftstellers, aus dem er seine Nachrichten entlehnte, jene beiden zu bekannt waren, als daß sie ihm einer Beschreibung zu bedürfen schienen.

Man hat sich häufig sehr hohe Begriffe von der Weisheit der ägyptischen Priester gemacht: allein der lange Gebrauch der Hieroglyphen- und Zeichenschrift, selbst noch zu einer Zeit, wo schon Buchstabenschrift zu den gemeinen Geschäften gebraucht ward, ist schon allein ein hinreichender Beweis, daß die Verehrung dieser Priesterweisheit übertrieben sei. Weder diejenigen Wissenschaften, die auf bloßes Wissen gegründet sind (die historischen), noch die, welche auf Beobachtung beruhen (die physischen), noch endlich die eigentlichen Wissenschaften des Verstandes konnten bei einer solchen Schrift gedeihen; vielmehr mußten sie insgesammt chaotisch, gerade wie ihre Schriftzeichen, durch einander gemengt in Verwirrung liegen. Und so findet es sich auch würklich bei mehrerer Betrachtung. Ihre Historie, Physik und Philosophie durchkreuzten sich, nicht um sich gegenseitig zu erklären, sondern um sich gegenseitig zu verdunkeln. Dies war die unausbleibliche Würkung einer Schrift, die ihrer Natur nach so zweideutig war, daß kein eigentliches Lesen derselben Statt fand, sondern nur ein ungewisses Deuten, indem ein und dasselbe Zeichen, eben so wohl ein Individuum, als einen abstrakten Begrif, eben so wohl die in die Sinne fallende Art, als den unsinnlichen Geschlechtsbegrif bezeichnen konnte.

Aber dennoch war diese Schrift dem Charakter der Nation, und ihrer hierarchischen Verfassung sehr angemessen. Verschlossen, unmittheilend, zweideutig, ungesellig, schwerfällig war der Charakter der Nation, war der Charakter ihrer Schrift. Die Herrschaft der Priester, ihr Monopol mit aller Art von Kenntnissen konnte nicht besser als auf eine solche schwer zu entziffernde Schrift, zu der sie nur ihren Eingeweihten den Schlüssel vorbehielten, gegründet, und die Dürftigkeit ihrer Kenntnisse nicht besser verstekt werden. Es ist bekannt, wie viele vergebliche Mühe sich bisher viele Gelehrte gegeben, den Schlüssel zu der Hieroglyphenschrift zu finden. Ich zweifle sehr, ob, wenn man ihn fände, der Fund die Mühe des Suchens lohnen möchte. Und wenn es auch gelänge, ein und das andere einzelne Denkmal ägyptischer Gelehrsamkeit zu enträthseln, so kann ich mich doch nicht überreden, daß sich ein Hauptschlüssel finden lasse, indem die Hieroglyphenschrift ihrer Natur nach viel Synonyme und Homononyme enthalten mußte, so daß mehrere Zeichen einen und denselben Begrif ausdrükten, wenn dagegen mehrere Begriffe einerlei oder ähnliche Zeichen hatten. Wenn indessen gelehrter Fleiß und

Scharfsinn in diesem dunkeln Labyrinth irgend einen Leitfaden anzuknüpfen vermögen, so ist dies gewis von niemand besser zu erwarten, als von dem als Alterthumsforscher berühmten Zoega, der gerade itzt mit einem dergleichen Werk in Rom, wo er die wichtigsten Denkmäler jener ägyptischen Schrift vor Augen hat, beschäftigt ist. Daß übrigens die steife, harte Form der ägyptischen Kunstwerke sich auch in der ägyptischen Hieroglyphenschrift findet, und daß die spätern Denkmäler den früheren in dieser Form so ähnlich sind, daß aus ihr allein, wie es bei andern Schriftarten möglich ist, sich kein Zeitalter muthmaßlich bestimmen läßt — darüber darf man sich um so weniger wundern, da sogar Gesetze bei diesem Volke den Geschmak fesselten, und ihn an unabänderliche Formen, so wie das Leben an unabänderliche Sitten, fetteten.

Es ist ein besonders merkwürdiger Umstand in der Geschichte dieses Volks, wodurch es sich von allen andern unterscheidet, daß es zu gleicher Zeit neben der hieroglyphischen und der daraus allmälig hervorgegangenen Zeichenschrift auch eine würkliche Buchstabenschrift hatte. Alle anderen Völker verließen die erste, sobald sie die letzte kennen gelernt hatten, zum deutlichen Beweise, daß, was Anfangs bei den Aegyptiern, wie bei andern Völkern, ein rohes Erzeugnis des Bedürfnisses war, späterhin, da das Bedürfnis aufgehört hatte, ein Werkzeug zur Erhaltung des hierarchischen Despotismus, oder wenigstens des Priestereinflusses ward.

Das Dasein der ägyptischen Buchstabenschrift erhellt nicht bloß aus dem Zeugnis des Herodot und Diodor, nicht bloß aus dem Vorgeben der Priester, daß diese Schrift eine alte ägyptische Erfindung des Hermes oder Thot sei, sondern man ist würklich diesem ägyptischen Alphabet in neuern Zeiten auf die Spur gekommen. Unbegreiflich ist es, wie Kircher und mit ihm mehrere Gelehrte sich einbilden konnten, das koptische Alphabet sei das alte ägyptische, da die meisten Figuren des erstern ganz unverkennbar eine ausgeartete griechische Schrift sind, und überhaupt fast mehr noch als andre aus der griechischen Schrift hervorgegangne Alphabete, selbst das so verschieden modificirte Illyrische und Sklavonische Alphabet nicht ausgenommen, ihren griechischen Ursprung verrathen. Zwar hat das Koptische Alphabet einige den Griechen unbekannte Zeichen, aber natürlich nur für Töne, die der griechischen Sprache fremd waren, und für welche also die spätern Aegyptier oder Kopten, Lehrlinge ihrer ehemaligen Schüler, der Griechen, entweder neue Zeichen erfanden, oder, welches allerdings wahrscheinlicher ist, die Buchstaben des alten ägyptischen Alphabets beibehielten, deren jedoch immer nur 7 gegen 25 offenbare griechische Buchstaben sind, obwol vier dieser letztern Buchstaben, nehmlich das Gamma und Dalda, Zida und Exi in keinem einzigen ächt ägyptischen Worte, sondern nur in ausländischen Wörtern vorkommen. — Neuere Alterthumsforscher haben dem ägyptischen Alphabet selbst in den Kammern der Todten nachgespürt, und es aus den

Binden der Mumien entziffert, wenn gleich noch nicht vollständig, doch immer hinlänglich, um wenigstens in mehrern Schriftzügen eine Aehnlichkeit mit der ebenfalls höchst mühsam aus Inschriften und Münzen zusammen gelesenen, und der alten Samaritanischen Schrift, so wie sie sich gleichfalls nur auf Münzen erhalten hat, ähnelnden phönizischen Schrift sichtbar zu machen.

Doch, ehe ich von jener Krone aller menschlichen Erfindungen, der Buchstabenschrift, und von dem labyrinthischen Gange ihrer Ausbildung und ihrem überall so merklichen Einflus auf die Kultur, und von der gegenseitigen zwar minder merklichen aber doch unverkennbaren Zurükwürkung der Kultur auf sie, rede — ist es nöthig, von einer Nationalschrift zu reden, die einzig in ihrer Art ist, und sich durch diese Einzigkeit eben so sehr unterscheidet, als die Nation, der sie gehört. Es ist kaum nöthig hinzuzusetzen, daß ich die Schrift der Chineser meine. Sie wird uns hier um so wichtiger, da sie uns vielleicht auf die Spur hilft, um die Brükke zu finden, über die man von der Zeichenschrift, die, bei aller allmälig entstehenden Unbildlichkeit, doch immer unsre Vorstellungen unmittelbar bezeichnet, zu der Buchstabenschrift überging, die nicht mehr die Gegenstände und die Vorstellungen derselben, sondern nur die tönenden Zeichen derselben ausdrükt, mithin eigentlich aus Zeichen der Zeichen besteht. Dieser Uebergang von der realen zur verbalen Schrift ist seit jeher so unbegreiflich gewesen, daß man, um ihn zu erklären, die seltsamsten

Hypothesen ersonnen hat, und am Ende es doch für das rathsamste hielt, den gordischen Knoten zu zerhauen, und durch die Gottheit selbst den Menschen von dem jenseitigen Ufer der Zeichenschrift auf das andre Ufer der alphabetischen Schrift durch ein Wunder hinüber heben zu lassen, wobei man sich nicht erinnerte, daß die Unvollkommenheit auch des vollkommensten Alphabets das angeborne Malzeichen seines menschlichen Ursprungs ist.

Das östliche Asien unterscheidet sich von dem westlichen, nördlichen und südlichen, die in sehr wesentlichen Punkten übereinkommen, in mehr als Einer Rüksicht auf eine für den Beobachter der Menschheit höchst auffallende Art. Aber durch nichts so sehr als durch Sprache und Schrift. Unter allen östlichasiatischen Völkern ist jedoch auch von dieser Seite keines merkwürdiger, als das auf seine Originalität so stolze Volk der Chineser. Aber bei aller Eigenthümlichkeit ihrer Sprache und Schrift stehen beide doch in einem seltsamen Kontrast. Keine Sprache kann einfacher und dem ersten Anblik nach ärmer sein als die ihrige. Es fehlen ihnen mehrere unsrer leichtesten Laute, nicht etwa bloß das harte X, sondern selbst das unaspirirte B, D, vornehmlich aber das R, das sie bei jedem von ihnen auszusprechenden fremden Worte gleich unsern Kindern in ein L verwandeln, und daher Malia statt Maria sprechen, und wenn sie mit englischen Kaufleuten unterhandeln, ihnen lächerlich genug statt rice (Reis) lice (Läuse) zum Kauf anbieten. Die Sprache selbst besteht übrigens aus lauter einsylbigen Wörtern, die noch dazu mehrentheils nur aus einem einzigen Konsonanten mit einem einzigen darauf folgenden Vokal bestehen, höchstens sich auf ein weiches vokalisirtes n endigen. Die gesammte Zahl der Wörter schätzt Staunton, der neueste Reisebeschreiber, der Begleiter des englischen Gesandten Macartney, dessen Werk übrigens über die Sprache und Schrift dieses sonderbaren Volks viel weniger Nachricht und Belehrung enthält, als bei einem so starken Personale dieser Gesandtschaft zu erwarten war, die nicht nur ein halbes Jahr in China sich aufhielt, sondern auch während ihrer ganzen zweijährigen Reise geborne Chineser als Dolmetscher bei sich hatte — Staunton sage ich, schätzt die ganze Zahl der chinesischen Wörter auf 1500 (Dû Halde spricht gar nur von 330), aber jedes Wort hat eine große Menge Bedeutungen, oft über 50. Die Vieldeutigkeit dieser Wörter wird durch die mancherlei Erhebungen, Senkungen und Dehnungen der Stimme verhindert, ferner durch die musikalische Beschaffenheit der Sprache, indem sie nicht, wie die Griechen, nur 2 höchstens 3 Accente haben, sondern weit mehrere, freilich bloß hörbare, nicht bezeichnete, die auf weit kleinern Intervallen des Tons beruhen, ferner durch eine gewisse Mannigfaltigkeit der Aspiration, da sie ein und dasselbe Wort mit verschiednen Graden der Sanftheit oder Rauhheit aussprechen. Ueberhaupt haben die Chineser, so wie andre Orientaler, ein viel leiseres Gehör als die Europäer, welches der gelehrte Hofrath Büttner daher erklärt, weil ihr Ohrgehäuse weiter als bei uns absteht, und daher mehr gehölt ist, indem sie von Kindheit an mit bloßen Köpfen gehen und nichts ihre Ohren anpreßt. Wo indessen doch bei einerlei Accent eine Zweideutigkeit entstehen kann, wird dieser dadurch vorgebeugt, daß der Sprechende entweder in der Luft oder in seiner Hand den dem auszudrükkenden Begrif entsprechenden Charakter zeichnet. Die Sprache weiß von keiner Deklination, von keinen Casus, die höchstens durch Partikeln ersetzt werden, von keinem Numerus, da der Plural durch die bloße Verdoppelung des Singulars formirt wird, z. B. se die Farbe, sese die Farben; von keinem Genus. Sie hat keine Conjugation, da die verschiednen Formen der Tempora durch Partikeln angedeutet werden, keine Ableitungssylben, keine Zusammensetzung u. s. w. Unbegreiflich ist es mir daher, wie der tiefgelehrte Sprachkenner, Hofrath Büttner *), eine Aehnlichkeit der chinesischen Sprache mit der englischen, und, da dies sich wenigstens einigermaßen vertheidigen ließe, sogar mit der deutschen finden kann, die mit der chinesischen wie ein Kriegsschiff mit einem Kahn kontrastirt. Diese hohe Simplicität der chinesischen Sprache, die hierin so sehr von dem Genius andrer asiatischen Sprachen, wenigstens aller diesseits des Imaus-Gebürgs und des Ganges (indem die jenseitigen Sprachen, z. B. der Siamer, Peguaner, und Tibetaner sehr übereinstimmend mit der chinesi-

---

*) In seinen Anmerkungen zu Monboddo vom Ursprung und Fortgang der Sprachen. Th. 2, zu S. 266.

schen sind), abweicht, verleitete den berühmten Gollus, die chinesische Sprache für eine künstliche, durch irgend einen philosophischen Kopf geschaffene Sprache zu halten, so wie selbst noch in unserm Jahrhundert die vorgebliche formosanische Sprache ein Geschöpf des gelehrten Betrügers Psalmanazar war. Aber so einfach, arm und kunstlos die chinesische Sprache ist, so übermäßig reich und verwikkelt ist die chinesische Schrift. Staunton stimmt mit ältern Reisebeschreibern, vornehmlich dü Halde, und mit den Grammatikern dieser Sprache, Kircher, Müller, Baier u. s. w. darin überein, daß die Zahl dieser Charaktere sich auf 80,000 und höher belaufe, so daß auf jedes Wort nach Maaßgabe seiner verschiedenen Bedeutungen über 50 verschiedne Charaktere kommen. Auch der gelehrteste Mandarin bringt es nicht dahin, alle diese Charaktere zu erlernen und in seinem Gedächtnisse zu behalten. Nach Bayers Versicherung soll die Kenntnis von 7000 hinreichen, um leichte Bücher zu verstehen; wer die Schriften der Philosophen, die alten Geschichtsbücher, die Schriften der Aerzte, die Werke der Dichter verstehen wolle, müsse wenigstens 15000 Charaktere im Gedächtnisse haben. In Ansehung der seltner vorkommenden Charaktere nimmt man seine Zuflucht zu den Wörterbüchern, oder wie man hier richtiger sagen könnte, Zeichenbüchern, deren die Chinesen mehrere haben, und deren Einrichtung sehr künstlich ist. Dazu kömmt noch die Schwierigkeit, daß die Chinesen nicht nur eine größre und kleinere Schrift, sondern auch gewissermaßen eine

Kur-

Kursivschrift haben, die sie stroherne Schrift (can çu) nennen, welche letztere in den Geschäften des gemeinen Lebens gebraucht wird, und aus der graden Schrift (chim çu) durch die eilende Hand des Geschwindschreibers mehr abgerundet ist.

Die Hauptschwierigkeit indessen ist, daß jeder Charakter einen eignen Begrif bezeichnet. Aber diese dem ersten Anblik nach unübersteiglich scheinende Schwierigkeit wird dadurch sehr vermindert, daß bei der unabsehlichen Zahl der Charaktere dennoch eine nicht gar große Anzahl von einfachen Zeichen, die man die Schlüssel der Schrift zu nennen pflegt, zum Grunde liegt. Die Elemente aller chinesischen Charaktere sind die gerade Linie, die krumme Linie, und der Punkt, der doch nur selten gebraucht wird. Durch ihre verschiedne Stellung und Kombination entstehen 214 Grund- oder Wurzelcharaktere. Aus der Zusammenstellung und Kombination dieser Wurzeln entsteht jene ungeheure Zahl von 80,000 Charakteren, die also größtentheils zusammengesetzte Begriffe bezeichnen, und gleichsam eine Definition oder einen Stammbaum jedes Begrifs enthalten. So wenig also diese Charaktere eigentlich geschrieben, sondern vielmehr gezeichnet werden, indem die Chineser sich nicht, wie die Araber und die meisten orientalischen Völker, eines Rohrs zum Schreiben bedienen, sondern ihre Charaktere mit dem Pinsel hinzeichnen — eben so wenig findet ein eigentliches Lesen (das überhaupt seinen Namen vom Zusammensammlen der einzelnen Zeichen hat) bei diesen Charakteren Statt. Sie werden nicht gelesen, sondern gedeutet. Die Wurzelcharaktere bestehen nur aus wenigen Strichen, und bezeichnen zum Theil die Hauptgegenstände der Natur. Nur ein halbes Dutzend der gegenwärtigen chinesischen Charaktere besteht aus einem einzigen Strich, die meisten, nachdem sie mehr oder weniger zusammengesetzt, mehr oder weniger umfassend sind, aus vielen, einige wenige aus 70 verschiedenen Strichen. Diese so weit greifende Zusammensetzung ihrer Schriftzeichen ist um so auffallender, da ihre Sprache gar keine zusammengesetzten Wörter kennt. Gewöhnlich kömmt in der Bezeichnung des untergeordneten Begrifs das Zeichen des höhern Gattungsbegriffes vor. So ist z. B. das Zeichen des Herzens ein Wurzelzeichen. Das Zeichen ist eine gekrümmte Linie, die gewissermaßen der Gestalt des zu bezeichnenden Gegenstandes nachgeahmt zu sein scheint. Dieses Wurzelzeichen ist ein Theil der Bezeichnung aller Empfindungen und Leidenschaften. Unter das Geschlecht Hand sind alle Handwerker geordnet, unter das Geschlecht Wort jede Art des Ausdrucks, Studiums, Schrift, Unterredung. Oft sind die Kombinationen der Zeichen sehr sinnreich gewählt und über den Charakter der Nation belehrend. Z. B. der Begrif Glükseligkeit wird durch zwei vereinigte Zeichen ausgedrükt, wovon das eine Akker oder Landeigenthum, das andre Kinder bezeichnet, so daß durch das daraus zusammengesetzte Zeichen zugleich auf physischen und moralischen Genuß hingedeutet wird. Der Begrif Unglük wird durch die beiden synekdochischen Zeichen Haus und Feuer bezeichnet. Die Herausfindung des Hauptbegrifs wird dadurch erleichtert, daß er entweder oben oder zur linken Hand steht, da die linke Hand überhaupt in diesem antieuropäischen Lande der Ehrenplatz ist. Wenn in allen andern Schriften die Kenntnis der Bezeichnung nicht zur Kenntnis der Sache, noch weniger die Kenntnis der Sache auf die der Bezeichnung leitet, wenn selbst in den Sprachen die Kenntnis des Worts, wenigstens des einfachen, nur selten einen auch mangelhaften Begrif des Gegenstandes gewährt, so ist es im Chinesischen grade umgekehrt, da das Zeichen zugleich immer eine Definition (genus et speciem) enthält. Die Elementarbücher für die Jugend haben daher gar nichts ähnliches mit unsern Abcbüchern; es sind wahre Encyclopädieen, durch welche die Kinder zugleich Kenntnis der Dinge und der Sachen erhalten. Das Studium dieser Zeichen ist nicht bloß Sache des Gedächtnisses, und der Imagination, sondern recht eigentlich auch des zerlegenden und ordnenden Verstandes, der gewissermaßen dadurch um so mehr geschärft wird, daß die chinesische Schrift keine Partikeln, wenigstens keine Konjunktionen und Präpositionen ausdrükt, obgleich dieser Mangel unausbleiblich Ungewisheit des Sinns hervorbringt. Sprache und Schrift stehen bei ihnen eigentlich in gar keiner Verbindung, jede erfordert ein besondres Studium, und, was bei uns das leichteste ist, die Schriftsprache, ist bei ihnen das schwerste und man wird alt, ohne alles lesen zu können. Man kann daher die chinesische Schrift als eine besondre Sprache studieren und sie verstehen lernen, ohne von der chinesischen Sprache ein Wort zu verstehen. Es ist in der That sehr merkwürdig, daß die chinesische Schrift fast von den meisten ostasiatischen Völkern nicht nur verstanden, sondern auch gebraucht wird. Dies ist der Fall in Korea, Tunkin, Cochinchina, und vornehmlich in Japan. Die Japanische Sprache ist durchaus verschieden von der chinesischen, aber ihre Schrift ist die nehmliche. So löst also diese Schrift gewissermaßen jenes Problem, das selbst den großen Leibnitz beschäftigte, und beweist, was freilich auch schon unsre Ziffern und alle unsre mathematischen und chemischen Zeichen im Kleinen beweisen, daß es möglich sei, eine Schrift zu erfinden, die von allen Völkern in ihrer Sprache gelesen werden könne, und die auch ohne Studium fremder Sprachen die Ideen und Erfindungen einer Nation der andern mittheile. Des mit Unrecht vergessenen Bischof Wilkins Universalschrift war gewissermaßen eine verbesserte chinesische Schrift, aber es ging ihm wie allen, die an diesem Problem gearbeitet haben; in dem lebhaften Gefühl der Vortheile, die eine solche Schrift gewähren würde, übersah er die großen Schwierigkeiten, die ihre Ausführung fast unmöglich machen, und auf die er gerade durch die chinesische Schrift am ersten hätte geleitet werden können. Es ist in die Augen fallend, daß ein zusammengesetztes durchgeführtes Räsonnement in dieser Schrift fast gar nicht möglich ist, daher auch würklich die Schriften der chinesischen Philosophen, selbst des Konfuzius, nicht sowol eine philosophische Entwikkelung oder Deduktion als vielmehr verwandte aber nur lokker zusammenhängende Sentenzen enthalten. Eben so wenig ist es möglich, in dieser Schrift umständlich Facta zu erzählen, sie kann die Facta nur andeuten, aber nicht darstellen. An Beredsamkeit ist dabei vollends gar nicht zu denken. Und Zweideutigkeit ist ein unvermeidliches Gebrechen der chinesischen Schrift, und eben so jeder auch noch so scharfsinnig ersonnenen philosophischen Schrift.

Keine einzige Schrift ist indessen so charakteristisch, als die chinesische, die das treueste Bild des Nationalcharakters ist, und mehr als irgend eine andre den Einfluß der Schrift auf die Kultur und den gegenseitigen Einfluß der Kultur auf die Schrift beweist. Eine so mühsam zu schreibende und so mühsam zu lesende Schrift deutet zwar nicht auf Erfindungsgeist, der auch würklich den Chinesern fremd ist, aber wol auf mühsame, künstliche Industrie, auf Verschmähung der Simplicität in ihren Kunstwerken, die sich besonders auch in ihrer Architektur und Gartenkunst verräth. Kein Volk ist pedantischer und ceremoniöser; sie entfernen sich in ihren Sitten eben so von der kunstlosen einfachen Natur wie in ihrer Schrift. Der kriechende, sklavische, heuchlerische, mißtrauische, langweilige, untheilnehmende, betrügerische Charakter der Nation spiegelt sich gleichsam in ihrer Schrift. Ein offnes, freies, grades, muntres, fröhliches Volk würde sich durch diese mühsame, verstekkende, zweideutige Schrift in den Aeußerungen seiner Empfindungen und Gedanken gefesselt fühlen und diese Fesseln entweder zerbrechen oder in ihnen ebenfalls ausarten. Die Anhänglichkeit an Alterthum und Observanz wird durch diese Schrift genährt, der Erfindungsgeist erstikt, die Empfehlung des neuen, ungewöhnlichen, ausländischen, erschwert. In der That, kein Volk schätzt alles Ausländische so gering; von allen europäischen Waaren ist ihnen nur das Silber willkommen. Ihre Schrift ist die Scheidewand zwischen ihnen und andern höher kultivirten Nationen; sie nährt den unvernünftigen Nationalstolz, den keine einzige Nation in dem Grade hat, und den auch die letzte englische Gesellschaft empfinden mußte, was auch Staunton von der ehrenvollen Aufnahme derselben erzählen mag, bei der, auch wo seine officielle Erzählung nicht mit Privatnachrichten in Widerspruch steht, doch immer nur Ostentation zum Grunde lag.

Indessen ist nicht zu läugnen, daß diese Schrift auch auf bessere Seiten des Nationalcharakters hinweist, die bald als Ursach bald als Wirkung mit ihrer Schrift in Verbindung stehen. Bei keinem Volke ist Ordnung in der öffentlichen und häuslichen Verfassung einheimischer. Die Gewöhnung an Klassifikation und Subordination der Begriffe gewöhnt sie gewissermaßen auch an politische und häusliche Subordination; die abgezirkelte Regelmäßigkeit ihrer Schrift harmonirt mit der raffinirten Regelmäßigkeit ihrer Verfassung, bei der allein es begreiflich wird, wie eine so ungeheure Volksmenge, die freilich von

Staunton nach unstreitig lügenhaften und pralerischen Mandarinen-Nachrichten auf 300 Millionen übertrieben geschätzt wird, dennoch ohne Revolution in Ordnung erhalten werden kann. —

Es ist ferner leicht einzusehen, daß sowol das Lesen als das Schreibeu dieser Schrift von Jugend auf den Verstand schärft, und es ist daher kein Wunder, daß der gemeine Chineser im praktischen Gebrauch seiner Seelenkräfte viel gewandter ist als der gemeine Europäer. Unser Lesen und Schreiben ist häufig ein gedankenloses mechanisches Geschäft; dies kann es bei den Chinesern nie sein. U ser Lesen ist gewöhnlich ein bloßes passives Auffassen fremder Ideen, das Lesen des Chinesers ist unausbleiblich mit eignem Nachdenken verknüpft; es ist eine beständige Uebung der Logik und Hermeneutik. Ihre gesammte Gelehrsamkeit wird dadurch mehr praktisch; tiefe Spekulationen erlaubt diese Schrift nicht. Metaphysik und die ganze Masse europäischer Buchstabengelehrsamkeit ist ihnen fremd, desto geläufiger sind ihnen die Principien der Moral und Politik.

Daß bei den Chinesern seit undenklichen Zeiten eine Art von Buchdrukkerei Statt findet, ist bekannt. Aber ihre Buchdrukkerei ist, was die europäische Buchdrukkerei Anfangs vor Guttenberg war, nichts als Formschneiderei. Nur iu Europa hat man Versuche einer würklichen chinesischen Typographie gemacht, indem man für die Wurzelzeichen oder die sogenannten Schlüssel Typen gießen lassen, wie dies zum Theil in der Drukkerei der römischen Propaganda geschehen, ja selbst zu Anfang dieses Jahrhunderts in Berlin durch den ehemaligen Propst Müller versucht ward. Schwerlich läßt sich indessen erwarten, daß je die Buchdrukkerei alle Schwierigkeiten überwinden könne, die diese so äußerst zusammengesetzte Schrift ihr entgegenstellt. Immer würde sie minder genau, und gewis ungleich theurer, chinesische Schrift darstellen, als die Formschneide- und Kupferstecherkunst.

Aber woher diese so äußerst künstliche verwikkelte Schrift? Sollte sie würklich eine Erfindung dieses eben so wenig zur Erfindung als Nachahmung, desto mehr aber zur Aufbewahrung und Beibehaltung des ererbten aufgelegten Volkes sein? — Es ist eine sehr alte, nicht erst von de Guignes ersonnene Hypothese, nach der die Chineser eine ägyptische Kolonie sein sollen. — Man begründete diese Hypothese gewöhnlich mit der Aehnlichkeit oder vielmehr Gleichartigkeit der Schrift beider Völker. Man sah die chinesische Schrift als einen Ausfluß der Hieroglyphen an und selbst Monboddo hat die von einem ganz andern Standpunkte auslaufende Hypothese des sinnreichen de Guignes so wenig gefaßt, daß er sich auf seine Beistimmung beruft, wenn er die chinesische Schrift von den Hieroglyphen herleitet. Aber es bedarf in der That nur einer sehr mangelhaften Kenntnis, ja nur der aufmerksamen Betrachtung beider, um sich von ihrer wesentlichen Verschiedenheit zn überzeugen. Dennoch ist in einigen wenigen Bezeichnungen ein vielleicht mehr als zufälliges Uebereinkommen nicht zu verkennen. Wenigstens war mir des oft genannten neuesten Reisebeschreibers Staunton Bemerkung sehr auffallend, daß die Chineser dle Sonne durch die Figur eines Kreises, den Mond durch einen Halbzirkel bezeichnen, gerade wie ehedem die Aegyptier, wiewol diese Bezeichnungsart so natürlich ist, daß auch die neuern Astronomen sie nicht gerade von den Aegyptiern ererbt zu haben brauchen, und so könnte sie auch wol bei den Chinesern ein Ueberrest ihrer ältesten vor ihrer jetzigen Schrift gebrauchten kyriologischen Schrift sein.

Die Hypothese, daß China von Aegypten her seine Kultur erhalten, ist von niemand mit größerm Scharfsinn und größerer Gelehrsamkeit ausgeführt worden, als von dem als orientalischen Geschichts- und Sprachforscher gleich verdienstvollen de Guignes und sein Raisonnement scheint mir durch Pauw's Recherches sur les Egyptiens et Chinois zwar erschüttert aber nicht umgestürzt zu sein. Er gründet seine Hypothese auf mancherlei historische Fakta und Vermuthungen. Was mich hier nur aber eigentlich angeht, ist seine äußerst sinnreiche Auflösung der chinesischen Zeichenschrift in ägyptische Buchstabenschrift. Denn nicht von den Hieroglyphen oder auch nur von der Priesterschrift der Aegyptier leitet er die Chinesische her, die sich offenbar durch ihre Zusammengesetztheit von der Einfachheit der ägyptischen Charaktere bei dem ersten Anblik auffalleud unterscheidet. Nach seiner Hypothese sind die chinesischen Charaktere ursprünglich ägyptische Worte mit ägyptischer Buchstabenschrift, aber sie wurden für die Chineser nicht Zeichen der Töne sondern Zeichen der Begriffe. Derselbe Fall könnte noch itzt Statt finden, wenn ich einem des Schreibens unerfahrnen ein Wort vorschreibe und ihn anleite, bei dieser schriftlichen Bezeichnung nicht an die einzelnen Töne, die dadurch unmittelbar bezeichnet werden, sondern sogleich unmittelbar an den Begrif selbst zu denken. Es giebt unter der gemeinen Klasse manche Menschen, die bloß ihren Namen schreiben, oder, wie es in diesem Falle richtiger heißen sollte, nachzeichnen gelernt, aber ihn nicht in seine Elemente auflösen können, und ihn gewissermaßen als ein Ganzes und daher seine Bezeichnung ebenfalls als ein Ganzes betrachten. So läßt sich begreifen, daß Zeichen, die die Aegyptier zunächst an die dadurch angedeuteten Töne und erst durch diese an den Begrif erinnerten, für die von ihnen kultivirten Chineser, deren Sprache in den ältesten Zeiten ohne Zweifel noch viel weniger als itzt einer Auflösung in wenige Grundtöne fähig war, bloße Zeichen der Begriffe wurden, und daß daher aus den mit ägyptischen Buchstaben geschriebnen Wörtern, unmittelbare Zeichen der Begriffe wurden, die aber freilich mit der Zeit mancher Veränderung unterworfen waren. So, um einige Beispiele anzuführen, fand de Guignes die Bezeichnung des Begriffs Vater aus einem altägyptischen I und D zusammengesetzt, daraus entsteht das Wort jad, das ein Koptischen Vater bedeutet. Der alte chinesische Charakter für eine Menge Wasser ist aus dem Zeichen des I und M zusammengesetzt, daraus entsteht das Wort Jam, koptisch das Meer. Die Bezeichnung des Begrifs Hand enthält ein I und F, daraus entsteht Jof, koptisch die Hand. — Der Charakter Hia, der zerbrechen bedeutet, ist eine aus dem Schin und zwei Daleth zusammengesetzte Figur; das daraus entstehende Wort Schadad bedeutet im Hebräischen und Phönizischen verwüsten, zerbrechen. — De Gnignes probirte seine Hypothese noch auf einem andern entgegengesetzten Wege. Er nahm z. B. die 3 Wurzeln des Worts Jada, das im Phönizischen wie im Hebräischen wissen, kennen, bedeutet. Diese Wurzeln sind ein Jod, ein Daleth, ein Aiu. Die Benennung des ersten Buchstabens Jod bedeutet im Phönizischen Hand, Daleth die Thür, Ain das Auge. De Guignes suchte die 3 alten chinesischen Charaktere für die 3 Begriffe: Auge, Thür, Hand, er stellte sie zusammen und sieh, es erschien aus dieser Zusammenstellung ein chinesischer Charakter, der prüfen, wissen bedeutet.

Diese gleichsam chemische Operation, durch welche De Guignes Chinesische Charaktere zerlegt und zusammensetzt und auf beiden Wegen zu dem nehmlichen Resultat gelangt, beweist auch für den hartnäckigsten Zweifler, wenigstens die Möglichkeit der Verwandlung einer alphabetischen in eine Zeichenschrift. Sollte denn umgekehrt der Uebergang von der Zeichenschrift zur Buchstabenschrift minder begreiflich sein? —

Vielleicht, daß die Einrichtung der Chinesischen

Wörterbücher uns hier am besten auf die Spur hilft — Es ist schwer zu begreifen, wie ein so gelehrter Sprachkenner, als der Hofrath Büttner*) behaupten kann, daß »die Chineser aus ihren 214 Grundzeichen 112 ausgewählt haben, um damit ihre Lautbuchstaben, und 36, um ihre Mitlaute anzudeuten, und daß jeder ihrer Töne seinen Namen und sein ihm zugehöriges Zeichen habe.« — Wäre diese Behauptung gegründet, so würden die Chinesischen Wörterbücher im Wesentlichen wenig von den unsrigen verschieden sein, und die Chinesische Schrift würde auf einmal aus einer Zeichenschrift in eine Buchstaben- oder doch Sylbenschrift verwandelt, dergleichen im Orient mehrere, vornehmlich jedoch die Aethiopische Schrift und die Alt-Indische Shanskrit, ist. Aber sicherlich liegt hier irgend ein Mißverständniß zum Grunde. Glaubwürdiger sind die Nachrichten, die Bayer in seinem Museum Sinicum von der Einrichtung der Chinesischen Wörterbücher giebt, und von der Methode, wie in denselben selbst die Aussprache eines Charakters dargestellt wird. Die zu erklärenden Charaktere werden unter ihre einfachen Wurzeln geordnet. Um die Aussprache eines Charakters zu bezeichnen wird demselben ein andres bekannteres beigefügt, das gleiche Aussprache hat, welches bei der Vieldeutigkeit der Chinesischen Laute sehr leicht ist. Doch sie haben noch

---

*) In den Anmerkungen von der Chinesischen Sprache zum 2ten Theil von Monboddo über den Ursprung der Sprache zu S. 260.

eine andre uns hier noch mehr interessirende Methode die Aussprache anzudeuten. Jedes Wort, wenn es gleich nur einsylbig ist, wird in 2 Wörter zerlegt, deren Charaktere nun nebeneinander stehen, um die Aussprache jenes einen Charakters anzudeuten, doch wird ein dritter Charakter, (der zerschneiden bedeutet) beigefügt. Es soll z. B. gezeigt werden, wie der Charakter des Worts Tan, welches allein oder einfach bedeutet, ausgesprochen werden soll. Dies geschieht durch 3 Charaktere. Zuerst steht der Charakter Ta (eigentlich Groß, aber die Bedeutung kommt hier nicht in Betrachtung, weil bloß die Aussprache gelehrt werden soll) hierauf folgt der Charakter Nan (welches eigentlich Mann bedeutet) dann der Charakter çie, d. i. zerschneiden, d. i. wirf den in der Mitte befindlichen Konsonant und Vokal weg, und verbinde so ta und nan zu dem einen Worte tan. — Die Aussprache von chu (l. tschu) die Grundlage, wird gelehrt durch die Charaktere von chi (wissen) yu, (ein Augenblik) çie, d. i. zerschneide die beiden Wörter chi uud yu, so daß das eine seinen Endlaut, das andre seinen Anfangslaut verliert, so entsteht der Laut chu, und da dieser Laut in der Sprache auch einen Herrn bedeutet, so wird das bekanntere Zeichen für diesen Begrif mit hinzugefügt.

Es würde den Chinesern leicht werden, ihre Charaktere und dessen Aussprache auf eine minder künstliche Art zu erklären. Sie brauchten nur die Schrift ihrer gegenwärtigen Beherrscher, des Tatarischen Stamms der Mandschuren, zu Hülfe zu nehmen.

Diese haben eine aus dem Nestorianisch-Syrischen Alphabet entstandne Sylbenschrift, mit der sich die Chinesischen Laute, wenn man von den feinen Accentuationen derselben abstrahirt, ziemlich richtig schreiben lassen. Aber die steife pedantische Anhänglichkeit an das Herkommen läßt diese Methode nicht zu, die freilich nach einiger Zeit zu gänzlicher Vernachlässigung der ererbten Schrift, wenigstens bei dem großen Haufen führen müßte.

Noch dienlicher zur allgemeinen Erklärung des Uebergangs von der Zeichenschrift zur Buchstabenschrift scheint mir die von Staunton aufgezeichnete Nachricht von einer Art von englischem Wörterbuch zum Gebrauch für die Chinesischen Kaufleute zu Kanton, dem einzigen Sitze eines fortdauernden Verkehrs zwischen China und England. Um nehmlich den Chinesischen Kaufleuten, die sich mit ausländischem Handel beschäftigen, die Aussprache eines ihnen nothwendigen englischen Worts begreiflich zu machen, wird diese durch solche Chinesische Charaktere bezeichnet, deren Wörter jenen Laut formiren, und es wird dann ausdrüklich ein Zeichen beigefügt, woraus zu ersehen, daß durch diese Charaktere nicht der Begrif, sondern bloß der fremde Laut bezeichnet werden soll. Es wäre wol zu wünschen gewesen, daß Staunton uns von diesen merkwürdigen Wörterbüchern eine umständlichere Nachricht gegeben hätte; er sagt nicht einmal, ob denn nun nicht auch der Charakter des Begrifs selbst hinzugefügt wird, welches jedoch mit Grunde vermuthet werden kann, indem jene Wörterbücher wol nicht bloß den Zwek haben können, die Aussprache sondern auch die Bedeutung eines englischen Worts zu lehren. Auch läßt sich vermuthen, daß die Aussprache der englischen Wörter ohngefähr auf dieselbe Art bezeichnet werde, wie es nach der vorhin beschriebnen Methode mit ihren eignen Wörtern geschieht. Sie wird natürlich hier um so nothwendiger sein, da die Chineser theils keinen Vokal ohne voranlaufenden Konsonant, theils keine 2 Konsonanten hinter einander aussprechen können, sondern immer Vokale dazwischen schieben. Statt Christus sagen sie daher Ki li su tu su. Wie dem auch sei, wir finden also hier doch schon zu Kanton eine würkliche chinesische Tonschrift. Und so scheint es, als wenn Handelsverkehr mit einer andern eine andre Sprache redenden Nation der Zauberstab sei, der einst Hieroglyphen oder Zeichenschrift in Alphabetschrift verwandelte. So lange ein Volk sich ganz von allem Verkehr mit allen Völkern absondert, so lange kann es allenfalls die alphabetische Schrift entbehren und sich mit Zeichenschrift behelfen, sowie es in einem solchen Zustande Geld entbehren und sich allenfalls mit eisernen oder ledernen Münzen behelfen kann. Aber sobald eiu nicht bloß vorübergehendes sondern fortdauerndes Verkehr mit andern Nationen entsteht, so entsteht damit zugleich, wenn die Nation nicht gar zu roh ist, das Bedürfnis, fremde Töne zu fixiren und so ist der erste Schritt zu dem Uebergange von der Ideenschrift zur Tonschrift gethan. Die Geschichte bestätigt diese Vermuthung. Alles vereinigt sich, nm nicht den Aegyptiern, sondern den Phönizìern den Ruhm der Erfindung der Buchstabenschrift zuzueignen. Aber welches Volk hatte auch mehr Anlaß, mehr Aufforderung, mehr Bedürfnis diese Erfindung zu machen, und jene Brükke zwischen der Zeichen- und Buchstabenschrift zu erbauen, als die Phönizier, die den Ocean wie das mittelländische Meer befuhren und deren Segel in den Hafen von allen 3 Welttheilen, vielleicht selbst einst schon in Amerika, weheten. Kein Wunder daher, daß in ihrem Alphabete alle nachfolgenden Alphabete wie Embryonen lagen, die sich nach Jahrhunderten und Jahrtausenden allmälig in sehr verschiedne Gestalten entwikkelten, deren Verschiedenheit uns jedoch nicht hindern kann, auch in den mannigfaltigsten Spielarten des Alphabets, und am deutlichsten in den Europäischen, den ersten phönizischen Ursprung zu entdekken, so wenig den Naturforscher die verschiedene Gestalt der Dogge und des Pudels hindert, ihre ursprüngliche Identität zu erkennen.

Doch hier breche ich ab. Mit der alphabetischen Schrift geht eine neue Periode in der Geschichte der Menschheit an. Es ist der Mühe werth, ihre Geschichte zu verfolgen, obgleich der Gang derselben in tausend Krümmungen sich schlängelt; von den Phöniziern zu Griechen und Hetruskern, von beiden, aber mehr von den letztern als erstern zu den Römern, und von diesen zu den früher, sowie von den Griechen zu den später kultivirten Völkern Europa's. — Was auf diesem Wege die Schrift im Allgemeinen für einen Einfluß auf die Kultur der Nationen, aber auch umgekehrt, welchen Einfluß diese auf die durch unzählige Stuffen der Verbesserung und Verschlimmerung durchgehende Schrift hatte — dies wird der Gegenstand einer andern, vielleicht, weil der Gegenstand uns näher liegt, interessanteren Abhandlung sein, aus der sich am Ende das Resultat ergeben wird, daß die oft empfolne und immer nur einzeln und schüchtern ausgeführte Vertauschung unsrer gothischen Schrift mit der lateinischen so wenig unsrer Nationalehre, wie wol selbst manche Gelehrte glauben, zuwider sei, daß sie vielmehr ein der Nationalehre schuldiges Opfer und überhaupt keine so unbedeutende Sache ist, als sie manchem selbst scharfsinnigen Kopfe bei dem ersten Anblik erscheint.

XIII.

Ueber das Studium der Litterarhistorie, nebst einem Beitrage zu dem Kapitel von gelehrten Schustern.

Man hat die politische Geschichte sehr oft mit einem Theater verglichen, und die Vergleichung ist eben darum, weil sie so treffend ist, gleich andern schönen Redner- und Dichterphrasen nun schon zu den alltäglichen Floskeln herabgesunken. Die Schauspiele, die auf diesem großen Theater gespielt werden, sind mehrentheils — Stiergefechte, Thierhetzen, besonders (wie ehmals zuweilen auf dem römischen Amphitheater), Kämpfe des hungrigen Löwen mit dem scheuen Hasen, der am Ende von dem Könige der Thiere allergnädigst verschlungen wird, Gladiatorspiele und dergl. Regelmäßige Schauspiele sieht man nur selten, und auch dann meistens lauter Tragödien, die desto mehr Bewunderung finden, je blutiger sie sich endigen.

Die Litterargeschichte ist auch ein Theater, kleiner freilich als jenes. Dort ist die Scene ein Schlachtfeld, ein Audienzzimmer, ein (meistens doch halb verhülltes) Kabinet; — hier ein dumpfiges Auditorium, eine staubige Bibliothek, ein einsames Studierzimmer hinten auf dem Hofe, oder ein dem reinen Aether näheres Dachstübchen u. s. w. Die Dekorationen sind mehrentheils etwas bürgerlich altfränkisch, und die spielenden Personen? — je nun, es sind freilich mit unter sehr drollige Figuren. Aber die Schauspiele selbst erfordern dergleichen häufig. Tragödien sind hier selten, desto häufiger Komödien und Possenspiele, indessen sieht man doch auch öfters ein Analogon von Tragödie mit einem lustigen Ausgange, wo statt des Bluts Tinte fließt, und der Zuschauer sein Zwergfell mit herzlichem Lachen erschüttert. Denn überhaupt zu lachen giebt es hier weit mehr. Oft ist's auch nur ein Marionettenspiel, das doch selbst für den ernsthaften Mann immer anziehend genug ist. Denn wie sollte es nicht interessant sein, eine so verschieden gekleidete Menge denkender, empfindender, schwatzender, schreibender Puppen zu sehn, die alle durch den Drat in Bewegung gesetzt werden, den die Hand des Meisters hinter der Bühne so künstlich regiert. Diese Marionettenspiele abgerechnet ist doch noch das ein Hauptunterschied zwischen dem Theater der politischen und dem der Litterarhistorie, daß hier der Souffleur ungleich seltner und minder thätig ist ols dort. Auf jenem Theater muß der Souffleur oft das meiste thun, ohne ihn würden die spielenden Personen entweder verstummen, oder gar zu albernes Zeug schwatzen, wenn es gleich oft noch immer albern genug ist.

Man lade noch so laut die Zuschauer vor das Theater der politischen Historie mit dem anlokkenden Versprechen der Kenntnis des Menschen ein. Man kann Recht haben. Aber, mich dünkt, die Litterargeschichte hat doch noch mehr Recht, dies Versprechen auf ihren Anschlagzettel zu setzen. Die auf ihrem

Theater spielenden Personen sind uns gewöhnlichen Zuschauern (wenigstens denen vom gelehrten Handwerk) näher verwandt, uud mehr Geschöpfe aus unserer Sphäre, deren Beobachtung uns also auch weit nützlicher werden kann. — Beide Geschichten hängen auf ihrer Bühne einen magischen Spiegel aus, in dem man Menschen aus den entferntesten Gegenden und Zeitaltern erblikken und betrachten kann. Aber der Spiegel der politischen Geschichte ist öfter angehaucht, oft auch wieder zu blendend, und der Rahm zu kostbar und künstlich, als daß man nicht oft mehr auf diesen, als auf den Spiegel selbst achten sollte. Wem es vornehmlich darum zu thun ist, menschliche Thorheiten, Verirrungen und Schwächen in den auffallendsten Modifikationen und Abstufungen in unverhüllter Blöße kennen zu lernen, der findet in dem reichen Magazin der Litterarhistorie für seine Neugier Nahrung genug.

Es ist wahr, man hat die Litterarhistorie bisher nur zu selten aus diesem Gesichtspunkte betrachtet. Ihre Gruben sind seit jeher von einer Menge geschäftiger Litteratoren befahren worden. Aber die bisherige Ausbeute für Kenntnis des menschlichen Geistes und Herzens, für Weisheit des Lebens und praktische Klugheit, ist noch immer sehr kleiu, so ungemein reich sie sein könnte. Schlakken hat man genug heraufgebracht und zusammengehäuft, und sie wol gar für Gold verkauft. Aber noch ist des Goldes viel aus dieser Grube zu holen.

In der That pflegt kein Studium elender betrieben zu werden, als das der Literarhistorie. Denn worin besteht die Weisheit der meisten Litteratoren? Sie wissen euch auf ein Haar zu sagen, was andre Leute seit jeher gedacht haben und glauben sich dadurch von der Mühe selbst zu denken hinlänglich dispensirt, oft wissen sie sogar nicht einmal, was andre gedacht, sondern nur was sie geschrieben haben; sie können euch auf ein Haar sagen, wenn, wie oft, wo, wie jedes Buch herausgekommen: wieviel Kapitel und Seiten es hat, und wer das Register gemacht; sie wissen, wie oft dies und das Buch in der Welt existirt, und wie der Henker hieß, dessen Flamme oft die elendeste Scharteke zu einem Gegenstande der litterarischen Neugierde und Kauflustigkeit machte, und sie zu dem Range einer kaum mit Geld aufzuwiegenden Rarität erhob; sie wissen, wenn und wo jeder Schriftsteller und Schmierer geboren ward, wer die Taufzeugen waren, wo er Mensa dekliniren lernte und wo und bei wem er den Dust der akademischen Weisheit zuerst und zuletzt einsog, durch welche Stufen er vom Kandidaten zum Konrektor oder Superintendenten gestiegen, wie viel Frauen er nahm und wie viel Bücher er schrieb; kurz sie sind im Stande jedem längst vermoderten Gelehrten auf der Stelle eine Leichenpredigt zu halten, oder auch zu jedem alltäglichen Gedanken eine Menge Gevattern zu bitten, die ihm ihren Namen geben müssen; denn ein Gedanke ohne Namen ist ihnen eben so ein Greuel, als dem Pöbel ein ungetauft und unbenamt hinsterbendes Kind.

Man würde mich sehr unrecht verstehen, wenn man mich für einen Verächter der Bücherkenntnis und litterarischen Biographik halten wollte. Ich gestehe vielmehr, daß ich einen sehr großen Theil meiner Zeit gerade hierauf verwende und gern in diesen großen Hallen der Litteratur, oft bloß aus Neugier, oft mit sehr ernster Absicht lustwandle. Nur kann ich mich nicht enthalten mich über die Leute zu wundern und zu ereifern, die so blind sind, das Gerüst vor dem Hause für das Haus selbst zu halten, und Bücherkenntnis und Litterarnotiz nicht als unentbehrliche Stuffen zur Gelehrsamkeit, sondern als Gelehrsamkeit selbst anzusehen. Mir sind selbst die Mikrologieen in diesem Studium an sich nicht zuwider. Denn ich weiß, daß jede Wissenschaft, von der heiligsten bis zur profansten, ihre Mikrologieen und Armseligkeiten hat. Aber nur dann sollten diese Mikrologieen für einen denkenden Kopf einen Reiz haben, wenn sie ihm ein Leitfaden zu wichtigern Ideen würden oder ihm das zu werden wenigstens Hofnung machten. Wer jede Kenntnis bloß darum verwirft, weil sie beim ersten Anblik so geringfügig und unbedeutend aussieht, muß überall noch ein großer Neuling in der Republik der Gelehrten sein, um nicht zu wissen, wie oft hier, grade wie in der politischen Welt, äußerst geringfügige Ideen der Zunder zu einer helleuchtenden Flamme werden können. Wessen Kopf indessen nichts weiter als ein Magazin von litterarischen Mikrologieen ist, der kann immer noch ein nützlicher Mann in der Republik der Gelehrten sein, sofern er wenigstens andern Gelegenheit giebt, seinen Vorrath zu nutzen und auf mancherlei Art zu verarbeiten, aber dann gehört er höchstens auch nur in die letzte Klasse der Gelehrten. Die Schale der Gelehrsamkeit kann sehr nützlich sein, aber wer bloß an der Schale nagt, und den Kern wegwirft, verräth doch einen sehr seltsamen und gewis nicht eben beneidenswerthen Geschmak. Und doch war dis ehmals der Geschmak der meisten Litteratoren, vornehmlich im Anfange dieses Jahrhunderts, Man schrieb weitläuftige litterarische Bücher über die unbedeutendsten Dinge, die zu nichts führten, nnd zu nichts dienten, als höchstens eine absichtslose wollüstige Neugierde zu befriedigen, bei der der Leser eben sowol als der Verfasser ohne Kopfweh verdauen kann. So trug man eine Menge litterarischer Notizen zusammen, aber was man zusammentrug war mehrentheils nichts als Schutt, ein verwirrtes Chaos ohne Licht und Ordnung. Nirgends ein allgemeiner Ueberblik, nirgends ein wichtiges oder wichtig scheinendes Resultat, nirgends Auflösung irgend eines räthselhaften Problems oder Erklärung eines seltnern Phänomens am litterarischen Horizont, nirgends ein Wink, wie und wozu die so mühsamgemächlich zusammen getragnen Materialien genuzt werden könnten. Man schrieb Bücher und Traktate über Raritäten wie folgende: von den Federn womit Gelehrte geschrieben, von gelehrten Hurkindern, von gelehrten Zwillingen, von Gelehrten die früh oder spät oder oft oder nie geheirathet, von gelehrten Hahnreien, von Gelehrten, die groß oder klein von Statur gewesen, von gelehrten Tobakschmauchern, von Gelehrten die eine unleserliche Hand geschrieben, von Gelehrten die Georg, Simeon, Christoph u. s. w. geheißen, von gelehrten Fürsten, gelehrten Bauern und gelehrten Schustern. So äußerst geringfügig diese und tausend ähnliche Gegenstände und Untersuchungen des litterarischen Fleißes beim ersten Anblik aussehen, so sind dennoch die meisten von der Art, daß sie einen denkenden Kopf zu manchen interessanten Ideen und Aufschlüssen veranlassen, ja wohl gar für die Geschichte der Menschheit wichtig werden können. Aber daran ist bei den gewöhnlichen litterarischen Kompilatoren nicht zu denken. Sie begnügen sich, mit geschäftiger Hand aus hundert Bücherkatalogen und Registern ein Büchlein voll Namen und Citaten zusammenzustoppeln, und freuen sich über ihr Machwerk so herzlich, als nur immer der Knabe über sein Kartenhaus.

So hatte ich, um nur ein Exempel anzuführen, bei meiner Lektüre sowol als durch meine und andrer Erfahrung schon oft mit Verwunderung die Bemerkung gemacht, daß man bei keinem bürgerlichen Gewerbe so viele über ihre Sphäre hinaus vernünftelnde Köpfe findet, als unter den Schustern. Wie kömmt es, fragte ich, daß gerade bei diesem Metier sich seit jeher so viele Leute fanden, die über den Würkungskreis ihres Gewerbes hinausgingen, und sich so gern in Spekulationen, die ganz und gar außer ihrer Sphäre liegen, besonders in theologische Grübeleien vertieften? Wenn Lavater einst es für eine der

Menschheit äußerst wichtige Frage erklärte, woher es komme, daß man bei keinem Gewerbe mehr misgebildete Menschenfiguren finde als unter den Schustern? und wenn er diese Frage für unendlich beträchtlicher als alle gewöhnliche ökonomische und physikalische, historische und philologische Preisfragen erklärte, so muß, dacht' ich, jene Frage dem Menschenbeobachter und Menschenfreunde allerdings noch weit wichtiger sein. Verdrehung und Verzerrung des Körpers kann die Aufmerksamkeit des Philosophen doch lange nicht in dem Grade verdienen, als Verdrehung der Seele. Und ist's nicht Verdrehung, wenn der Schuster, statt an Pfriem und Leisten zu denken, über Politik, Philosophie und Theologie zu grübeln und zu träumen anfängt, oder überhaupt, es sei wie und wo es wolle, in die Gelehrsamkeit hineinfuscht? Ich glaubte meine Frage gewis auf eine oder die andre Art beantwortet zu finden in des ehmaligen Lübekischen Superintendenten Götz Traktat de sutoribus eruditis (Lub. 1708), worauf sich dieser Doktor der heiligen Schrift nicht wenig zu gut gethan haben mag, da er 21 Jahre hinterher sogar in einer deutschen Uebersetzung (Vermischte Anmerkungen von gelehrten Schustern. Jena 1729) sein Büchlein wieder herausgab. Vermuthlich fand sich die ehrsame Schustergilde durch diese litterarische Höflichkeit ihres Oberhirten nicht wenig geschmeichelt, zumal da er erst ein Jahr vorher einen Abriß eines gottseeligen Schusters in sechs Hochzeitreden, sämmtlich bei Schusterhochzeiten gehalten, entworfen hatte *). Allein ich fand mich in meiner Erwartung von diesem Buch betrogen. Der gute Mann hat ziemlich zusammengetragen, aber das Räsonniren scheint seine Sache nicht gewesen zu sein. Er hat mit der größten Gewissenhaftigkeit alles gesammlet, was ihm nur irgends nach Schustergelehrsamkeit zu riechen oder irgend eine Beziehung darauf zu haben schien. Daher findet man hier sogar ein Verzeichnis der Gelehrten, die einen Schuster zum Vater gehabt, gleich als wenn gelehrte Schuster und gelehrte Schustersöhne gleichbedeutende oder auch nur zu einer Hauptklasse gehörige Begriffe wären.

Unter den gelehrten Schustern vergißt er selbst den Sophisten und Pansophen Hippias nicht, der mit unverschämter Großsprecherei sich öffentlich nicht nur einer Universalkenntnis aller Wissenschaften rühmte, sondern auch in den nöthigsten Handwerken erfahren war, und Kleid und Ring und Schuh sich selbst verfertigt hatte. Armer Hippias, hättest du gewußt, daß man dich einst nach zwei Jahrtausenden darum förmlich in die Zunft der Schuster einschrei-

*) Dieser Mann war überhaupt recht dazu gemacht, litterarische und historische Mikrologieen zusammenzustoppeln. Zum Beweise führe ich von seinen andern unzähligen kleinen Schriften nur folgende an: Todtenbibliothek; de mercatoribus eruditis; de litteris butyricis; de obstetrice Mariae; de rusticis eruditis; de viris doctis Lucae nomine insignitis; de eruditis qui aqua perierunt; de conviviis eruditorum; de coniugio eruditorum; bibliotheca carceralis etc.

ben würde, du hättest lieber weniger geprahlt, und dich lieber begnügt, Sophistereien und rhetorische Klügeleien zuzuschneiden und über deinen philosophisch-rhetorischen Leisten zu schlagen.

In der That braucht man, um eine beträchtliche Zahl von gelehrten Schustern zusammenzurechnen, keinen hineinziehen, der nicht würklich hineingehört. Es ist nicht leicht eine Wissenschaft und eine Fakultät, in der nicht von Zeit zu Zeit irgend ein Schuster sich berühmt oder berüchtigt gemacht, oder sie sich wenigstens zum Gegenstande seines außerschusterlichen Nachdenkens gewählt hätte. Schon das Alterthum hat uns mehr als ein Beispiel aufbewahrt. Unter den Schülern des Sokrates befand sich ein Schuster Simon, der nachher verschiedne philosophische Schriften schrieb. In der Geschichte der Rechtsgelehrsamkeit ist der Name des Alfenus Varus nichts weniger als unbekannt. In seinen jüngern Jahren trieb er das Schusterhandwerk zu Kremona. Doch sein Geist und Stolz fanden hier zu wenig Nahrung. Er warf den Leisten weg *), begab sich nach Rom, nutzte den Unterricht des Servius Sulpicius in der Rechtsgelehrsamkeit, und ward nicht nur ein gelehrter Jurist, wie seine 40 Bücher Digesta und 4 Bücher Conjectanea bewiesen, sondern schwang sich sogar durch seine Gelehrsamkeit und Verdienste bis zum Konsulat empor, das im 2ten Jahr nach Christi Ge-

*) Horat. Serm. I, 3, 130. Alfenus vafer, omni Abjecto instrumento artis clausaque taberna Sutor erat.

burt (denn in diesem war er's) bei allem verlornen und eingeschränkten Einfluß doch noch immer ein so glänzender Standpunkt war, als nur immer der kühnste Wunsch eines gewesenen Schusters sich erträumen und hoffen konnte. Der Schuster des Apelles, der den Kenner spielte, ist bekannt genug; aber das ihm von dem Künstler zugerufene Ne sutor ultra crepidam hat bei seinen Nachfolgern im Gewerk wenig gefruchtet, die noch immer gar zu gern sich über den Leisten erheben. Schon zu Phädrus (Fab. 1. 14) Zeiten fand sich ein Schuster, der, nachdem es mit dem Schuhflikken nicht mehr fort wollte, anfing an der Gesundheit seiner Mitbürger zu flikken. Und wie leicht der Uebergang vom Schuhflikker zum Arzte sei, davon hat ja unser eignes Zeitalter ein auffallendes Exempel an dem sogar in einem weitläuftigen Roman verewigten doktorirten Schuster Menadie. So lächerlich der Name dieses promovirten Schusters ist, so wichtig hingegen ist in der Geschichte der Arzneikunde oder vielmehr der Chemie der Name des Schusters zu Bologna Casciorolo, der den Bononischen Phosphorus erfand.

Winkelmann erwähnt in seinen Briefen an einen seiner Freunde Th. 1. S. 156 eines Schusters, der die Astronomie mit großem Eifer studierte, sich in astronomische Berechnungen vertiefte, und mit einem solchen Enthusiasmus für den Astronom La Hire erfüllt ward, daß er, um ihn kennen zu lernen, sich aufmachte und nach Paris ging, und, als ihm in seiner Herberge niemand von dem damals schon verstorbnen Astronom Nachricht geben konnte, voll Unmuth sogleich wieder von Paris nach Dresden zurükging *).

Auch die Zunft der Philologen und Humanisten kann einen wenigstens sehr belesenen Gelehrten aufweisen, der den Schusterschemel mit dem humanistischen Katheder vertauschte. Benedikt Balduin war der Sohn eines Schusters, und lernte selbst das Handwerk. Durch eifriges Studieren brachte er es nachher vornehmlich in humanistischen Kenntnissen so weit, daß er Rektor des Kollegiums zu Troyes wurde, und unter andern Schriften ein wundergelehrtes Buch über — die Schuhe der Alten schrieb.

Am Horizont der schönen Geister glänzen wenigstens zwei Schustermeteore. Johann Baptista Gelli, ein Florentinischer Schuster **) und Akademist, machte sich durch seine italienischen Gespräche in Lucians Manier berühmt. Und wer kennt nicht den berühmten Meistersänger, den Nürnbergischen Schuster, Hans Sachs? Lange genug hatte man

---

*) Man sehe auch Zöllners Lesebuch für alle Stände Th. 1, S. 167 f., wo noch mehr Exempel eines solchen Enthusiasmus von Schustern und Nichtschustern angeführt werden.

**) In Jöchers Gelehrtenlexikon heißt er irrig ein Schneider. Thuanus (B. 36. S. 943 der deutschen Uebers. Frankf. 1621) nennt ihn ausdrüklich einen Schuhmacher, und setzt hinzu, daß er kein Latein verstanden, wovon wieder das Gegentheil im Jöcher steht.

sein dichterisches Talent verkannt und ihn mit ungerechter Unwissenheit mit den kopflosen Riemschmieden seines Zeitalters in Eine Klasse gesetzt. Unsere Zeiten haben angefangen, diesem bewundernswürdigen Dichtergenie mehr Gerechtigkeit widerfahren zu lassen, und ihm einen ehrenvollen Platz unter den Dichtern unsers Vaterlandes angewiesen. Was würde aus ihm geworden sein, wenn eine feinere Erziehung seine Talente ausgebildet, und er überhaupt in einem geschmakvolleren Zeitalter gelebt hätte! Und doch »liegt in seinen ungefeilten und flüchtigen Reimen mancher feine Zug, manch neues und entzükkendes Bild, manch schöner Gedanke, darum wir den besten Kopf unsrer Zeit beneiden würden *).«

Im deutschen Merkur (Jan. 1782) findet man eine Charakterisirung eines Berlinischen Schusters, Thomas, der zwar nichts geschrieben, aber allerdings nach den von ihm dort aufgestellten Zügen den ihm von dem ungenannten Verfasser beigelegte Ehrennamen eines philosophischen Schusters verdient. Unter den von ihm aufgezeichneten Sprüchen hat mich besonders einer frappirt und entzükt. »Wenn der Besitzer eines Gartens, sagte Thomas einst, die schönsten wohlgewachsensten Bäume aushöbe, um daraus einen Zaun um den Garten zu machen, so würde jedermann das lächerlich finden. Aber was thun manche Fürsten anders?« In der That eine Verglei-

*) S. Küttners Charaktere deutscher Dichter und Prosaisten S. 81 f.

chung, die eines Montesquieu würdig wäre, und die wenigstens eben so schön ist, als Montesquieu's oft bewunderte Vergleichung der despotischen Regierung mit den Wilden, die um die Früchte des Obstbaums desto gemächlicher zu genießen, den Baum selbst umhauen. *)

Daß Politik ein Lieblingsstudium für viele Schuster ist, beweist nicht bloß eben dieser Thomas, der sich in nichts mit so vieler Wärme und mit so vieler mehrentheils gesunden Beurtheilung einließ, als in politische Materien, sondern ich glaube auch, daß man überhaupt bei keinem andern Gewerbe leicht so viele Leute finden wird, die sich zu Richtern der Fürsten und Staaten aufwerfen. Würklich verdient der Schuster mit weit mehrerm Recht die Stelle eines Präsidenten im Kollegium der Politikaster, als der Kannengießer, dem sie seit Holbergs Zeiten der Sprachgebrauch ertheilt hat. Der römische Schuhflikker Pasquino hat durch seinen beißenden Witz, mit dem er in seiner Schusterbude die politischen Einrichtungen seiner Vaterstadt angrif, sich unsterblich gemacht; in seinem Leben satyrisirte er über Pabst und Kardinäle und Nepoten; was er selbst nicht mehr kann, thut itzt wenigstens noch seine Statue. *)

---

*) Esprit des Loix. l. 5. ch. 13. »Quand les sauvages »de la Louïsiane veulent avoir du fruit, ils coupent »l'arbre au pied et cueillent le fruit. Voilà le gou»vernement despotique.«

*) Pasquino soll in der Mitte des 15ten Sekulums

Aber keine Art von Spekulationen hatte seit jeher so viel anziehendes für viele Schusterköpfe als theologische. Bei keinem Gewerbe findet man mehr Schwärmer, oder zum Schwärmen, wenn die Gelegenheit sich dazu fände, aufgelegte Köpfe als bei diesem. Selbst in der Kirchengeschichte hat sich mehr als einer verewigt. Ich nenne itzt nur Jakob Böhme und Georg Fox. Wenn es allein auf weite Ausbreitung des Ruhms ankömmt, so ist der Görlitzische Schuster vielleicht nicht minder berühmt als — Leibniz. — Seine Schriften werden noch itzt, und gerade itzt vorzüglich von einer Menge Menschen aus allen Ständen, vom höchsten bis zum niedrigsten, gelesen, werden noch itzt neu aufgelegt *), kommentirt,

gelebt haben. Nach seinem Tode, da sein Haus niedergerissen ward, fand man unter der Erde eine unkenntliche Statue. Man richtete sie auf dem Platz auf, der Pöbel nannte sie Pasquino, und sie wird, wie bekannt, noch itzt von Satyrikern und Pasquillanten, die freilich in Rom Stof genug finden mögen, dazu gebraucht, um ihre Einfälle und Ausfälle gegen die Regierung oder eine und die andre wichtige Person daran zu publiciren.

*) Ich habe eine neue Auflage seines Buchs: Von der neuen Wiedergeburt vom Jahr 1779, und von seiner Morgenröthe im Aufgang vom Jahr 1780 vor mir liegen. Ferner vom Jahr 1779 die letzte Posaune an alle Völker aus des hocherleuchteten Theosophi Jakob Böhmens sämmtlichen Schriften herausgegeben von einem klei-

tirt, übersetzt **) — ob verstanden, ist freilich eine andre Frage. Für mich wenigstens ist er im Ganzen zu hoch, so oft ich es auch versucht habe, mich in den etwanigen Zusammenhang seiner Ideen hineinzustudieren. Seine Morgenröthe ist für mich nicht einmal Dämmerung, sondern mehr als ägyptische Nacht. Aber diese Nacht wird doch zuweilen von einem plötzlichen ungewöhnlich hellem Blitz des Scharfsinns und der Phantasie erleuchtet, und ich gestehe offenherzig, daß ich in diesem dunkeln Chaos zuweilen, eh ich's mich versah, auf einen Keim von Weisheit stieß, der mich in Erstaunen setzte, wie so viel und so helle Vernunft neben so viel Unvernunft und Unsinn in Einem Kopfe wohnen könne. — Ohngefähr in Böhmens Zeitalter in der Mitte des vorigen Jahrhunderts (eigentlich um das Jahr 1649) entsprang in Engelland die berühmteste Sekte unter allen noch fortdaurenden schwärmerischen Parteien, die Sekte der Quäker. Ihr Urheber war — ein Schuster, Georg Fox, der im Lande umherzog und das innere Licht predigte. Man darf sich nicht wundern, daß auch nachher in England und anderswo das System der Quäker besonders bei Schustern Eingang fand. — Noch verdienen hier genannt zu werden Bruno Lamberts, ein Schuster zu Wittmund

---

kleinen Zweiglein am Perlenbaume u. s. w. Und diese neuen Auflagen sind — zu Berlin herausgekommen,

**) Erst kürzlich ins Englische.

in Ostfriesland, und Peter Treichel, ein Schuster zu Danzig. Beide rühmten sich besonderer göttlichen Erleuchtungen und eines übernatürlichen inneren Lichts. Ganz neuerlich ist diese Zahl erleuchteter Schuster durch einen neuen Schwärmer vermehrt worden. Friedrich Henning, ein Schuster zu Sternberg in Meklenburg, hat seit 1782 mehrere schwärmerische Schriften herausgegeben, wovon das wichtigste den Titel führt: Reiner Krystallstrom, worin er seine Offenbarungen über Apokalypse, tausendjähriges Reich, und die geistliche Vermälung des Bräutigams mit der Seele enthüllet, ein Buch, das übrigens selbst in Meklenburg verboten und unterdrükt worden.

Und nun noch ein Wort zur Erklärung dieses sonderbaren Phänomens, dieses seltsamen Hanges zu wissenschaftlichen Spekulationen bei einem Gewerbe, das so ganz außer dem Kreise wissenschaftlicher Ideen liegt. Ich führe zur Bestätigung dieses Hanges nur noch den Zug an, daß nicht leicht bei einem andern Handwerke sich so viele Väter finden, die bei allem Mangel an Vermögen ihre Söhne dem Studieren widmen. Bloß aus der sitzenden Lebensart der Schuster kann jener Hang nicht hinlänglich erklärt werden. Denn diese haben sie mit so vielen andern Gewerben gemein, bei denen doch jene Erscheinung ungleich seltener ist. Indessen lehrt doch überhaupt die tägliche Erfahrung, daß die sitzende Lebensart bei vielen Handwerkern sie besonders für Schwärmerei empfänglich macht, daher nächst den Schustern besonders die

Schneider sehr oft unter den Schwärmern eine wichtige Rolle gespielt, wie dis, um nur Ein Exempel anzuführen, besonders die Geschichte der Münsterschen Wiedertäufer beweist, deren König Johann Beukolsz von Leiden vor seiner königlichen Würde ein — Schneider war. Die besondre Manier der Arbeit beim Schuhmacherhandwerk scheint indessen nicht wenig mitzuwürken, um diese Leute zu einem gewissen düstern Nachdenken und zu hypochondrischen Grübeleien zu stimmen. Sie arbeiten fast immer krumm gebükt, der Unterleib wird stark zusammen gepreßt, der obere Theil des Leibes hingegen ist bei ihrer Arbeit in einer verhältnismäßig zu starken Bewegung. Daher findet man bei diesem Gewerke zwar mehrentheils viel starke Spann- und Muskelkraft, aber dabei zugleich eine gelbliche ungesunde Farbe und hypochondrisches Kränkeln. Um indessen jenen sonderbaren Hang zum Grübeln zu erklären, muß man allerdings außer der sitzenden Lebensart und der zur Hypochondrie ganz natürlich hinleitenden Arbeitsmanier dieses Gewerks noch die Enge des Kreises von Kenntnissen, die zur geschikten Betreibung dieses Handwerks erfordert werden, in Betrachtung ziehen. Wenige Handwerke erfordern so wenige Talente als dieses; bei wenigen sind Werkzeuge, Materie, und Arbeit selbst so einfach und einförmig. Die Produkte ihrer Arbeit sind schon an sich nur geringer Abänderung fähig, und die allgewaltige Mode, die über jeden andern Theil der männlichen und weiblichen Bekleidung mit so veränderlicher Laune gebietet, ist in

Ansehung dieses Theils ungleich weniger erfindsam und launisch. Man vergleiche dagegen andre Handwerke. Wie viel Gelegenheit hat z. B., um nur ein sehr gemeines Handwerk anzuführen, der Tischler, bei seinen Arbeiten Erfindungskraft, Scharfsinn, Beurtheilung, Geschmak zu zeigen, lauter Talente, zu deren Entwikkelung und Anwendung die einförmige Arbeit des Schusters wenig oder gar keine Gelegenheit giebt. Der Schuster verfertigt zum Meisterstük einige Paar Stiefeln und Schuhe. Das Meisterstük eines angehenden Tischlermeisters ist ein künstlicher und zierlicher Schrank. Welch ein Unterschied, in Ansehung der Materie sowol als der Form und Bearbeitung! Selbst der Schneider hat bei der weit größern Mannigfaltigkeit seiner Arbeit und bei dem unaufhörlichen Zirkel von Veränderungen, den jeder Theil und jede Art seiner Arbeit in kurzer Zeit durchwandert, weit mehr Gelegenheit, Talente, besonders Erfindungsfähigkeit und Geschmak zu zeigen. Daher mag es auch kommen, daß die Lehrzeit der Tischler und Schneider gewöhnlich länger dauert, als die der Schuster, deren Lehrzeit gewöhnlich nur auf drei Jahr festgesetzt ist, obwol meines Bedünkens ein Jahr und weniger vollkommen hinreichend wäre, um einen Schuh oder Stiefel machen zu lernen, wenn nicht andere Ursachen hinzu kämen, die bei diesem wie bei andern Handwerken eine längere Dauer der Lehrzeit, als die eigentliche Erlernung der so einfachen Kunstgriffe vieler Gewerke erfordert, nöthig und nützlich machten. Wenn nun aber zufälliger Weise, sei es durch eigene Wahl, oder, wie öfter geschieht, durch unvernünftigen Zwang der Eltern, irgend ein fähiger Kopf an ein Handwerk, wo seine Talente so wenig Nahrung und Spielraum finden, angeschmiedet wird — so ist es ja sehr natürlich, daß er sich über den ihm zu leichten einförmigen Mechanismus seines Gewerbes erhebt und von dem Gefühl seiner Kraft emporgetragen sich in Regionen aufschwingt, die er nicht kennt, die ganz außer seiner Sphäre liegen, und wo er, wenn nicht ganz vorzügliche Geisteskraft oder irgend ein glüklicher Zufall ihn leitet, sehr leicht in Gefahr kömmt, zu straucheln und sich zu verirren, oder wenigstens sich so weit in diese ihm neuen nnd seinen Kräften mehr schmeichelnden Gegenstände zu vertiefen, daß es schwer hält, seine Seele, die in seinem bürgerlichen Kreise nicht hinlängliche Befriedigung findet, davon loßzureißen. Es wäre in der That eine jeder Regierung sehr würdige Sorge, dahin zu sehen, daß soviel als möglich jeder fähige oder unfähige Kopf in den ihm angemessenen Standpunkt des bürgerlichen Gewerbes versetzt würde. Es ist ein wahres Unglük für einen Staat, wenn unter seinen Bürgern der Schwindel einreißt, jeden nur etwas fähigen Kopf den Wissenschaften zu widmen, wobei diese im Grunde wenig gewinnen, die bürgerlichen Gewerbe aber, denen auf die Art die meisten guten Köpfe entzogen werden, desto mehr leiden und immer auf demselben Flek stehen bleiben, ohne durch neue Schwünge des Erfindungsgeistes eine Stuffe weiter gerükt zu werden. Aber es ist doch auch unleugbar, daß es auch von der andern Seite ein Unglück für den Staat ist, wenn Köpfe, die die Natur mit besondern Talenten ausgesteuert hat, in solche Lebensarten und Gewerbe verflochten oder hineingezwungen werden, wo ihre Fähigkeiten entweder ganz einrosten, oder sich eine Oefnung brechen, die sie auf oft lächerliche, oft aber auch für sie selbst und den Staat gefährliche Irrwege verleiten kann.

XIV.

Sammlung einiger lyrischen Gedichte.

I.

Ode beim Ausbruch des Baierschen Erbfolgekrieges.

Den 10. April 1778.

Kriegesgöttin, du schwingst auch hier schon wieder die Fakkel?
Gnügte — gnügte die Eine dir nicht,
Die in Kolumbia fern zum Mutter- und Kindesmord leuchtet? —
Oder — ich beb' — ist's Wonne für dich,

Beide zusammenzuschlagen, daß weit die Funken umher-
sprühn? —
Göttin! o furchtbare Göttin lösch' aus! — —
Taub ist dem Flehen ihr Ohr. Kartaunendonnergeschmetter
Lispelt wie Zephyrgesäusel für sie.
Ihr ist der Sterbenden Röcheln Musik, nach der sie im
Reigen
Hiehin und dorthin mit Jauchzen sich dreht.
Ha! wie sie eilt mit geflügelten Schritten! Bei jeglichem
Fußtritt
Sprossen Zypressen und Taxus empor.
Pfeile des Grimms entfahren den Blikken. Es zischen
zum Reigen
Schlangen und Nattern im wallenden Haar.
Fürchterlich winkt sie. Da ziehen dräuende Heere zum
Kampfe,
Eilet zum Menschenmorde der Mensch.
Ach! es blutet das Herz dem Helden, dem größeren
Helden
Als Zeus Hammons erlogener Sohn.
Friedrich! o du uns Vater und König, Friedrich du
zücktest
Nicht aus Hunger nach Schlachten das Schwert.
Oft schon murrte der rostende Stahl; doch immer gebotest
Du, ihm zu schweigen. Er schwieg und du griffst
Lieber zur Wage des Friedens; Europia's schwankende
Schalen
Stiegen und sanken in schwebende Ruh.
Aber zu schweren Gewichts sank plötzlich eine der Schalen,
Und du gedachtest im Herzen des Schwurs,

Den du ererbtest; des Schwnrs, zu stützen den sinkenden Frieden,
Der einst — ach spät! — am Ufer der Ems *)
Erst nach zwanzig und zehn blutdüngenden Lenzen hervorsproß,
Ihn zu beschirmen wagtest nur du. —
Eile dann, du mit den Lorbeern dreier Kriege bekränzter,
Dorthin, wo ungeduldig der Ruhm
Dir des vierten Lorbeer entgegenhält. Siehe, zwar schneiet,
Greis an Weisheit, und Jüngling an Muth,
Dir der Winter des Lebens schon. Dennoch verschmähst du die Ruhe.
Denn es dünkte dich Feigheit und Schmach,
Taub beim Rufe der Pflicht zu schlummern auf deinen Tropäen.
Kühnen Entschlusses fleuchst du dahin.
Muthig folget dein hoffendes Heer dir, **Vater** dich grüßend. —
Ha! ich sehe — sehe dich schon
Mitten im Schlachtengetümmel; ich höre das Klirren der Schwerter,
Höre sausen den eisernen Tod.
Dir zur Seite kämpfet der Sieg, mit Flammen gepanzert,
Und die Zähre des Mitleids im Aug. — —
O wann kehrest du wieder zu uns? Wann reicht zur Versöhnung
Dir Germaniens Joseph die Hand,

---

*) Der Westphälische Friede, zu Münster und Osnabrück.

Achtet Dir zu weichen nicht Schande, genügsam, der zweite
Unter den Fürsten Europa's zu sein? —
Seliger Tag, o zögere nicht! — O goldene Sonne,
Die du auf einmal verloschest in Nacht,
Siehe, wir stehen und harren, bis wieder dein Antlitz uns lächelt,
Und den Wolken zu fliehen gebeut.

2.

Der acht und sechszigste Geburtstag Friedrichs des Großen.

den 24 Jan. 1779.

Sei uns im dunkelumschatteten Maurerhaine gegrüßet,
Seliger Tag! — Ob düstere Wolken dein Antlitz verhüllen,
Dennoch sei uns gesegnet! — Zwar als im Schmukke des Friedens
Und mit bereifetem Kranz du vor zwölf Monden herabsankst,
Ach! da wähnten wir nicht, dein Wiederkommen mit Thränen —
Thränen der Sehnsucht zu feiern — Noch hatte den Vater des Landes
Nicht die gefesselte Freiheit Germaniens von uns gerufen. —

Zwar auch Silesia freuet sich Seiner. Sie jauchzet dem Helden,
Der von Austriens drükkendem Joche sie einstens befreite,
Doch schlägt stärker dem Brennen das Herz für Friedrich den Brennen.
Glüklicher König, Dich liebet Dein Volk; es segnet die Stunde
Da der Erbauer der Welten auch Dich zum Dasein hervorrief.
Glüklicher König! nicht ob dem erstrittenen Namen des Großen,
Den, von der Mitwelt ertheilt, die Nachwelt zu klein für Dich achtet;
Denn auch Barbaren und Weichlinge, Völkerverwüster und Räuber
Trugen, von Schranzen vergöttert, den oft entweiheten Namen —
Wärest Du König allein, nicht auch der Vater des Volkes,
Wärst Du Eroberer nur, nicht auch Beglükker der Staaten —
Tönten dann Sklavenharfen Dein Lob von Meere zu Meere;
Dennoch erklänge Dir nicht die edlere Harfe des Maurers.
Eh zerschmetterte der geweihete Sänger die Harfe,
Eh er die heiligen Saiten mit Schmeichlerakkorden entweihte.
Aber Wonne dem Barden Borussiens, der in dem tiefen
Brausenden Strom von Friedrichs Götterthaten hinaufschwimmt,

Spottend des sandigen Bachs, der nur durch Blumen dahinschleicht,
Ob der Zeitungsposauner ihn gleich zum Ocean lüget. —
Breit und rauschend war Friederichs Strom beim Anfang der Quelle;
Aber breiter und breiter noch schäumt' er mit Donnergetöse,
Schwemmte die stämmenden Felsen hinweg, als wären es Kiesel,
Daß sich in ihn voll Stolz die kleineren Flüsse ergossen.
Aber nie tönte so feierlichedel sein Wogengebrause
Als am Ende der Bahn, da er dem Meere sich nähert,
Das den Strom wie den Bach, und Quellen wie Flüsse verschlinget.
Und ob von allen die Spur im Oceane verschwindet,
Strömet er dennoch ewig im eignen kenntlichen Gange.
Heil dir, glükliches Volk, dem einst der Welten Erbauer
Einen Fürsten wie diesen verlieh! — O daß er noch lange —
Lange der allerwärmenden Sonne geböte zu scheinen,
Die am Abend noch eben so hell den Erdball erleuchtet
Als sie am hohen Mittage schien. Drum, Brüder, entfliehe
Mit dem Wonnegefühle des Danks der heutige Tag uns.
Sollten wir trauren, weil uns die Lügenzunge der Fama
Botschaft des Kummers zuflüstert *)? Nein, heute — lasset uns zweifeln,

---

*) Gerade an demselben Tage hatte sich das Gerücht von einem Ueberfall, den das Preuß. Heer erlitten haben sollte, verbreitet.

Morgen — nicht zagen, weil Friedrich und Friedrich
Wilhelm noch leben
Und die Helden vom Gwelfischen Stamm; — — und nur
Joseph ihr Feind ist.

3.

Ode beim Jahresschluß 1780.

Schnell entrauschet der Strom dem Gipfel der wolkigen
Alpen,
Wenn der kommende Lenz
Mit erwärmendem Hauch dem Schnee zu schmelzen ge-
bietet,
Welchen der Winter gethürmt.
Brausend rollt er hinab, es rollen Felsen und Kiesel
In der schäumenden Fluth.
Schneller und Wog' an Woge gedränget rauschen die
Jahre
Unaufhaltsam dahin.
Siehe, sie wälzen Staaten und Hütten, Bettler nnd
Fürsten
In der Vergangenheit Meer.
Unergründliches Meer, in deine Tiefe versanken
Zepter und Pflugschaar hinab!
Unergründliches Meer, deß nie gesättigter Abgrund
Den Despoten verschlang

Und die Fesseln des Sklaven; — das Steuerruder des Weisen,
Und den thörichten Schwarm,
Der sich vom Kelche der Sinnlichkeit trunken und sorgenlos schaukelt
In dem schwankenden Kahn,
Bis der Strudel sie faßt und plötzlich die heulende Menge
In die Tiefe versenkt.
Horch! der Ozean braust! — Nah — nah ist der Ausfluß des Stromes;
Wenige Stunden entfliehn,
Siehe so schiffen wir wieder mit schwellenden Segeln der Hofnung
Neue Fluthen hinan. —
Brüder, blikket zurük auf den Pfad des durchschiffeten Stromes,
Eh er im Meer sich verliert.
Blikket voll Wonne zurük auf die blumenbekränzten Gestade,
Denen vorüber ihr fuhrt.
Zählt die genossenen Stunden der Freude, zählet und danket
Dem, der die Stunden euch schuf. —
Unzufriedener! Wie? — Du zählest die Tropfen des Kummers,
Der in die Freuden dir rann,
Die mit vollen Zügen die steigende Sonne dich trinken
Und der Abendstern sah.
Wäge — wofern du es kannst — auf unverfälschter Wage
Leiden und Wonnegenuß.

O, wie flieget empor die leichtere Schale des Kummers
Vor der Freuden Gewicht!
Aber dann wäge dich selbst, und prüfe die Thaten des Jahres,
Ehe der Richter sie wägt.
Dreimal selig bist du, wenn dann die Summe des Guten
Niedersinket, und dich
Das entfliehende Jahr mit keinem Dolche der Reue
Ewigunheilbar durchbort. —
Brüder, fühltet ihr je, was Maurerpflichten gebieten,
O so fühlet es heut.
Dank dem Gotte, der uns, da Tausende neben uns sanken,
Leben und Freude geschenkt.
O so lasset uns nie im Baue der Tugend ermüden,
Welchen die Ewigkeit krönt.
Heil dem Maurer, auf den der allmächtige Weltenerbauer
Mit Zufriedenheit schaut!
Heil dem Maurer, deß Bau auf keinem Sande gegründet
Unerschütterlich steht!
Mag dann die Flamme der Zeit rund um ihn zünden und lodern —
Ihn verwüstet sie nicht.
Sei uns willkommen, o du, der nie veralternden Sonne
Neugeborener Sohn. *)
Segen begleitet dich. Ich höre voll ahndender Wonne
Deiner Fittige Klang.
Freundlich fleugst du hernieder; doch wenn auch du einst entfliehest,
Scheide dann freundlich von uns!

---

*) Das neue Jahr 1781.

4.

Friedrichs glükliches Alter.

den 24. Jan. 1782.

Wenn im Mittag die Sonne
Glühend und blendend am Himmel steht —
Dann schimmert kein leuchtend Gestirn;
Alle strahlenden Fürsten der Nacht
Verschleiern sich vor dem blendenden Glanz,
Beten des Tages Königin an.

Von ihrer Höhe schaut sie stolz herab,
Geußt Licht und Wärme nieder;
In reinen Bächen quillt
Leben, Wonne quillt herab.
Ohne sie hüllete Nacht,
Hüllete Grauen des Grabes uns ein.
Doch bebt vor ihr der scheue Blik
Geblendet zur Erde nieder;
Von ihrem Bogen fahren feurige Pfeile
Jedem kühnspähenden Aug' entgegen.
Aber wenn sie mit sengender Gluth
Die durstigen Gefilde dörrt —
Dann blikt die lechzende Flur,
Und die schmachtende Blume,
Von ihr selber geliebt und genährt,
Blikket voll Wehmuth empor.
Und siehe! Die gerührte Monarchin

Zeucht aus den stolzen Strahlenpanzer und den Flammenschild,
Hüllet in thauenden Wolkenschleier sich ein.
Da strömet Segen hernieder,
Und tränket Gefild und Wald.
Gestärkt erheben ihr Haupt
Die Töchter der Flur und des Gartens,
Lächeln der himmlischen Allernährerin Dank. — —

Wenn am Abend die Sonne
Mild und freundlich am Himmel steht —
Wonnevoll schauet sie dann
Auf die glänzende Laufbahn
Des heißen Tages zurük,
Schauet reifen die goldene Saat,
Die ihr belebender Strahl
Aus dem Schooße der Erde rief.
Dann sieht sie die Zähre des Danks
In dem Auge des Schnitters beben,
Der mit Entzükken die vollen Aehren zählt,
Und ihre Zahl vergißt.

O Lichtverbreiterin, du leuchtest
Am Abend so helle der Welt,
Wie am Mittag Du glänztest.
An deinen Strahlen wärmet der Kranke sich,
Saugt mit begierigen Zügen sie ein,
Und fühlet mit Jugendkraft sich gestärkt.
Dir gegenüber lagert der müde Pilger sich,

Blik=

Blikket nun froh in dein glühendes Antlitz,
Das des langen Wohlthuns Bewußtsein
Mit höherer Röthe färbt.
Weile, ruft er, himmlische Pflegerin,
Weile du lange — lange noch
An dem vergoldeten Horizont,
Und spät — spät verlösche dein Licht. — —
Verlöschen? — Nein, nie verlischt die Sonne.
Doch wenn sie von uns einst scheidet —
Unsre Thränen folgen ihr nach;
Aber sie selber leuchtet dann
Andern Welten mit nie verlöschendem Glanz. —
Dann werde der silberhelle Mond,
Der itzt bescheiden neben ihr schimmert,
Funkelnde Sonne, wie sie!

5.

An Basedow.

Bei Stiftung des Philanthropins *) 1776.

Du, Nordalbiens Sohn, flammtest die Fakkel an,
Schwangst die sprühende mit mächtigem Herkulsarm,
Daß sich hiehin und dorthin
Weit ihr Schimmer verbreitete.

*) Die Blüte dieses Instituts versprach eine schöne Frucht. Dies begeisterte damals den Verfasser, der sich auch itzt nach 24 Jahren noch nicht jenes jugendlichen Enthusiasmus schämt. Es war nicht seine Schuld, daß seine und des Publikums Hofnungen so früh verwelkten.

Zwar es sauste der Sturm. Vor ihm erbebten des
Waldes Fürsten, und tief beugten sie zitternd sich;
Doch sein schlagender Fittig
Trug noch weiter den Fakkelglanz.

Aus dem finstern Gewölk riß sich ein Hagelguß
Mit entfesselter Wuth, prasselte fürchterlich;
Aber dennoch verlosch Dir
Deine wehende Fakkel nicht.

Viele rannten herbei, stekten an Deinem Licht
Ihre Fakkel nun an. Heller und heller ward's,
Daß der Schnarcher selbst auffuhr,
Und die blinzenden Augen rieb.

Bei dem leuchtenden Glanz bautest, ein Jason Du,
Dir voll Heldenmuths ein anderes Argoschif,
Daß es holte des Wissens
Goldbewolletes Wahrheitsvließ.

Muthig fuhrest Du hin, hin durch die brausenden
Wogen, achtetest nicht jenes ergrimmeten
Sturms, der fürchterlich heulend
In die flatternden Segel blies.

Zwar, den Klippen schon nah, drohte zu scheitern Dein
Wellenfurchendes Schif. — Ha! wie sie standen am
Strand, die laurenden Gaffer,
Und des Augenbliks harreten!

Doch Du lenktest vorbei, Steuererfahrener,
Du, des Busen mit Muth Pallas bepanzerte.
Schnell flog, über die Fluthen,
Schnell und spottend Dein Kiel dahin.

Eile weiter mit Glük — Siehe die Palme winkt! —
Bis Du ankerst am Ziel, wo Du erkämpfest den
Preis, und siegend zurükkehrst
Ueber trozende Kolchier.

6.

Die neue Monatsschrift.

Vor dem ersten Stük der Berlinischen Monatsschrift 1783.

Kannst du sie zählen, die drängende Schaar der funkelnden Sterne,
Dort an des Himmels Gewölb? —
Zähle; — sie rollen dahin, dein spähendes Auge verirrt sich
In der unendlichen Zahl.
Tausende steigen am Himmel empor, und tausende sinken
Nieder in Oceans Schooß.

Neben dem Flammengürtel Orions und Sirius Fakkel
Dämmern die Lampen der Nacht.
Wenige nur verbergen sich nie, und tauchen sich nimmer
Unter die Fluten des Meers,
Weilen ewig am Pol, und leiten den sicheren Schiffer
Ueber den wogenden Pfad. —
Siehe! von allen wandelnden Sternen am nächsten der Sonne
Eilet und schimmert Merkur.
Seinem Genius Dank, der einst mit Funken des Witzes
Starrende Völker belebt!
Aus dem feurigen Meer der Sonne, das nimmer versieget,
Strömet ihm blendendes Licht,
Wehrend der kalte Saturn umringet von ewigem Eise
Dunkel und langsam sich wälzt.
Ha! wie lächelt der Mond mit vollen geröthеten Wangen
Freundlich vom Wagen der Nacht!
Mädchen und Knabe zerschmilzt empfindsam in weiche Gefühle,
Weinet und lächelt ihm zu.
Wolken verhüllen ihn oft, er blikket mit Thränen im Auge
Hinter dem Schleier hervor;
Oft verschwindet er ganz; — der ermüdete hungernde Pilger
Tappet in finsterer Nacht. —
Siehe! zur heiligen Zahl der wandelnden Sterne gesellt sich
Plötzlich ein neuer Planet;
Mit dem spähenden Rohr begrüßen Herschel und Bode
Uranus dämmernden Stern.

Langsam tritt er einher, und flimmert bescheiden von ferne
Aus der entlegenen Bahn. —
Spottet des Schüchternen nicht! — es strahlet künftig sein Schimmer
Näher und heller vielleicht.

7.

Empfindungen beim Schluß des Jahres 1795.

Entfleuch, o Jahr, mit deinen beiden Nattern,
Die nun vom Blut gesättigt sind;
Die Furie des Kriegs, die Furie der Blattern
Erwürgte Mann und Kind.

Noch bluten sie, und werden lange bluten,
Die Wunden, die ein grauser Krieg
Der Menschheit schlug. Noch färbt des Oceanes Fluthen
Der ungetreue Sieg.

Noch dünget Mars mit Blut die Rebenhügel
Dort an dem Nekkar, und am Rhein;
Noch tauchet dort in Blut die sturmbeschwingten Flügel
Der Adler Deutschlands ein.

Denn ach! der Schnee der Alpen selber röthet
Vom Blute der Erschlagenen,
Und mitten unter den Besiegten stürzt getödtet
Der Sieger von den Höhn: — —

Doch sieh! — es dämmert schon die Morgenröthe
Des Friedens allgemach empor;
Und horch! — es lispelt schon mit ihrer Zauberflöte
Die Hofnung Trost ins Ohr.

Schon flimmern froher Ahnung Nebelsterne
Am schwarz umwölkten Himmelszelt,
Und werfen einen Strahl des Lichts aus dunkler Ferne
Auf die zerfleischte Welt.

Denn plötzlich schweigt des Krieges Donnerstimme,
Und selbst des Todes Feuerschlund
Verstummt. Nicht mehr verschließt vor seinem wilden Grimme
Die Weisheit ihren Mund. —

Heil dir, Borussien! des Friedens Pflanze
Grünt nun schon längst auf deiner Flur.
Heil dir! Dein König, strahlend in des Oelzweigs Kranze,
Vertilgt des Krieges Spur.

Und ewig grünt sein Kranz, von Jahr zu Jahre
In immer schönerer Gestalt.
Der Lorbeer welkt, selbst in der Siegesgöttin Haare;
Der Oelzweig wird nie alt.

Denn Friedrich Wilhelm schloß zuerst den Tempel
Des Janus mit gerechter Hand.
Heil Ihm, wenn von der Erd' auf ewig sein Exempel
Des Krieges Dämon bannt!

8.

Empfindungen beim Schluß des Jahres 1796.

Pia et AETERNA PAX fit.
CICERO or. p. Balbo, c. 16.

Hört ihr das leise Todesröcheln des sterbenden Jahres? —
Hört ihr das Wogengeräusch im Oceane der Zeit? —
Uferlos ist er und unermeßlich; viel tausend der Ströme
Brausen schäumend hinein, aber nicht einer hinaus.
Ihre Spur ist vertilgt in dem allesverschlingenden Strudel;
Nur des Allsehenden Blik sondert die Tropfen im Meer.
Auch das scheidende Jahr goß aus die strömenden Urnen,
Ach! mit Thränen und Blut hatt' es die Urnen gefüllt.

Vor den Pforten der Alpen, und vor den Pforten des Rheines *)
Wälzte zuletzt sein Strom blutige Wogen vorbei.
Aber der Dämon des Kriegs, mit welkenden Lorbern bekränzet,
Trinkt aus dem blutigen Strom, — trinkt — und erneuret den Durst. —
Fesselt, ihr Väter der Völker, o fesselt den durstenden Dämon,
Und versenket ihn tief — tief in den Abgrund des Meers,
Daß ein ewiger Friede die Völker Europens verbinde,
Die ein ewiger Krieg itzt zu verzehren bedroht,
Daß vom Tajo zur Wolga, vom Aetna zum flammenden Hekla **)
Endlich das Menschengeschlecht menschlich und brüderlich sei,
Daß im Britten der Franke, daß in dem Franken der Britte
Nur die Gleichheit mit sich, nicht die Verschiedenheit seh. —
Goldene Zeit, wann kehrest du wieder, wann sinket die Sonne
Nicht mehr in blutige Fluth ängstlich erröthend hinab?
Zähle die funkelnden Sterne! — Du staunst? — Sie funkeln, und sinken
Früher und später dereinst alle doch endlich hinab.

---

*) Kehl und Hüningen.

**) Statt: von Westen bis Osten, von Süden bis Norden.

Unvergeßliches Jahr, in welchem selbst der Polarstern *)
In die Fluthen des Meers plötzlich erlöschend versank
Aber siehe! schon steiget am kalten nordlichen Himmel
Ein erhabnes Gestirn leuchtend und wärmend empor **).
Enkel Peters des Großen, o tröste den weinenden Vater;
O Katharinens Sohn, tröste den traurenden Freund.
Denn an Borussiens Himmel erlosch, mit dem sterbenden Jahre,
Ach! ein schönes Gestirn, — Friederich Ludwig erlosch.
Von dem Siebengestirn ***) in unsers Königes Krone
Sank ein leuchtender Stern, schön wie Hesperus einst.
Brennen und Preußen, und selbst die neuen Sarmatischen Brüder †)
Trauren, Ludwig, um Dich, trauren, o König, mit Dir.
Friederich Wilhelm, o Du, mit dem Millionen sich freuten,
Heute, Vater und Fürst, weinen sie alle mit Dir. —
Frieden schenktest Du ihnen, doch ach! die Freuden der Ruhe,
Welche der König geschenkt, fliehen den Vater nun selbst. —
Auf, erheitre den Blik! Millionen noch nennen Dich Vater;
Lange bleibest Du noch glüklicher Vater des Volks. —

---

*) Anspielung auf den Tod der Russischen Kaiserin. **) Der Anfang der Regierung des Kaiser Paul gewährte so manche große und schöne Hofnung. ***) Die sieben Königlichen Kinder. †) Die Südpreußen.

9.

An das beginnende Jahr 1798.

Heil dir, glükliches Jahr! Mit dem Oelzweig des Friedens *) gekränzet
Sinkst du zur Erde herab.
Heil dir, glükliches Jahr! die Wunden der Menschheit zu heilen
Hat dich die Gottheit bestimmt.
Lange blutete sie. Selbst Sonnen und Monden erloschen,
Nur nicht die Fakkel des Kriegs.
Siehe, wie Furien kamen und schwanden sechs blutige Jahre,
Tränkten die Berge mit Blut,
Färbten die Ströme mit Blut, mit Blut die wogenden Meere,
Düngten die Fluren mit Blut.
Aber die glühende Lava verheerte Fluren und Weinstok,
Schüttete Staaten ins Grab,
Thronen versanken und aus dem Schooße des kreißenden Chaos
Stiegen Staaten empor. —
Heil dir, glükliches Jahr! Schon sprosset neben der Palme
Wieder der Oelbaum hervor.
Frieden! Willkommen o Frieden! So hallen die Klüfte der Alpen,
Hallen die Ufer des Rheins.

Zwar

*) Zu Campo Formio.

Zwar es wurden am rauchenden Bundesaltare des Friedens
Völker zum Opfer gebracht.
Selbst die stolze Venetia fiel, die Verlobte des Meeres,
Auch im Tode noch groß;
Ueber die Gruft der Geopferten reichten sich, endlich versöhnet,
Deutschland und Frankreich die Hand. —
Frieden, theuer erkauft! — sei dennoch der Menschheit gesegnet!
Schöpfer der Menschheit bist du.
Denn du schufest einst Menschen aus wilden reißenden Thieren;
Aber aufs neue zum Thier
Sinket die Menschheit hinab, sobald der Dämon des Krieges
Ihre Sinnen bethört. —
Väter der Völker, wann schonet ihr endlich des Blutes der Söhne!
Wollet ihr nimmer den Krieg
Neben den Cerberus ketten tief an die Pforten der Hölle?
Wann wird endlich durch euch
Friede nicht ferner nur laurende Ruhe, nein, Ende des Würgens,
Ende des Brudermords sein? —
Heil dir, glükliches Jahr! Zur Wiege des ewigen Friedens
Hat dich die Gottheit bestimmt.
Neue Schöpfung beginnt; die wiedergeborene Menschheit
Hebet ihr Antliz empor,

Sprenget muthig des Irrthums und Frevels rasselnde Ketten,
Die sie Jahrhunderte trug;
Aber sie ehret die sanften Bande geselliger Ordnung,
Ehret den Vater des Volks.
Friedrich Wilhelm, auch Dich, o Friedrichs Zögling, verehret
Dankbar Dein glükliches Volk.
Deines strahlenden Thrones Pfeiler sind Weisheit und Liebe;
Nimmer stürzen sie ein.
Keine Mauer von Erz versperret der Wahrheit den Zugang,
Keine Mauer von Erz
Trennet den König vom Volk; die Fesseln des Fleißes der Bürger
Reissest du selber hinweg *),
Lösetest selber die lähmenden Fesseln des Geistes, und öfnest
Neue Pforten dem Licht.
Siehe, so strahlet Dein Thron im Sonnenglanze der Wahrheit
Deinem erleuchteten Volk.
Höre sein Jauchzen: Schön ist das Morgenroth, schön wird der Mittag,
Schön noch der Abend einst sein.

---

*) Der König hob gleich beim Anfange seiner Regierung die neue Tabaksadministration, und bald darauf auch die theologische Examinationskommission auf.

10.

Sekular-Gesang.

am 31. Dezemb. 1800.

Aus der Urne der Zeit entrollen wie Tropfen die Stunden;
Tropfen schwellen zum Bach, Bäche zu Strömen empor,
Bis sie am letzten Gestade die schäumenden Wogen ergießen
In der Ewigkeit Meer, welches kein Ufer begrenzt,
Wo kein Eiland sich hebt, kein Senkblei den Boden ergründet.
Sekula strömen hinein, und es verschwindet die Spur.
Aber kenntlich auf ewig im eignen blutigen Strome
Rollet mit Donnergeräusch unser Jahrhundert hinein,
Und zertrümmert zuletzt die Schiffe mit Hofnung befrachtet,
Welche dem Hafen so nah dennoch der Strudel ergrif.
Glük und Freiheit und Tugend verschlang der frühere Strudel,
Und noch schwimmen im Strom schreklich die Trümmer umher. — —

Nimmer vergisset man dein, Jahrhundert der Weisheit und Thorheit,
Ewig fluchet man dir, ewig bewundert man dich.

Blutig war deine Wiege, dein Wiegenlied Donner der Schlachten, *)
Und ach! triefend von Blut sinkest du wieder ins Grab. —
Nur Ein Felsen erhebt sich mitten im blutigen Strome,
Friedrich, trozend der Zeit, Friedrich, der Ewigkeit Sohn;
Hinter ihm dämmernde Schatten, vor ihm leuchtende Sonne,
Und ihr strahlender Glanz prallte vom Felsen zurük.
Da zerschmolzen viel tausendjährige Gletscher des Wahnes.
Aber siehe! noch stehn thürmende Berge von Eis.
Sie auch werden — so will es die Gottheit — sie werden einst schmelzen,
Daß die Menschheit nicht mehr in dem Geklüfte versinkt. —
Unvergeßlich Jahrhundert! du schenktest der jauchzenden Menschheit
Friedrich, Wahrheit und Licht; nimmer verlöscht dies Gestirn. — —
Du zerstörtest und bautest die Säulen menschlicher Klugheit;
Staaten zertrümmertest du wie ein zerschelletes Schif;
Staaten erbauetest du. Sie werden stehen und sinken;
Was die Menschheit erbaut, stürzet doch endlich in Staub.

*) Gerade mit dem Anfang des achtzehnten Jahrhunderts entstanden zwei lange und blutige Kriege, der wegen der spanischen Erbfolge, und der zwischen den nordischen Mächten.

Aber du schufest Gedanken; sie waren Werke der Gottheit;
Darum vergehen sie nicht, wenn auch der Erdball vergeht.
Kühn und glüklich hast du den Schleier der Schöpfung gelüftet,
Und die verborgne Natur tief in der Werkstatt belauscht.
Aus dem Ocean stiegen dir neue Lander und Völker,
Aus dem Schooße der Nacht neue Metalle hervor.
Siehe! du zähltest die Sterne wie Hirten die hüpfenden Lämmer,
Führtest am leitenden Seil selbst die Kometen zurük,
Spaltetest Strahlen des Lichts, riefst neue Sonnen und Monden,
Ungesehen bisher, fern aus dem Dunkel hervor,
Zwangst die spröde Natur und neue Kinder gebar sie,
Selbst den flüchtigen Dunst schufest zum Lastthier du um;
Ja du loktest den Bliz zu eisernen Fesseln hernieder,
Hobst auf Flügeln von Luft Menschen zum Himmel empor.
Muthig sprengtest du auf die eisernen Pforten des Wahnes,
Stürztest Idole herab, welche die Vorwelt erhob,
Lös'test die Fesseln des Geistes, daß er von Wahrheit zu Wahrheit,
Wie der geflügelte Bliz, tiefer und tiefer noch dringt. —

Mächtig warst du, Jahrhundert, und groß! die Geister der Vorwelt
Beugen vor deinem Altar staunend und schweigend das Knie.
Dennoch warst du zu schwach, die Geister der Hölle zu bannen,
Die Jahrtausende schon giftige Flammen versprühn,
Und die rasende Wuth, die jede Blume der Weisheit,
Jede Pflanze des Glüks eisernen Fußes zertritt.
Immer noch blutet die Menschheit am Opferaltare der Habsucht,
Immer noch schaffet der Mensch wüthend zum Tiger sich um.
Siehst du die Fakkel des Kriegs? — Sie lodert auf Fluren und Bergen,
Lodert im friedlichen Thal, lodert im wogenden Meer.
Siehst du das schwarze Gefolg? Ha schreklich! Sie kommen — sie kommen,
(Wie die Gespenster der Nacht) Theurung und Hunger und Pest!
Kehrst du nimmer zurük, o völkerbeglükkender Friede?
Sinket das Menschengeschlecht immer noch tiefer hinab? — —

Aus dem Grabe des Sekulums tönet die tröstende Stimme:
Menschheit, verzweifle du nicht! Hoffe! der Ewige lebt.
Der den Orkanen gebeut, die Fluthen des Meeres zu peitschen,
Hält noch die Kette der Zeit in der allmächtigen Hand.

Menschen zersprengen sie nicht; sie sind Geschöpfe des Tages;
Heute blühen sie auf, morgen verwelken sie schon.
Nur die Weisheit ist ewig. Sie wird auf Erden noch siegen,
Und nach langem Tumult Menschen zur Menschheit erhöhn.
Blutig erscheinet dir noch der Morgen des neuen Jahrhunderts,
Aber die Sonne zertheilt endlich die Nebel der Nacht.

Höher und höher fliegt dann zur Sonne Borussiens Adler,
Bringet der Erde das Licht, ohne den tödtenden Blitz.
Friede, Gerechtigkeit, Wahrheit und Freiheit entquellen dem Throne,
Welchen zum Segen der Welt Friedrich auf Felsen gebaut.
Friedrich, noch lebet dein Geist. Denn siehe! des neuen Jahrhunderts
Schützender Genius wird Friedrich Wilhelm uns sein.

www.ingramcontent.com/pod-product-compliance
Lightning Source LLC
LaVergne TN
LVHW092108300926
849161LV00002B/81